"十四五"职业教育国家规划教材

高等职业教育烹饪工艺与营养专业教材

宴会设计与实践

Yanhui Sheji yu Shijian

陈金标◎主编

中国轻工业出版社

图书在版编目（CIP）数据

宴会设计与实践 / 陈金标主编 . — 北京：中国轻
工业出版社，2025.2
高等职业教育烹饪工艺与营养专业教材
ISBN 978-7-5184-2738-3

Ⅰ . ①宴… Ⅱ . ①陈… Ⅲ . ①宴会—设计—高等
职业教育—教材 Ⅳ . ① TS972.32

中国版本图书馆 CIP 数据核字（2021）第 255522 号

责任编辑：方　晓　贺晓琴　　责任终审：劳国强　　设计制作：锋尚设计
策划编辑：史祖福　　　　　　责任校对：宋绿叶　　责任监印：张　可

出版发行：中国轻工业出版社（北京鲁谷东街5号，邮编：100040）
印　　刷：艺堂印刷（天津）有限公司
经　　销：各地新华书店
版　　次：2025年2月第1版第4次印刷
开　　本：787×1092　1/16　印张：17.5
字　　数：392千字
书　　号：ISBN 978-7-5184-2738-3　定价：56.00元
邮购电话：010-85119873
发行电话：010-85119832　010-85119912
网　　址：http://www.chlip.com.cn
Email：club@chlip.com.cn

前　言

　　中国宴会由于悠久历史文明的哺育，从宴席构成、就宴礼仪、环境布置、餐具摆放、食礼和食趣等都蕴涵极其丰富的文化内涵，同时也经历了市场竞争、调整、分化、组合以及整体提升与发展的历程。近年来，中国宴会市场掀起了个性化定制风，宴会接待方面的高科技应用越来越多，数分钟内就可以在电脑上模拟做好整个宴会平面布局图；宴会餐饮呈现多元化、专业化发展，很多寿宴、喜宴被预制菜"占领"；全息5D光影宴会厅为消费者提供更具视觉冲击的场景空间；非常流行的主题宴会设计，包括情景和进入场地设计等，都会让客人有一个很好的体验。特别是人力资源和社会保障部新修订的《职业分类大典（2022版）》新增了"宴会定制服务师（4-03-02-13）"，作为餐饮界的"新秀职业"，宴会定制服务师让有志投身餐饮行业的年轻人有了展现的舞台，他们是宴会的服务员，又是宴会的设计者，既是服务的表演者，又是宴会流程的指挥者和先进服务方式的传播者，必将引领宴会行业新发展。

　　2021年《中华人民共和国反食品浪费法》施行，党的二十大报告又提出了倡导绿色消费、弘扬勤俭节约精神等战略部署和任务要求，如何践行光盘行动，引领"文明消费、节约用餐"的良好风尚，不让盛宴成"剩"宴？我们必须引导宴会宴席主办方和用餐者在预订、点餐、用餐、打包过程中合理消费、按需点餐、珍惜粮食，自觉参与"光盘行动"，共同践行文明餐桌新风尚，贯彻落实党的二十大报告精神，把反对浪费的举措落实到位。

　　随着第五版《中国居民膳食指南（2022）》的发布及各地宴会相关的服务规范、分餐制服务指南、节约服务规范的各类标准的发布（扫描二维码查看），宴会经营如何守住安全底线，科学控制食品安全；如何融入新版膳食指南及传统养生理念，满足用餐者的营养需求等，均是宴会发展面临的新课题。

　　基于宴会生产与服务工作领域和工作任务范围的新变化，我们依据教育部高等职业学校烹饪工艺与营养专业教学标准中核心课程"宴会设计与实践"主要教学内容与要求，在中国轻工业出版社2002年出版的《宴会设计》基础上，结合多年的课程教学实践、行业宴会案例研究、参与历次全国高等职业院校烹饪技能大赛宴席赛项的实战情况，编写了本教材。

本教材按不同形式的宴会为主线来编排，形成新版教材六大情境，包括宴会认知、中式宴会设计、西式宴会设计、冷餐会设计、鸡尾酒会设计和外卖宴会设计。除了宴会认知情境外，每一形式的宴会均由环境、服务、菜单三大设计任务构成宴会内容，在完成所有任务的教学后，学生能对宴会有整体的认识。在掌握宴会理论的基础上，再进行宴会的设计与实践教学就方便多了。而宴会的实践教学则是在宴会整体设计的基础上，根据专业的特点，把宴会的菜单设计与菜点制作，通过动手实践呈现出来，同时，学会设计标准食谱，分析实践菜单的营养，控制宴会食品的安全，让学生在职业实践活动的基础上掌握知识，增强教材内容与职业岗位能力要求的相关性，提高学生的综合能力。上述理实一体的课程教学，也是历次全国高等职业院校烹饪技能大赛宴席赛项的规则要求在教材编写和课程教学中的体现，真正尝到以赛促教的甜头。

教材的编排体例在目前已出版的所有宴会类教材中，独树一帜，符合专业教学标准要求，更适合高职餐饮类专业学生的学习。同时，简化了宴会历史内容，删除了宴会部组织机构、宴会部人事管理、宴会成本控制、宴会质量控制、宴会营销等管理内容，避免与其他管理课程的重复，把有限的课时聚焦在不同宴会的设计与实践上。

本教材适用于高等职业教育餐饮类烹饪工艺与营养、西式烹饪工艺、餐饮智能管理等专业，也可用于高等职业教育酒店管理与数字化运营专业、餐饮酒店企业宴会业务从业人员等学习参考。浙江商业职业技术学院董智慧老师于2019年主持开发了教育部"民族文化传承与创新子库——烹饪工艺与营养传承与创新"资源库"宴会设计"子项目，并参与了本教材部分情境任务的编写。

本教材在编写过程中，得到无锡商业职业技术学院徐桥猛教授、浙江旅游职业学院金晓阳院长、南京旅游职业学院吕新河院长的悉心指导，并对本教材提出了很好的修改建议，扬州大学旅游烹饪学院章海风博士和无锡餐饮行业协会葛金磊秘书长对教材部分内容进行了审核，在此表示衷心感谢！

本教材虽经不断修改，但错误、疏忽之处仍在所难免，敬请广大读者批评指正。

陈金标

目 录

1

情境一
宴会认知

情境介绍

宴会认知情境包括筵席、宴席和宴会辨异、宴会类型的区分和宴会流程指南三项工作任务。

筵席、宴席和宴会辨异工作任务涵盖筵席的由来、宴会的含义、宴席与宴会异同、宴会的特征等知识；宴会类型的区分工作任务涵盖宴会的分类、不同类型宴会的特点等知识；宴会流程指南工作任务涵盖宴会预订、宴会策划、执行准备、组织实施、结束工作等知识。

情境目标

◇ 了解筵席、宴会的由来，辨析筵席、宴席和宴会的异同，能分析宴会案例。

◇ 掌握宴会的分类与特点，能依据宴会特点，检索各种类型宴会的案例来学习。

◇ 掌握宴会的五大流程及内容，能探究宴会流程的细节管理。

情境案例

江南运河宴

2014年6月，中国大运河列入世界文化遗产名录。江南运河是其最繁忙、最具活力的河段之一，1500米长的吴江古纤道遗址成为世界文化遗产中国大运河遗产点。在运河水的滋润下，吴江人民勤俭持家，六畜兴旺，羹鱼饭稻，安居乐业，基于这一特色文化元素、优势资源，吴江宾馆将千古沉淀的运河文化融合到菜品中，于2015年11月创新推出了江南运河宴（图1-1），并在2016年将菜单进一步细化，推出了春、夏、秋、冬四大版本，打造出属于各个季节的味道。菜肴烹制严格遵循"传承苏帮菜""不时不食""本土食鲜"的传统原则，具有明显的历史饮食文化传承特征，既继承了传统，又彰显了时尚。

吴江宾馆一直坚守水乡田园味道，先后主办了冬之宴、蚬子宴、太湖莼鲈宴等苏式风格的主题宴，在吴江撤市设区后更是努力接轨苏帮菜，请进来、走出去，力求在厨艺上不断精进，所推寒食宴、端午宴、重阳宴、冬至宴、太湖素宴等，广获食客好评。由中国烹饪大师、新派苏菜代言人徐鹤峰大师作为技术指导及监制，苏州烹饪协会华永根会长策划，吴越美食推进会蒋洪会长设计，钱立新总经理带领吴江宾馆顶级厨师团队，以"常规食材、精良制作"为原则出品的江南运河宴，于2016年5月被江苏省烹饪协会认定为"江苏名宴"，2017年9月被中国烹饪协会授予"中国名宴"荣誉称号。

　　2022年7月，拉脱维亚首都里加中国文化中心在其海外社交媒体平台推出"江南运河宴"四季版图文专题报道，以中国江南大运河两岸的特色美食为切入点，以精美的影像，配以翻译为当地语言的说明，为拉脱维亚民众解密中国"江南运河宴"的美食密码。

图1-1　江南运河宴
（吴江宾馆钱立新供图）

案例导读　　吴江宾馆研发的"江南运河宴"分春、夏、秋、冬四季版，每一版又分普通和至尊两个档次，以满足不同宾客的需求。2018年正式出版《江南运河宴》（古吴轩出版社）。运河宴整个菜点均使用本土风味食材，运用苏帮菜烹调技法，遵行不时不食理念，在菜品口味、口感、配色、造型以及器皿和温度等方面既继承了传统，又融合了时尚元素，寄托着运河之畔的悠悠情思，挑逗着食客们的味蕾。如今，江南运河宴已走出苏州吴江，通过江苏省文化和旅游厅传到了欧洲东北部的议会共和制国家拉脱维亚。

　　"江南运河宴"是宴会吗？显然不是，而是一组经过团队设计开发、内涵丰富、经过文化包装的地方特色宴席菜点。顾客品尝这组特色风味的同时，不仅能领略地方丰饶的物产，还能感受到浓浓的江南美食文化氛围，这是酒店在宴席开发创新方面下了功夫，取得了不凡的业绩，值得全国餐饮业同行及高职院校的餐饮类专业学生学习。

　　如果吴江宾馆为某次大型会议举办欢迎宴会，宴会上品尝的是江南运河宴，宾客置身于精心布置的宴会厅中，聆听国家级非物质文化遗产吴歌

《芦墟山歌》，服务员身着被誉为中国国粹和女性国服的旗袍，提供周到服务的同时，演绎吴江旗袍传承之美，整个活动才能称之为"宴会"，而这次宴会的主题是"迎宾宴"，宴席的主题则是"江南运河宴"。

不同会议及重要活动的"迎宾宴"为主题的宴会菜单除了选择"江南运河宴"外，还可选择该酒店的寒食宴、端午宴、重阳宴、冬至宴、太湖素宴、太湖莼鲈宴、太湖三白宴、端午苏式三四席、水韵三虾宴、全蟹宴、黄鳝宴、桂花鲌鱼宴等苏式风格的主题宴；"江南运河宴"除了满足"迎宾宴"的美食需求外，各种婚宴、寿宴、商务宴等宴会菜单均可选用。这就是"宴席"与"宴会"的关系。

筵席、宴席和宴会辨异

任务导入

场景：某星级酒店宴会部

人物：宴会主管小王，宴会厨房实习生小吴

情节：小吴是刚来酒店的烹饪实习生，常看到一些媒体混用"筵席"与"宴席"二词，如把"天下没有不散的筵席"写成"天下没有不散的宴席"。近来，在大街上看到一些小餐饮企业的玻璃橱窗上用"承办筵席"招揽业务，现在自己又到了酒店的"宴会部"实习，对"筵席""宴席""宴会"的内涵与使用产生迷茫，随即咨询宴会主管小王。如果你是小王，如何解决小吴的困惑？

任务目标

◇ 了解筵席的由来、宴会的含义，掌握宴席与宴会的异同。

◇ 掌握宴会的特征，能调研地方（本省）的传统名宴。

任务实施

一、知识学习

（一）筵席、宴席与宴会

1. 筵席的由来

筵席是中国特有的一个历史词汇，它的本义是铺地的坐具。在夏商周三代，尚无桌椅等家具，先民还保持着原始的穴居遗风，把竹草编织的席子铺在地上供人就座，饮食聚餐也是席地而坐（图1-2）。

汉代平面画像砖（四川博物院）　　　　　　画像砖拓片

图1-2　古人席地而坐用餐

《周礼·春官·司几筵》："司几筵掌五几、五席之名物，辨其用，与其位"，"几"是一种矮小的案子，古代是用来搁置酒肴用的（也有作老年人倚凭身体之用）。"五几"是五种不同质地的几物，即玉几、雕几、彤几、漆几、素几；"五席"即莞席（水草席，图1-3A）、缫席（丝织席）、次席（竹席，又叫簟，图1-3B）、蒲席（蒲草席）、熊席（熊皮席）五种席子。古代的席，大的可坐2～3人，小的仅坐1人，故先民饮食聚餐，最早为一人一席，主要取决于起居条件，而非现代的"分餐制"。现在日本人仍然

（A）湖南长沙马王堆汉墓出土的莞席　　（B）河南信阳战国楚墓出土的彩漆方格十字纹竹席

图1-3　古人的座席

在室内脱鞋坐在榻榻米上，就是继承了中国古代的遗风。

室内座具除"席"之外，还有"筵"，唐代学者贾公彦疏《周礼·春官·司几筵》时指出："凡敷席之法，初在地一重即谓之筵，重在上者即谓之席"。筵多用蒲、苇等粗料编成，与席的区别是：筵大席小，筵长席短，筵粗席细，筵铺在地面，席放置筵上。若是筵与席同设，一示富有，二示对客尊重。在奴隶、封建社会，帝王、诸侯、卿、大夫都有一套严格的等级制度，宴会要按等级来铺设几、席，如天子之席五重，设玉几；诸侯之席三重，设雕几。到了宋代，出现了专为盛大筵席供役的四司六局，南宋笔记《都城纪胜》描写临安生活，记有"官府贵家置四司六局，各有所掌，故筵席排当，凡事整齐，都下街市亦有之。常时人户，每遇礼席，以钱倩之，皆可办也。"这种司局承包酒市是面面俱到，细致入微，就现今都市酒楼与之相比，也叹莫能及。此后，"筵席"一词逐渐由宴饮的坐具引申为整桌酒菜的代称，一直沿用至今。由于筵席必备酒，所以又称"酒席"。

2. 宴会的含义

因民间习俗和社交礼仪的需要而举行的以饮食为中心的餐会称为宴会，具体而言，就是政府机关、社会团体、企事业单位或个人为了表示欢迎、答谢、祝贺等社交目的的需要，通过邀请特定的对象，多人在同一场合以共同餐饮的方式，来进行彼此交往的全部过程。

现代宴会来源于古代筵席。筵席是以一定规格的一整套酒菜食品和宴饮礼仪来款待客人的整桌酒菜。因此，筵席特指宴会上的一整套菜肴席面，如陕西名宴"九品十三花"（图1-4）。由于筵席是宴会的核心，因而人们习惯上常将这两个词视为同义词。

图1-4 陕西名宴"九品十三花"

在中国人的一生中，从孩子出生办满月酒宴开始，为了感谢亲朋好友的贺喜，向亲友送红蛋表示喜庆，以"吃蛋"寄寓着传宗接代的厚望，表示着生命的延续；以后孩子周岁时要"办宴"，以确定将来的发展趋向；16岁时要"办宴"，告别花季年华；18岁时要"办宴"，庆贺成年；结婚时要"办宴"，庆贺成家（图1-5）；到了60大寿，更要觥筹交错地庆贺一番，表示已基本完成了人生的任务，可以颐养天年了。在社会交往中，迎来送往、开张择业、升迁换位、商务洽谈、求助于人、谢师答恩等都要"办宴"。

图1-5　婚宴会场

可见，古往今来，筵宴涉及社会生活的各个领域，大至国际交往，小至生儿育女，各个时代、各个地域、各个民族、各个家庭、各种场合，都离不了它。中国自古有"民以食为天""食以礼为先""礼以筵为尊""筵以乐为变"的说法，筵宴蕴含着文化、科学、艺术与技能，是中华饮食文化的主旋律之一。作为人们之间的交往礼仪行为，在人类社会存在是正常和必要的。

3. 宴席与宴会

筵席是以菜点为中心，根据接待规格和礼仪程序精心编排的一整套菜点，故称之为"菜品的组合艺术"，同一种筵席，可满足人们不同的社交目的，如著名的"洛阳水席"，迎宾宴可用，庆贺宴也可用；宴会则是以人为中心，为表示欢迎、答谢、祝贺等不同社交目的的需要而举行的一种隆重、正式的饮食活动，宴会可用成套的筵席菜点，也可专门设计筵席菜单。

"宴席"一词是传统筵席和现代宴会名称的组合而已。宴席与筵席读音不同，从内涵上看大体一致，都包括席桌上的酒菜配置、酒菜上法、吃法和陈设等，侧重一整套菜点；宴会则包含了宴会厅环境、宴会服务及宴席菜单等。各地都有地方特色名宴，一般以美食为主题的名宴都是"宴席"，如江南运河宴、太湖船菜宴、西安饺子宴等；而以欢迎、答谢、祝贺等社交目的为主题的名宴都是"宴会"，如开国第一宴、G20杭州峰会国宴及婚宴、寿宴、迎宾宴等。所以筵席、宴席、酒席意义相近，可以混用，而宴会包含宴席。全国职业院校技能大赛高职组旅游大类烹饪赛项，重点考核高职院校烹饪工艺与营养等专业的参赛选手在宴席设计、烹调技艺、菜品研发和餐饮厨房生产组织与实施等领域的实际动手能力，竞赛内容包括宴席设计、菜点制作、宴席展评三个分项目。如果把竞赛的"宴席"换成"宴会"，则内容就包括宴会服务策划和宴会摆台操作等，与高职组的餐厅服务赛项冲突，也不适合高职烹饪工艺与营养专业学生应赛。

随着经济的发展，生活条件的改变，以及国内国际的交流日益频繁，筵宴越来越受到人们的重视和利用，宴会频繁地出现在社会生活的各个方面也是大势所趋。因此，研究宴会的历史、现状及宴会设计知识，有利于人们正确和合理选用宴会方式，满足人们之间思想、感情、信息的交流和公共关系的改进发展。

（二）宴会的特征

现代宴会多人共聚一堂，服务要求高，讲究规格场面，有着区别于其他餐饮形式的显著特点，具体表现在社交性、规格化、计划性、聚餐式、礼仪性五个方面。

1. 社交性

宴会是一种重要的交际形式，也可以说是人际互动的"舞台"，国际、国内政府、社会团体、单位、公司或个人之间进行交往中经常运用这种交际方式来表示欢迎、答谢、庆贺或举办喜庆餐饮活动。人们也常在品尝佳肴饮琼浆，促膝谈心交朋友的过程中，疏通关系，增进了解，加深情谊，解决一些其他场合不容易或不便于解决的问题，从而实现社交的目的，这也正是宴会普遍受到重视，并广为利用的一个原因。

2. 规格化

宴会一般要求格调高，有气氛，讲排场，服务工作周到细致。它对菜品的要求与筵席一样，甚至比筵席还要高，一桌丰盛的筵席席面大、菜品多，各种菜品相互搭配、均衡统一，形式丰富、富于变化。"酒食合欢""无酒不成席"，没有酒，表达不了诚意，显示不出隆重，会使筵席显得冷冷清清，毫无喜庆气氛。由于酒可刺激食欲、助兴添欢，筵席自始至终都是在互相祝酒、敬酒中进行的。人们称办宴为"办酒"，请客为"请酒"，赴宴为"吃酒"。美酒佳肴，相辅相成。从筵席编排的程序来看，"酒为席魂""菜为酒设"，先上冷碟是劝酒，跟上热菜是佐酒，辅以甜食和蔬菜是解酒，配备汤品和果茶是醒酒，安排主食是压酒，随上蜜脯是化酒。

除此之外，宴会的台面设计、环境布置、灯光、音响、前台、后台工作等都十分讲究，要求宴会部、管事部、酒水部、食品采购、厨房和工程部技术人员通力合作才能保证宴会成功，并要始终保持宴会祥和、欢快、轻松的旋律，给人美的享受。

3. 计划性

宴会办理，不太能临时随性所致，这便是"宴会"预先计划的重要性。宴会的办理属于一种"项目管理"工作，计划性是实现宴会的手段。为了实现一定的社交目的，宴会举办者需要对宴会提前做总体谋划，从决定举办宴会开始到宴会结束，包括"礼宾接待""餐食的烹调""供餐与服务"等全部的工作内容，必须先做分工协调，并做预先的规划。如果是酒店承办这些宴会服务，就必须将举宴者的意愿细化成可以操作的宴会计划或者是宴会实施方案。

4. 聚餐式

宴会是用酒菜来款待集聚到一起的众多来宾，赴宴者通常由四种身份的人组成，即主宾、随从、陪客与主人。其中，主宾是宴会的中心人物，常置于最显要的位置，宴饮中的一切活动都要围绕他而进行；随从是主宾带来的客人，伴随主宾，烘云托月，其地位仅次于主宾；陪客是主人请来陪伴客人之人，有半个主人的身份，在敬酒、劝菜、攀谈、交际、烘托筵宴气氛、协助主人待客等方面，起着积极的作用；主人即办宴的东道主，宴会要听从他的调度与安排，并达到他的目的。

5. 礼仪性

我国宴会注重礼仪由来已久，世代传承。这不仅仅是因为"夫礼之初，始诸饮食"，还由于礼俗是中国宴会的重要成因。宴会礼仪是赴宴者之间互相尊重的一种礼节仪式，也是人们出于交往的目的而形成的为大家共同遵守的习俗，其内容广泛，如要求酒菜丰盛，仪典庄重，场面宏大，气氛势列；讲究仪容的修饰、衣冠的整洁、表情的谦恭、谈吐的文雅、气氛的融洽、相处的真诚；以及餐室布置、台面点缀、上菜程序、菜品命名、嘘寒问暖、尊老爱幼等，重大国宴、专宴除了注意上述种种问题之外，还要考虑因时配菜，因需配菜，尊重宾主的民族习惯、宗教信仰、身体素质和嗜好忌讳等。因此举行宴请礼要各方面都考虑周全，做好接待准备工作。

二、任务检测

（一）简答题

宴会的英文为"banquet"，此外，还有 feast、dinner party、masquerade、wedding party、cocktail party、family gathering、dinner party、birthday party、formal party、black-tie party 等，说明其意义及区别。

（二）实践探究

地方名宴调研

2018年9月10日，首届向世界发布"中国菜"活动暨全国省籍地域经典名菜、名宴大型交流会在郑州举行，《中国菜·全国省籍地域经典名菜、主题名宴名录》发布，全国34个地域菜系包括开国第一宴、满汉全席、孔府宴、G20杭州峰会国宴、红楼宴、洛阳水席在内的242席全国各地的主题名宴被收入名录。这些名宴以筵席为主，穿插少量宴会，如开国第一宴、G20杭州峰会国宴等，不仅是中华美食作品库，也是一套完整的中国美食理论表达，是世界认识中国菜的有效途径，更是美食爱好者的"导航仪"，体现了中国餐饮行业的软实力，并将有助于引领全国餐饮行业在新时代健康有序发展。

请调研地方（省域）名宴，包括收入上述名录的名宴和地方其他名宴。

任务小结

本任务小结如图1-6所示。

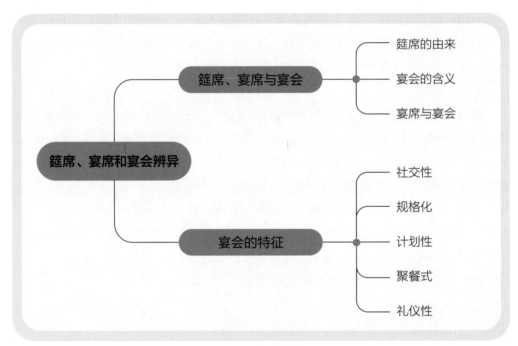

图1-6　任务小结

任务二

宴会类型的区分

任务导入

场景：某品牌酒店宴会部

人物：宴会部王经理，宴会厨房员工小张

情节：在一次部门例会上，宴会部王经理为提升宴会品质、凝聚团队力量、创新宴会模式，要求菜品研制组学习 2018年中国烹饪协会发布的中国主题名宴，吸取各地之长，为菜品研制奠定基础。面对两百多席名宴，菜品研制组的小张犯了难，不知从哪里入手。

任务目标

◇ 了解宴会的分类及相互关系，能区分不同类型的宴会。

◇ 掌握各类宴会的特点，完成2018年中国烹饪协会发布的中国主题名宴的分类。

任务实施

一、知识学习

（一）宴会的分类

由于主办者的身份不同，邀请的客人不同，举办的目的不同，从而使宴会的要求与形式各不相同，导致宴会的类型多样（表1-1）。这对我们系统地了解各类宴会的特点、内容和要求，加深对各类宴会知识的理解，掌握各类宴会操作的规律，提升对宴会的管理水平和服务质量有着十分重要的意义。

表1-1 筵席、宴席和宴会辨异检查表

依据	分类
形式	中式宴会、西式宴会、中西结合宴会、冷餐会、鸡尾酒会
主题	国宴、商务宴会、庆典宴会、婚宴、生日宴会、迎宾宴、纪念宴会等
规模	小型宴会、中型宴会、大型宴会
等级	普通宴会、高级宴会、豪华宴会
地点	店内举办的宴会、外卖式宴会
时间	午宴、晚宴

宴会的主要划分依据是"形式"，课程体系的编排、学生的学习、设计演练、企业的实践，主要参照"形式"来划分。不同类别宴会相互间的关系是：如"婚宴"可以是中式婚宴，也可以是西式婚宴；可以是小型婚宴，也可以是大型婚宴等；可以在店内举办婚宴，也可以在室外举办婚宴。

不同形式的宴会关系如图1-7所示。

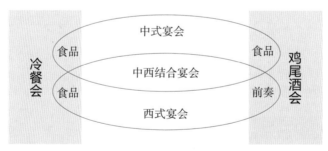

图1-7 不同形式的宴会关系图

按宴会规模大小分为小型宴会、中型宴会、大型宴会，小型宴会参加人数相对较少，大型宴会参加人数很多，有特定的主题，工作量大，要求高，组织者必须具有较高的组织能力。

按宴会等级分为普通宴会、高级宴会、豪华宴会。普通宴会，价格较低，烹饪原料以常见的鸡、鸭、鱼、肉、蛋、蔬菜等为主，用10%左右的低档山珍海味充当头菜，菜肴制作简单，注重实惠，讲究口味，菜名朴实，多用于民间的婚寿喜庆以及企事业单位的社交活动；豪华宴会原料多为高档、稀有的特产精品，山珍海味所占比例高达60%，配置全国知名美酒佳肴，工艺菜比重大，常以全席形式出现，菜名典雅，盛器名贵，席面雄伟壮观，多接待显要人物或贵宾，礼仪隆重。

（二）各类宴会的特点

1. 不同形式宴会的特点

（1）中式宴会 中式宴会是中国传统的聚餐形式，宴会遵循中国的饮食习惯，以摆中式台面、用中国餐具、吃中国菜肴、饮中国酒、遵从中国习俗、行中国传统礼仪为主，餐具是最具代表性的筷子，席间播放民族音乐，就餐方式为共餐式，其装饰布局及服务等无不体现中国饮食文化的特色，具有儒家伦理道德观念和五千年文明古国风情。历代著名的宴会有乡饮酒礼、百官宴、大婚宴、千叟宴、定鼎宴等。中式宴会既适用于礼遇规格高、接待隆重的高层次接待，又适用于民间的一般聚会，是目前宴会经营中最为常见的一种宴会类型。

（2）西式宴会 西式宴会是鸦片战争之后的舶来品，是按照西方国家的礼仪习俗举办的宴会。其特点是遵循西方的饮食习惯，采取分食制，餐桌多为长方形，用西式餐具，以西式菜肴为主，饮西式酒水，行西方礼节，遵从西方习俗，讲究酒水与菜肴的搭配，其布局、台面布置和服务都有鲜明的西方特色，突出西方的民族文化传统（图1-8）。

图1-8 英国白金汉宫的宴会

西式宴会有时要安排乐队奏席间乐，宾主按身份排位就座。许多国家的西式宴会十分讲究排场，在请柬上注明对客服饰的要求，往往从服饰规定上来体现宴会的隆重程度，这是西式宴会较突出的方面。另外，对餐具、酒水、菜肴道数、陈设，以及服务员的装束、仪态都要求得很严格。

目前西式宴会在我国一些涉外酒店、驻华使馆及高档餐厅等较为流行，西式宴会根据菜式与服务方式不同，又可分为法式、意大利式、英式、美式、俄式宴会等，日式宴会、韩式宴会也在我国逐渐兴起，均可被纳入西式宴会或外国宴会的范畴。

（3）中西结合宴会　中西结合宴会兼取两种宴会之长，近年颇为流行，尤其是近年来的国宴，如2008年北京奥运会欢迎宴、2010年上海世界博览会欢迎宴、2016年G20杭州峰会国宴等，这是中西饮食文化交流的产物。

中西结合主要表现在菜式格局、菜肴风味、环境布局、厅堂风格、台面设计、餐具用品、筵席摆台、服务方式等的结合，可以是某一点，也可以是多方面的组合。如宴会的菜单既有中式菜肴又有西式菜肴，或选用西式宴会常用食材，采用中式烹法；所用酒水以欧美较流行的葡萄酒为主，也用一些中式酒水；所用的餐具及用具，既有中式的，也有西式的，如筷子、刀叉均可提供；在服务礼节礼仪及程序上，根据中、西菜品的不同，其服务方法也不一样。中西结合宴会更能满足不同宾客的需求，提升宴会的品质。

（4）冷餐会　冷餐会也称冷餐酒会、自助餐会。特点是不排席次，既可在室内、又可在花园里举行，菜点的品种丰富多彩，冷食热菜兼顾，菜肴提前摆在食品台上（图1-9），供客人自取，宾客可自由活动，多次取食。可设小桌、椅子，供宾客自由入座，也可以不设座位，站立进餐。根据宾主双方的身份，冷餐会的规格和隆重程度可高可低，举

图1-9　冷餐会必备的自助餐台

办时间一般在中午12时或下午6时左右的正餐时间。这种形式多为政府部门或企业界举行人数众多的盛大庆祝会、欢迎会、开业典礼等活动所采用。

（5）鸡尾酒会　鸡尾酒会是具有欧美传统的集会交往形式，以酒水为主，一般不用烈性酒，因为不是正餐，所以略备小吃食品，形式较轻松，一般不设座位，顶多设置高脚小桌（图1-10），没有主宾席，个人可随意走动，便于广泛接触交谈。食品主要是三明治、点心、小串烧、炸薯片等，宾客用牙签取食。鸡尾酒和小吃由服务员用托

图1-10　鸡尾酒会场地

盘端上，或部分置于小桌上。酒会举行的时间较为灵活，非正餐时间均可，可作为晚上举行大型中西式宴会、婚寿庆功宴会、国宾宴会的前奏活动；或结合举办记者招待会、新闻发布会、签字仪式等活动。请柬往往注明整个活动延续的时间，宾客可在其间任何时候到达或退席，来去自由，不受约束。

鸡尾酒会多会安排主持人或司仪先进行相关的流程，例如贵宾致辞、来宾介绍等仪式，行礼如仪之后，参加宾客便可进行酒会或茶会的交谈与联谊。若是以"以茶代酒"的方式进行，便称之为"茶会"。必须特别注意的是，基于礼貌与尊重，参加的宾客最好在会前的致辞或相关仪式进行之前到场较为妥当与礼貌，否则容易遭人误会为参加宴会只是为了吃喝而已。

2. 不同主题宴会的特点

一般来说，宴会都有特定的主题，如国际友好往来、庆贺新婚生日、宾朋团聚、各种庆典活动等，这类宴会往往有着明确的目的和意义，整个宴会都围绕主题进行。典型的主题宴会有以下几种。

（1）国宴 国宴是国家元首或政府首脑为国家庆典或为欢迎外国元首、政府首脑而举行的正式宴会（图1-11）。这种宴会规格最高，不仅由国家元首或政府首脑主持，还有国家其他领导人和有关部门的负责人以及各界名流出席，有时还邀请各国使团的负责人及各方面人士参加。国宴厅内悬挂国旗，安排乐队演奏两国国歌及席间乐，席间有致辞或祝酒。国宴的礼仪特别隆重，要求特别严格，安排特别细致周到。宴会厅布置体现庄重、热烈的气氛。国宴的形式有中式、西式，但以中西结合宴会为主。如2001年10月，上海锦江集团接待APEC会议20位经济体首脑的午餐宴，采用中式菜肴、西式服务；中式菜肴、西式装盆，配上中西结合的点心；西式口布卷配上中国结圆套

图1-11 人民大会堂国宴

口，令人赏心悦目，充分体现了中西合璧的成功之道。

（2）婚宴　婚宴是人们在举行婚礼时，为宴请前来祝贺的宾朋和庆祝婚姻美满幸福而举办的喜庆宴会。我国婚宴的特点主要是根据我国"红色"表示吉祥的传统，在餐厅布置、台面的装饰上，多体现红色；主桌设计得更美观，突出新娘、新郎的位子，桌与桌之间保持宽敞的通道，以利新娘、新郎向来宾敬酒；结婚宴会的菜肴名称要讲究讨口彩，如"红运四喜""早生贵子""比翼双飞""年年有余"等。目前，一般饭店的宴会中，百姓婚宴要达70%左右。

婚宴主办者对饭店提出的要求很高，要饭店提供精美的食品及最佳的服务。举办婚宴多在节假日，以方便亲朋好友赶来赴宴。许多新人选择星级饭店，看中的是其高雅的环境，还有"厅大、有舞台"，可以举行场面壮观、活动丰富的婚宴。

（3）生日宴会　生日宴会是人们为纪念出生日而举办的宴会。一般以老年人居多，老年人喜人多、热闹，现在为小孩过生日而举办宴会的也日益增加。

生日宴会的特点是：菜点形式上突出祝寿之意，如将冷盘制成松柏常青或松鹤延年；点心可以按我国传统的习惯，配寿桃、寿面；菜点质地上应以满足生日者的需要为主。为老年人庆贺生日的宴会菜以松软为主，在菜肴制作上尽量采用烩、扒、炖、焖的烹调方法；如是小孩生日宴会还应配制一些专门的小孩菜肴；现在人们庆祝生日常常在生日宴会上再配上生日奶油蛋糕，庆祝生日的程序也转变成中西结合的形式，如点蜡烛、吹蜡烛、唱生日歌、切蛋糕等。上海虹桥宾馆曾为一位艺术大师举办百岁寿辰的祝寿宴，为充分体现祝寿的主题，在每桌席面上放剪纸大红"寿"字；在主桌后面作为背景用100支大红蜡烛配以银质、水晶质烛台搭成宝塔型，菜单设计和取名也别具一格，如"南山长寿面""桃李满天下"等，强烈的喜庆气氛，突出的主题环境，赢得了众多贵宾的赞美。

（4）纪念宴会　纪念宴会是指为纪念某人、某事或某物而举办的宴会，要求有一种纪念、回顾的气氛。因此在宴会布置时有特殊要求：要有突出纪念对象的会标；宴会厅或会客室里悬挂纪念对象的照片、文字或实物；在纪念宴会上可能有较多的讲话或其他活动，需及时早有所准备，并相应地做好服务工作。

（5）商务宴会　商务宴会在宴会经营占有一定比重。国内外商务客人要求饭店为他们提供增进友谊、联络感情的宴请和提供业务洽谈、协议签约、资料信息交流的工作条件，商务宴会的消费水准以中等偏上为多。有的在事先预定，有的是临时性预定。商务宴会有以下要求：在预定时要了解洽谈双方的特点和爱好，并在设计时，布置一些双方爱好相同的东西；迎合双方共同的特点和爱好，表现双方的友谊，使协商、洽谈在良好的环境中进行；在宴会进行过程中，宾主双方往往边谈边吃，服务人员要及时与厨房联系，控制好上菜节奏。

（6）庆典宴会　庆典宴会是指企事业单位为庆贺各种典礼活动而举办的各种宴会，如开业庆典、毕业庆典、庆功宴会、国际国内大奖、科研成果等庆典宴会。这类宴会的特点主要有：宴会规模大，气氛热烈。事先要做充分的展备，服务程序以简洁为主；宴会突出庆贺的主题，往往在开宴前进行简短的致贺词，然后在开宴过程中，人们相互举杯庆贺。

二、任务检测

（一）工作案例分析

2022年12月6日，某酒店宴会部预订员小李接到A公司的预订电话，称该公司将于12月30日晚在该酒店宴会厅举行周年庆典，并举行晚宴，参会人数为260人左右。

案例
思考

根据案例中的有关宴会预订信息分析回答：

1. 这是一个什么类型的宴会？这种宴会有什么特点？
2. 对此宴会概括出恰当的主题和名字。

（二）实践探究

前文"地方名宴调研"已了解2018年中国烹饪协会向世界发布的242席全国各地的主题名宴，这些名宴互通有无，相互借鉴，兼收并蓄，推动不同地域、不同口味的传统烹饪技术同人们的现代生活完美融合，满足人们美好生活的需求，促进中华餐饮文化在弘扬中不断传承、创新和升华。

请分析不同地域的242席名宴，小组协作，完成表1-2主题名宴分类表。

表1-2　主题名宴分类表

主题	名宴
按照地方风味	
按照时令季节	
按照头菜原料	
按照烹制原料	
按照菜品数目	
以人名	
……	

任务小结

本任务小结如图1-12所示。

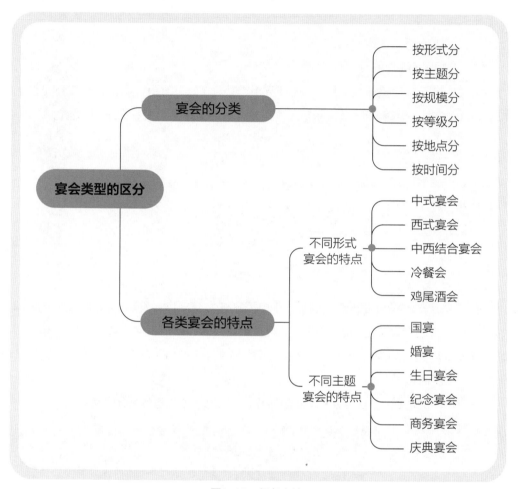

图1-12　任务小结

宴会流程指南

任务导入

场景：某商务酒店宴会部

人物：宴会部朱经理，宴会厨房实习生小张

情节：为欢迎新来的一批烹饪实习生，宴会部朱经理介绍部门业务时，专门提到了宴会流程。朱经理认为，宴会成功与否，取决于宴会部的组织能力，即任何宴会若能事前做好妥善规划，可以水到渠成，顺利完成宴会活动。完整的宴会作业流程应开始于宴会预订，直至宴会结束，全过程大致分为五个阶段（图1-13），缺一不可，唯有五个阶段相互衔接，充分配合，才能保证宴会圆满成功。实习生小张的工作岗位主要在宴会厨房凉菜间，仅仅参与宴会项目食品生产部分的凉菜制作，小张自问，怎样才能参与宴会的设计？

图1-13　宴会作业流程图

任务目标

◇ 了解宴会的五个流程，掌握每一个流程的工作内容。

◇ 掌握宴会策划的内容，探究宴会定制服务师的素质与要求。

任务实施

一、知识学习

（一）宴会预订

1. 宴会预订人员的安排

宴会部受理预订是宴会流程的第一步，也是重要的一个环节，预订工作做得好与坏，直接影响宴会的设计策划及整个宴会活动的组织与实施。因此，宴会部应设预订专门机构和岗位，挑选有多年餐饮工作经历、了解市场行情和有关政策、应变能力较强、专业知识丰富的人员承担此项工作，从而推动宴会的销售。

2. 宴会预订的工作流程

宴会洽谈→接受预订→填写宴会预订单→填写宴会安排日记簿→签订宴会合同书→收取订（定）金→跟踪查询→正式确认→发布宴会通知。

3. 宴会预订的活动信息

宴会是一个非常综合的餐饮产品，涉及许多人员、场地、设施等，任何餐饮企业都是根据顾客的情况来设计和安排宴会的，没有客情的宴会设计，如同纸上谈兵，落不到实处。宴会预订的核心内容就是充分掌握客情，这样才能进行下一个设计环节。

宴会预订的活动信息为宴会活动的策划和设计提供正确、充足、必要的依据，这些信息可参考表1-3。

表1-3　宴会预订的活动信息内容

项目	内容	作用
宴会预订的活动信息	◎了解宴会的目的 ◎了解赴宴宾客人数 ◎了解宴会的规格 ◎了解宾客风俗习惯、生活忌讳和特殊需要 ◎赴宴宾客有外宾，还应了解国籍、宗教、信仰、禁忌和口味特点等	掌握宴会基本情况
较高规格宴会的信息	◎了解宴会的性质及主办者的指示、要求、想法 ◎了解宴会的正式名称 ◎了解宾客的年龄和性别 ◎了解有无席次表、座位卡、席卡 ◎了解有无音乐或文艺表演 ◎了解有无司机费用等	掌握宴会细节情况

（二）宴会策划

1. 宴会策划的内容

宴会策划是根据客人的要求和酒店的物质条件、技术条件等多种因素，对宴会场景、宴会物品、宴会台面、宴会台型、宴会菜单、宴会服务与宴会流程等诸多方面进行精心设计、统筹规划，制定出主题突出、科学合理、令主办者满意的宴会活动计划。宴会策划要求详细、明了，只有经过周密的策划与设计之后，才能进行宴会准备和组织实施。宴会策划的内容大致分为三部分（表1-4）。

表1-4　宴会策划的内容

项目	内容	作用
宴会厅环境气氛策划	◎宴会厅的餐桌布局与台型设计 ◎宴会厅绿化和鲜花等装饰设计 ◎舞台背景、讲台、话筒位置和布置 ◎宴会娱乐策划（背景音乐、乐队人员的位置安排、文艺演出的场地范围等） ◎宴会厅灯光、色彩的设计等内容	渲染和衬托宴会的主题；娱乐设计活跃宴会气氛，娱乐客人
宴会服务策划	◎不同形式宴会餐桌的摆台 ◎餐具、布巾等项目的数量 ◎主桌台的席次排列和花卉布置、工艺装饰 ◎贵宾（VIP）、随行人员和陪同人员座位安排 ◎宴会服务人员人数确定与工作安排 ◎管理人员、服务人员岗位位置安排 ◎上菜、撤盘的线路设计 ◎宴会服务流程设计等	烘托宴会气氛，突出宴会主题，提高宴会档次，体现宴会水平
宴会菜单策划	◎宴会菜单设计 ◎宴会酒水设计 ◎宴会食品原材料的采购计划 ◎宴会厨房加工烹调工作安排	依据标准，与宴会的档次、规模协调统一，与宴会的主题相吻合，酒水与菜点相得益彰

2. 宴会策划的程序

宴会策划从获取客人的预订信息开始，根据宴会规格要求，编制出宴会组织实施计划的书面材料，其设计程序见表1-5。

表1-5　宴会设计程序

程序	要求
信息获取	通过预订，向客人了解举行宴会的日期、办宴主题、参加宴会的人数、宴会的形式、消费标准以及所需提供的额外服务、客人口味特殊要求等方面的信息
分析构思	选用富有经验的宴会设计人员，全面、认真地分析、研究信息资料，构思方案，突出宴会主题，满足顾客要求，富有独特个性与创新精神

续表

程序	要求
方案起草	宴会设计人员综合多方面的意见和建议，起草设计草案，制定出2~3套可行性方案，由酒店领导初步审定
修改定稿	征求办宴单位的意见与建议，对草案进行反复修改，满足其合理要求，由宴会举办单位最后定稿
贯彻执行	宴会设计方案以书面形式向有关部门和个人下发，明确职责，交代任务，敦促落实执行，执行中由于情况发生变化，及时予以调整
总结提高	宴会结束后，总结经验与教训，把宴会设计方案、总结材料等文件立卷归档，以利再战

在实际工作中，宴会活动的所有计划内容，并不是完全由宴会部制定，而是由饭店相关部门分别拟定，各部门依照所收到的宴会通知单，各自拟定所负责部分的工作计划，并列出工作清单，作为准备的依据。若为大型酒会或国际会议，宴会部可将各部门集合开会，共同筹划，各部门有任何问题，都可在会中讨论并加以解决，并将会中决议印成书面资料，分发给各部门分头进行相关工作。宴会工作千头万绪，各部门工作计划的拟定相当重要。

除了上述宴会活动计划外，宴会部还应编制一个宴会时间控制表。从客人进入宴会厅到整个宴会结束，将其间的各项活动纳入控制表中，并落实到每位服务人员，使整个宴会有计划、有步骤、有条不紊地进行。

另外，良好的宴会活动计划，必须通过畅通合理的传递渠道来下达，使宴会活动的各个程序和各个环节按计划进行，这样才能确保宴会的质量。延误了信息的传递和计划的下达，或把计划内容中宴会日期、开宴时间、人数、桌数、费用标准、设备要求等写错或传递错，就会影响计划下达，并影响后面整个宴会程序的顺利进行。

3. 宴会策划人员

宴会策划人员从中华人民共和国成立至今70多年来，从行业的俗称到国家认定的职业名称，经历了三个不同的阶段。

（1）宴会设计师　宴会设计师一直是行业的俗称。1949年10月1日的"开国第一宴"在当时的京城第一饭店——北京饭店举行，举办一场大型国宴，如同演奏一部大型交响乐，需要一位宴会总指挥，也称"宴会总管"，担任总管的，就是北京饭店的郑连富，他从宴会的餐桌如何摆，上菜的路线如何走，主宾进出的通道留多宽，哪道菜何时上，如何美化餐厅等都做了极其周到细致的安排。600多人的宴席，几十张餐桌摆放得疏密得当，主桌的位置既显突出，又和其他来宾席相互呼应，方便主宾与来宾的交流；宴会上菜的路线布设合理，宽窄适当；服务程序也考虑得合理周到。这次开国盛宴之后，郑连富也声名远扬了，他曾荣获中华人民共和国第一位"宴会设计师"专业称号，可称餐饮业中的"国宝"级人物。

（2）高级宴会服务师　开元酒店集团是中国较大的民营高星级连锁酒店集团，位列最具规模中国饭店集团第二名，名列全球酒店集团50强。高级宴会服务师简称高宴师，是开元在酒店行业内首创的一种具有鲜明特色的宴会服务模式，要求其在专业化宴会服务过程中融入精心设计的服务表演，以极大限度地满足宴会客人的精神需求。高宴师通过标准化、规范化的服务，将每一个服务细节完美展现于宾客面前，体现出个性化服务与尊贵化的礼仪接待。通过精心的设计来营造宴会的特殊氛围是高宴师必须具备的能力，高宴师必须根据宴会的性质对服务作事前设计，要善于利用现场的音响背景、色彩灯光、上菜秀表演等营造宴会特有的氛围，从而提升宴会服务品质。

高宴师都是具有世界眼光、战略思维、熟悉国际惯例和规则、精通本行业知识的旅游业领军人才，拥有各方面深厚的知识基础。酒水知识、西餐礼仪、营养学、宴会史、VIP宴会服务，他们驾轻就熟；设备维护、服务心理、沟通技巧、会议布置，他们熟能生巧；国际风俗、宗教文学、戏曲茶艺、舞蹈训练，他们了然于胸。当然，表面的风光优雅背后，是长时间的魔鬼式训练。作为行业内首创宴会服务模式，开元酒店高宴师从2008年7月首期队伍正式组建到2018年10月中旬第十一期结业，历经十年，共培养了413名高级宴会服务师，先后服务于G20杭州峰会、世界旅游联盟大会、亚洲博鳌论坛、中国机器人峰会等重大国内外会议宴会，接待了大量国内外政要、商贾、名流等。随着开元酒店集团扩张步伐不断加快，对高宴师的需求日益增加，由此"百店千宴"计划应运而生，开元酒店集团计划为百家开元酒店培养千名高级宴会服务师，引领宴会行业发展。

（3）宴会定制服务师　2021年，北京宴董事长、俏江南CEO杨秀龙向人力资源和社会保障部申请了一个新的职业——宴会定制服务师，获得专家认可，宴会设计师终于跨入职业行列，有了权威"身份证"。在《中华人民共和国职业分类大典》（2022年版）中，被命名为"宴会定制服务师（4-03-02-13）"，指从事宴会主题策划，定制并组织提供个性化餐饮服务的人员，主要工作任务如下。

①接受宴会定制，沟通客户、分析客户需求。

②策划宴会主题、服务场景，协调服务项目，调控服务流程。

③收集宴会文化主题素材，协调店外服务资源，定制、安排个性化服务场景。

④指导菜肴、酒水、餐点、果盘等餐饮准备。

⑤为宾客备制伴手礼等文化纪念赠品。

⑥主持与协调宴会礼仪、菜品介绍等席间活动。

⑦进行宾客回访、服务评价。

⑧运行维护客户社群信息化网络平台，宣传勤俭节约的中华饮食文化与宾客至上的企业服务文化。

宴会设计师戴欣

案例

戴欣，中国首家高端宴会设计品牌"BEARFETE高端定制"创始人，中国Event Design倡导者，宴会设计师、花艺设计师、中国婚尚派对领域的领军人物。先后于荷兰、德国、比利时、美国、日本等多国游学，师从数名东西方顶级花艺大师及空间架构大师，并受邀成为荷兰布尔玛国际花艺学院讲师、日本池坊华道会教授、荷兰球根协会中国唯一指定设计师以及中国婚庆协会特聘讲师。

戴欣曾为多位名人进行过婚礼及私人派对花艺设计，成立了自己的宴会活动设计品牌——BEARFETE后，并担任首席宴会设计师，成功实现从花艺师到宴会设计师的转型。高端宴会设计是对时尚品质生活方式的一种呈现，而活泼开朗、时尚率性的性格也让戴欣极具亲和力，能迅速和"圈内人"打成一片。与单纯的花艺师相比，宴会设计师涉及的内容要更丰富，除了花艺，还包括宴会场地选择，宴肴、菜品的选择，灯光效果，空间设计，铺展装置，宴会流程，新娘珠宝配饰，妆容造型的设计等，宴会设计师相当于整个宴会活动的总导演，戴欣正在努力适应这一角色，每年都会抽时间进行学习。

在宴会设计时，戴欣一般都会根据客人的需要设定一个宴会主题，所有的细节都按照这个主题进行，这样宴会特色鲜明，个性突出。在宴会的花艺设计方面，戴欣认为，独特的花艺作品和创新手法固然重要，但是最好操作方便、简洁，他一般都是采用将造型简单的花艺作品进行重复和组合的方式，效果可大气、可精致，操作简单，变幻多样。戴欣带领四大专属团队设计并执行过逾千场高端婚礼及私人宴会，运用国际化的创作思路及因地制宜的操作手法，都能够真正赋予婚礼和宴会"高端、私人、定制"的特质，在大气瑰丽中不失精致的完美质感。

（三）执行准备

好的开始是成功的一半，一场宴会事前的准备工作是否完善，彻底关系到宴会的成败。试想当宴会主人到达宴会会场时，看到一切准备工作已井然有序，其心情必定是欢愉且满意的，一旦留下完美的第一印象，宴会人员便可顺利地与其商谈其余细节。

1. 宴会场地布置

宴会工作人员在进行场地布置时，应该充分考虑到宴会的形式、宴会的标准、宴会的性质、参加宴会的宾主的身份等有关情况，进行精心实施，使宴会场景既反映出宴会的主题，又使宾客进入宴会厅后有清新、舒适和美的感受，以体现出高质量、高水平服务。

宴会场地何时着手布置，应视宴会复杂程度而定，可能在宴会当天、前一天或数天以前，并应由各部门根据场地规划进行安排。客人若有事先进场布置的需求，负责人员应先了解该场地是否有空档，并依照宴会厅规定收取场租之后，方可让客人进场布置。

2. 工作人员的分工

人员分工必须根据宴会类型，针对迎宾、值台、备餐、传菜、酒水、服务桌、供酒、区域负责人等进行工作任务分配，将责任落实到每个人。宴会部主管应在宴会开始前，计算所需服务人员的总数，若有人数不足的情形，宜提早申请临时工。为确保临时工能随时补缺，饭店需预先安排临时工的来源，比如对社会人士、学校或饭店其他部门的人员进行培训，并随时保持联系以备不时之需。

3. 物品的准备

开宴前的物品准备主要包括以下几个方面。

（1）台面用品 宴会服务使用量最大的是各种餐用具，宴会组织者要根据宴会菜肴的数量、宴会人数，计算出所需用餐用具的种类、名称和数量，并分类进行准备。通常需由宴会服务组开出清单交给餐务部或管事部工作人员进行准备。所需餐具酒具的计算方法是：将一桌需用的餐具、酒具的数量乘以桌数即可。各种餐具、酒具要有一定数量备用，以便宴会中增人或者损坏时替补，一般来说，备用餐具不应低于20%。桌布和餐巾同样需按照桌数准备，此外餐巾数量应比宴会参加人数多准备10%左右，以便应付宴会人数临时增加时使用。

（2）茶水、酒品饮料 宴会开始前30分钟按照每桌的数量拿取酒品饮料。取回后，要将瓶、罐擦干净，摆放在服务桌上，做到随用随开，以免造成浪费。

（3）冷菜围碟 大型宴会一般在开始前30分钟摆好冷菜。冷菜的多少应根据宴会的规模、规格来定，一般安排八个围碟，高档宴会外加一道花式冷盘。服务员在取冷菜时一定要使用大长形托盘，绝不能用手端取。

4. 开宴前的检查

开宴前的检查，是宴会举行前的关键环节，它是消除宴会隐患，将可能发生的事故降低至最少限度，确保宴会顺利、高效、优质运行的前提条件，是必不可少的。宴会的组织者在各项准备工作基本就绪后，应该立即进行宴前检查。检查的主要内容见表1-6。

表1-6　宴前检查的内容

项目	内容	问题/整改
宴会客情	◎宴会联系人的姓名、地址、电话 ◎将要使用哪一宴会厅、座位风格、具体服务时间 ◎宴会人数、保证人数、主席台位人数和保证日期 ◎价格是多少？包括税金和服务费在内的价格 ◎服务费或小费如何处理、谁来为宴会活动付款、何时付款	
宴会厅布置	◎主席台位与餐桌布局风格是否与预订单一致 ◎舞台是否准备妥当，如婚宴的喜字、婚礼蛋糕、香槟塔等 ◎座位数与预订单的人数是否一致 ◎盆花是否新鲜，花草、烛台与预定要求是否一致 ◎室温、特殊灯光设施，宴会开始前半小时将空调设备开启 ◎麦克风工作效果检查、讲稿架、讲词提示器是否正常工作 ◎玻璃、银器是否擦拭光亮，餐具、家具、地毯是否合乎卫生标准 ◎检查桌布和餐巾是否有破损的情况，应确保其干净卫生 ◎宴会厅窗帘和服务台是否整洁美观	
娱乐设施	◎晚宴或晚宴舞会，表演者到位名单、出场顺序 ◎晚餐后舞会：清台与否 ◎宴会设备，如灯光、音响、冷气、电器等，运作是否正常 ◎宴会器材，如幻灯机、投影机、麦克风、摄影、摄像、录音设施等是否备妥并功能完善 ◎背景音乐备妥与否 ◎承诺的所有项目能按时交付吗	
生产服务人员	◎服务期间厨师、领班有无变动 ◎能否保证酒吧正常运转 ◎衣帽间打开，并有待者服务 ◎向来宾表示欢迎的饭店高级主管 ◎摄影师，投影、放映设备与操作员 ◎服务人员是否随身携带笔、打火机及开罐器等必备物品等	
宴会食品	◎招待——开胃小吃、装饰与音乐 ◎菜单、酒单——鸡尾酒、葡萄酒、其他菜品等	
其他服务	◎主席台贵宾休息室 ◎带灯光的放演讲稿台架——讲词提示器 ◎特殊花草、大分枝烛台 ◎会议主席使用的小木槌 ◎演出费 ◎桌面人造喷泉 ◎旗帜、横幅、标志摆放到位，过道、间房设指示牌 ◎宴会厅外的海报及指示牌内容与宴会是否相符 ◎宴会指示牌、宴会厅名称、宴会场地示意图是否正确无误 ◎接待桌的位置及所需物品是否备妥 ◎名卡、纪念品的分发等	

5. 宴会前集会

待一切设备、摆设的事前检查完成后，紧接着应在宾客到达之前集合员工召开宴会前会议，告知该场宴会的注意事项。许多宴会服务工作大量采用钟点工及临时工。由于钟点工及临时工来源不一，层次参差不齐，不似受过严格训练的饭店正式员工。为统一服务作业，便须事先就宴会服务工作充分协调，并且给予最精确的指示，所以服务前的集会不可省略，以免服务发生失误。

集会前，当班主管必须先跟负责接洽的主办者进行沟通协调，了解主办者需求和宴会进行的方式，然后再跟主厨商讨菜单内容，并让主厨知晓宴会进行的程序，以便控制出菜时间。宴会开始前，宴会主管集合员工，点名，确认人员是否到齐，一旦有缺席便应立刻调派人员替补，检查员工的服装仪容，尤其是临时工作人员和钟点工。必须使所有员工认识到一旦穿上饭店的制服，所有行为都代表着饭店，半点马虎不得。

接着应详细说明该场宴会的性质、菜单内容、每道菜的服务方式、客人的特别需求、每位服务人员所应服务的桌（人）数、上菜的顺序、上菜的信号以及其他相关注意事项。解说完毕，便分配服务区域，并且由服务人员自由提问，务必使员工在每一个工作细节都能达成共识。举办大型宴会时分秒必争，所以领班必须在有限的时间内将该宴会的注意事项清楚地告知员工，并将宴会结束后的工作进行妥善的安排，使整个宴会得以圆满完成且有效率地进行场地善后工作。为使宴会工作顺利、有效率，人员集合时所讲的内容应以重点式的告知方式为主。至于其他服务上应注意的细节，则可斟酌集合后所剩余的时间再行告知。

宴会当中菜肴的展示、上菜、收拾均需同步进行，所以必须有统一的动作和信号传达指令。一般小型宴会便以服务主宾的服务员动作为信号，但在大型宴会中，由于服务员不一定能看清楚服务主宾的服务员的动作，因此都以当班主管规定的信号来指挥所有服务人员的行动，举手、点头或其他容易看到的动作均可作为服务信号。在欧美国家，有些宴会场所在厨房入口处上方装设彩色电灯，以亮灯为记号，指挥所有服务人员。例如，绿灯表示可到厨房端菜，黄灯表示待命，红灯表示开始收拾等。

（四）组织实施

组织实施阶段的一般工作程序包括：宴会现场的接洽→迎宾→客人入座→铺餐巾、拆筷子套、上小毛巾→斟酒→上菜→席间服务。不同形式或不同主题的宴会，其具体的宴会程序也有差异。

1. 宴会现场的接洽

宴会人员应于客人到达会场时主动与其接洽，讨论该场宴会所需配合的事项及流程，领班还应将讨论要点在宴会前集合时告知员工。一般而言，喜宴中宴会人员需和顾客确认的事项较多，程序也较繁杂。宴会现场接洽时的注意要点与确认事项如下。

以举办婚宴为例,首先要确认宴会负责人与结账人,并分别作自我介绍以认识对方、取得信任。曾有饭店出现不知名人士冒充饭店人员跟客人结账,并于收取现金后逃之夭夭。为避免此类情况发生,事先与客人认识并确认双方结账人员的步骤绝对不容忽略。确认双方负责人后,宴会人员应与负责人确认喜宴开席的桌数及酒水的数量,以免结账时有所争议。确认后,双方接着商讨宴会流程与所需配合的事项,例如致辞时间、致辞时服务员宜暂停服务动作、致辞后的干杯仪式需保证每位宾客手上皆有饮料可供敬酒、上菜的时间、灯光与音乐的配合等事宜。一般而言,饭店会提供宴会程序表及宴会进行所需的相关资料给负责人,以便其掌握宴会进行流程。

2. 迎接顾客光临

服务前集合会议结束后,若宴会时间已近,就可安排若干服务人员列队于宴会厅门口等待迎接客人。排队时需注意高矮顺序,有些宴会厅甚至规定男女服务员各站一边。

另外,衣帽间的管理也是迎接客人的一环,亲切的服务将使宾客留下美好印象。客人如有物品需寄放于衣帽间,管理员便会在寄放物上挂一个号码牌,然后将同一号码的副牌交给客人当收据,客人离去时再凭副牌领回寄放物。

有些宴会在宴会入口处设有接待桌,供宾客办理报到、签字等手续。喜宴则另设有收礼桌,供主家收礼用。不过这些接待员大多需由宴会主办者自行指派,饭店并不负责提供。

3. 服务时的注意事项

①在进行宴会服务之际,必须了解客人的喜好及要求,进而提供亲切周到的服务。例如有些客人不习惯别人帮忙分菜而偏好自己动手,因此服务人员应先询问客人的意见。

②服务人员若在执行服务中遇到一些突发事件,必须马上向宴会经理反映,以便做最快速且最适当的处理。例如,服务不周而令客人感到不愉快,或是客人蓄意骚扰服务人员等事件,均应立刻向上级反映,采取换人等适当的解决方式,将伤害降至最低。

③服务人员在服务当中应谨言慎行,不能窃窃私语或对顾客行为妄加批评。尤其有些服务人员在为外宾服务时,常无意间以自认为对方听不懂的语言喃喃自语,徒增不少尴尬场面。所以服务人员务必小心,避免服务中无谓的言语或行为。

④服务部门主管应致力于提高服务人员的反应能力,并耐心地对待员工。对于员工所提出的疑问,主管必须仔细倾听,并给予正确的答复,否则将很容易造成沟通上的误会,得不偿失。

⑤服务人员应随时留意客人的需求。完成上菜与收拾等分内的工作后,若暂时没

有其他任务，仍须坚守在自己的服务区内待命。进行宴会服务时，服务员应随时保持机动性，一面留意自己的客人是否需要其他临时性服务；一面注意主桌服务员的动作或当班主管的信号，绝对不能倚墙靠椅，也不可和同事聊天说笑。

宴会进行过程中，宴会经理或主管要加强现场指挥，其重点是：

①要了解宴会所需时间，以便安排各道菜的上菜间隔，控制宴会进程。

②要了解主人讲话、致词的开始时间，以决定上第一道菜的时间。

③要掌握不同菜点的制作时间，做好与厨房的协调工作，保证按顺序上菜。同时，注意主宾席与其他席面的进展情况，防止过快或过慢，影响宴会气氛。

④整个开宴过程中，要加强巡视，及时纠正服务上的差错，及时处理一些意外事故，特别要督促服务员严格遵守操作规程，掌握宴会进度。

⑤客人用餐结束后，要迅速组织服务员拉椅让座，告别客人，并组织服务员立即清台，收盘收碗。

⑥如果宴会后安排有歌舞、卡拉OK等娱乐活动，要组织有关服务人员及时到位，确保娱乐活动的正常、顺利进行。

（五）结束工作

宴会结束后，要认真做好收尾工作，使每一次宴会都有一个圆满的结局。宴会结束工作程序包括：结账→送客→撤桌→清场→追踪→建档。现就主要工作说明如下。

1. 宴会的结账工作

宴会后的结账工作是宴会收尾的重要工作之一，结账要做到准确、及时，如果发生差错，多算则会导致主办单位的不满，影响宴会厅的形象，少算则使宴会厅的利润受到损失。

在预订宴会时，客户与宴会部门双方便已就付款方式达成协议，所以在宴会接近尾声时，为确保结账正确无误，要认真做好如下工作。

①负责结账的人员必须逐一清点所有必须计价的项目，然后再依单价和实际消费数量，结算出总消费金额，各项费用务必先行确认，不可遗漏，金额也应核对清楚。

②准备好宴会的账单，在宴会各种费用单据准备齐全后，由饭店财务部门统一开出正式收据，宴会结束马上请宴会主办单位的经办人结账。

如有额外服务，领班应于宴会前先请主办人签字同意，结账时才能减少不必要的纠纷。例如，有些闲杂人员会在喜宴接待处谎称自己是某受邀贵宾的司机，而要求代付司机餐费。为避免类似状况发生，必须先向主办人汇报，经确认后再行处理。

一般而言，大部分饭店的婚宴费用都只收取现金，而不接受支票或信用卡。此原则一方面是喜宴主办人出于安全方面的考虑，另一方面则是饭店出于一定的考量而不得不坚持这种账单结清方式。由于喜宴主办人通常会在喜宴当天收到大笔礼金，若能在喜宴结束时以现金结账，可避免喜宴主办人身上携带大笔现金而可能遗失或受骗的危险。此外，饭店方面以收受现金的方式结账，也能有效杜绝收到空头支票或承担支票"跳票"的风险。

2. 撤桌、清场

宴会结束后，宴会主管人员应监督服务人员按照事前的人员分工，整理宴会场地，抓紧时间完成清洗餐具、整理餐厅的工作。负责清洗餐具的服务人员要做到爱护餐具，洗净擦净，分类摆放整齐。把餐具的破损率降低到最低限度。负责整理宴会厅的服务人员要把宴会厅恢复原样，工作包括撤餐台、收餐椅、搞好宴会厅场面卫生等。宴会组织者在各项工作基本结束后要认真进行全面检查，最后关上电灯，切断电源，关好门窗。

3. 跟踪回访

跟踪回访的目的是征求意见，改正工作。每举办一次大型宴会，可以说是对宴会组织者、服务员和厨师增加一次高水准服务的经历，所以说，宴会结束后，应该认真总结经验教训，以有利于搞好服务工作。

在宴会结束后，宴会部经理或主管应主动征询主办单位或主办个人对宴会的评价及意见，发现问题及时补救改进，并向他们表示感谢，以便今后加强联络。征求意见可以从菜肴、服务、宴会厅设计等几个方面考虑。如客人对菜肴的口味提出意见和建议时，应虚心接受，及时转告厨师，以防止下次宴会再出现类似问题。征求意见可以是书面上的，也可以是口头上的。如果在宴会进行中发生了一些令人不愉快的场面，要主动向宾客道歉，获得宾客的谅解。

顾客离店后，宴会部要及时跟踪回访。宴会部秘书需打印一份跟踪表或表示感谢和征求意见表交付预订员，见表1-7。

由预订员亲自拜访或打电话给客户，感谢客户在本宴会厅主办宴请活动，追踪客户对此次宴会的满意度以及饭店所需改进之处，表示对客户的一种售后服务，并希望今后继续加强合作。或者由宴会部经理寄一份感谢函给每一位宴会的主办人员，并请其评估该次宴会的优缺点，作为饭店工作人员改进的依据。如果顾客负面反映居多，产生误解之处便应及时解释清楚，但若情况属实，则可借以得知改进方向。如果客人反映是正面的，即可作为日后推广宴会业务的卖点。

所有跟踪回访要有文字记录和书面报告，回访的结果均应列入记录并存档，作为将来评核改善成果的参考，同时也可作为此客户下次光临时应特别注意的服务咨询，以提供针对性服务。跟踪回访一般至少半年内回访一次。

4. 建档

将宾客的有关信息和活动资料整理归档，尤其是宾客对菜肴、场地布置等的特殊

表1-7　客户意见调查表

一分钟评鉴

亲爱的客户：_____

　　感激您使用×××饭店宴会厅，希望我们的各项设施和服务确实让您无后顾之忧。占用您一分钟时间，我们很想知道您对本饭店宴会厅的满意程度，您珍贵的意见将是我们改进的目标。

　　顾客姓名：_____　　　公司名称：_____

　　联络电话：_____　　　联络地址：_____

　　宴会日期：_____　　　宴会类型：_____

　　请在□打√：

	十分满意	满意	不满意
预订接待	□	□	□
服务品质	□	□	□
服务态度	□	□	□
菜肴品质	□	□	□
场地设施	□	□	□
价格结构	□	□	□
整体满意度	□	□	□

其他建议：

您是否会再度光临，或将本宴会厅推荐给您的亲友？

十分乐意 □　　　可以考虑 □　　　不会 □

感谢您的批评与指教。竭诚欢迎您再度光临。

×××饭店　宴会部经理_____

_____年___月___日

　　要求；对常客，更要收集详细资料（如场地布置图、菜单、有关信件等），以便下次提供针对性服务。专设档案来保存举办过的宴会资料，能使曾经举办过的宴会成为将来生意的来源。尤其针对每年都固定举办宴会的公司或个人，更应该将其历年宴会举办的情况详加记录，以便能给予最恰当的服务。

二、任务检测

本课程的学习任务主要是宴会设计，而设计宴会同样也要依据客情。客情可以是真实的，也可以是虚拟的。完整的客情一般有以下要素。

时间：哪一月？季节影响到菜单设计的食材选择，哪一日？中午还是晚上？一般会议宴会多在晚上举办开幕式欢迎宴会、闭幕式欢送宴会；在中午举办午餐会（冷餐会）。

地点：什么地方？菜单设计要考虑地方特色食材、地方特色风味等饮食文化资源；什么酒店？要根据酒店的宴会厅设计环境气氛，如餐桌布局等。很多酒店的官网上，可查到宴会厅场地图和客容量。

宴会主题：迎宾宴、婚宴、寿宴、生日宴、满月宴、乔迁宴、升学宴、毕业宴等都有不同的设计内容。

宴会形式：中式宴会、西式宴会、外卖宴会，还是中西结合宴会等，不同形式的宴会，设计差别大；不同主题的宴会，设计差别小。

宴会人数：人数决定餐桌的布局，摆台物品用具的数量，服务人员的安排等。

宴会标准：影响到菜单的设计、环境的布置及服务的安排等。中式宴会一般按桌计价，西式宴会及冷餐会一般按人均消费计价。

主办方需求：可以把顾客的需求虚拟得复杂一些，增加设计的难度，然后找出解决的办法，提升宴会设计的能力，未来遇到类似的问题，就能容易解决。

请根据上述虚拟客情要素，设计中式宴会、西式宴会、冷餐会等不同形式的宴会；婚宴、寿宴、商务宴等不同主题的宴会客情，为后续不同形式的宴会设计奠定基础。

任务小结

本任务小结如图1-14所示。

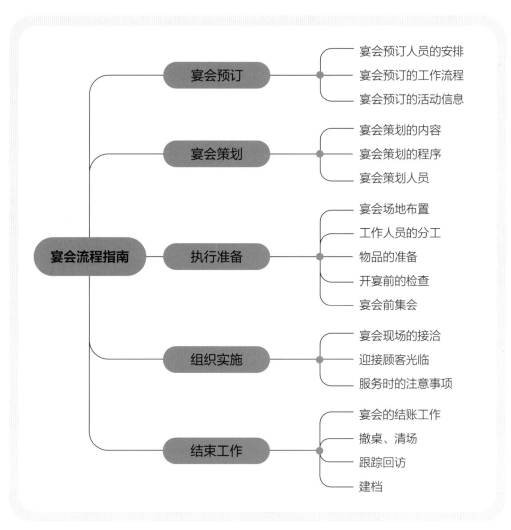

图1-14 任务小结

情境一 宴会认知习题

2

情境二
中式宴会设计

情境介绍

中式宴会设计情境包括中式宴会的环境设计、服务设计和菜单设计三项工作任务。

中式宴会环境设计工作任务涵盖宴会场景设计、宴会餐桌布局设计、宴会娱乐设计等知识；中式宴会服务设计工作任务涵盖宴会摆台、宴会席次、宴会酒水、宴会菜肴服务、宴会服务流程等知识；中式宴会菜单设计工作任务涵盖宴会菜点、宴会菜单、宴会厨房生产等知识。

情境目标

◇ 掌握中式宴会环境的构成要素，能根据客情设计中式宴会的环境。
◇ 掌握中式宴会服务的构成要素，能根据客情设计中式宴会的服务工作。
◇ 掌握中式宴会菜单的相关内容，能根据客情设计中式宴会的菜单，制作中式宴会菜点。

情境案例

2001年APEC（亚太经济合作组织）欢迎晚宴

2001年10月20日，亚太经济合作组织第九次领导人非正式会议（APEC会议）欢迎晚宴在上海国际会议中心东方滨江大酒店隆重举行，嘉宾来自亚太地区21个经济体首脑，宾主共1002位。这是一次旷古的世纪盛会。

环境布置

宴会的地点跨度长达50米的背景，以中国的国花——牡丹为主体，雍容华贵，令人赞叹。现代化的电脑灯效，又衬托出牡丹的千姿百态、国色天香。整个背景既富有民族特色，又颇具现代感。

宴会主桌呈半弧形（图2-1），长约30米，宽约1米，正对着文艺演出的舞台。主桌座椅专门从江苏定制，是中国的太师椅和西式椅子的结合，四只脚用金套包住，扶手下方也镶有金边，中间是用海绵做的软垫，这种椅子既具太师椅的气派，又有西式椅子的舒适感。

宴会厅里铺着红色织花地毯，窗帘是紫红色的，加上舞台以红色为主，在色调上既匠心独具，又细致入微，整个环境洋溢着喜庆的气氛。

图2-1　APEC欢迎晚宴半弧形主桌

为适应表演，宴会厅灯光比较暗，而用餐却要一定亮度，尤其要展现菜肴的特色，为此每桌选用三盏十分精美的银烛台灯。灯高12厘米，底座直径7厘米，铜质镀银，灯罩由一个葡萄酒杯镶嵌其中，这都是酒店有关人员根据宴会的灯光效果要求临时定做的。浮在水面的蜡烛也是"百般挑剔"，烛光亮度要适中，又要确保至少燃烧2小时，还要无烟味。酒店有关人员买来种种蜡烛一一试验，最后被选中的300多支蜡烛都是灯芯较粗，而燃烧时间确保3小时。

服务策划

约3000平方米的宴会厅里还摆放着99张圆形餐桌，所有餐桌都用红、黄两色绸缎装饰，而台布、椅套、装饰鲜花则以白色为主，红色点缀其间。台布镶上一圈红色的裙边，十支白玫瑰为主的花盆里插上一两支红掌、红鸡冠花、再配上一支紫色洋兰，显得高贵典雅。宴会用的圆桌可以坐14人，但只坐了10人，为的是空出位置，让贵宾观赏节目时视线没有阻碍。

宴会装菜点的瓷盘是在景德镇定制的，白色镶蓝色的牡丹花图案围边，漂亮而又大气。冷盆的镀银盖子则是按盘子实样在上海定制的。餐具的颜色以银色为主，金黄色点缀。大到引人注目的冷盆盖，其银色的主体上镶着金黄的小把手，冷盆底托也是银色，而三只脚为金黄的龙头；小到筷架、刀叉、毛巾碟和放白脱油的碟子都在银色的主体上烫了金边，连葡萄酒杯上也烫了金边，餐具整体协调、大气、漂亮。与之相应，淡黄的口布松松地卷着，一个红色的中国结将其轻轻扣住；筷子套与口布同色，也是由布制成，软软的。

酒水菜单设计

晚宴菜单由一道冷盘、四道热菜和一道点心加水果组成（图2-2），搭配的饮料包括葡萄酒、青岛啤酒、橙汁、可乐、雪碧、矿泉水等。主桌还添了中国的名贵白酒——茅台酒和五粮液。

APEC晚宴菜单

迎宾冷盘（烤鸭、芦笋、鹅肝、红黑鱼子等）

鸡汁松茸（松茸、竹荪、菜心、鸡汤）

青柠明虾（明虾、土豆片、荷兰芹叶子、柠檬）

中式牛排（牛肉、薯条、荷兰豆）

荷花时蔬（黄瓜、红菜头、冬瓜皮、萝卜等）

申城美点（萝卜丝酥饼、素菜包、翡翠水晶饼）

硕果满堂（西瓜、芒果、木瓜、猕猴桃）

酒水单

酒类：葡萄酒、青岛啤酒

饮料：橙汁、可乐、雪碧、矿泉水

图2-2 欢迎晚宴菜单

文艺演出

在宴会厅举行的文艺演出，云集了中国奏乐、声乐、舞蹈、戏曲、杂技以及少儿艺术团体的优秀人才。整台文艺节目参加演员人数达到800人，节目既有小荧星和春天合唱团的《好一朵茉莉花》，也有舞蹈明星杨丽萍的独舞《雀之灵》；既有中国民乐《丝竹月韵》，也有富有独创色彩同时融合西方风格的杂技芭蕾《东方的天鹅》，是一台精品荟萃、可视性强、欣赏性强的文艺晚会。舞台上，由超大型屏幕放大几十倍的画面清晰、亮丽，具有很强的视觉冲击力。

案例导读

本案例虽距今20多年，但经典的案例，能带来永恒的启示。宴会是个综合的特殊商品，通过APEC欢迎晚宴，我们看到宴会的内容组成有舞台背景、灯光色彩、餐桌设计、树木花草、娱乐项目、宴会摆台、席次安排、菜肴酒水服务等。随着人们价值观的改变和社会生产的高度发展，人们对饮食、服务及环境气氛的要求越来越高。人们通过宴会，不仅能获得"美食享受"，还能获得环境、服务对其生理和心理上的综合感受。一次宴会的成功与否，不仅取决于"美食艺术"的质量，也取决于"美食服务"

的水平。举办宴会时，顾客在享受酒店提供的美味佳肴和优良服务的同时，还从周围的环境获得相应的感受。精心设计宴会环境，可以对就宴者的情绪产生某种影响，能吸引宾客，给顾客留下难忘的印象，从而增加宴会销售的可能性。

本次案例最精彩的还是菜单设计，这次欢迎晚宴不仅美味可口，有中国特色，而且量不多，不浪费，还符合健康要求，符合国际习惯，得到了各方面的赞誉，公认是世界一流的水平。因此，举办健康欢乐、文明节俭的宴会，很有必要参考APEC宴会的经验。

传统的中式宴会从冷盘、热炒到大菜，往往有二十多道，讲求丰盛，否则就是小气、怠慢客人，而且互相劝食敬酒，非吃到醉醺醺地塞到喉咙口才罢休。也因此近二三十年来富贵病（如肥胖病、糖尿病、高血压、心脑血管病及某些癌症等）发病率上升。宴会以能白酒干杯见底的人为有交情，往往要醉倒才罢手，宴会多用合餐制，夹菜劝吃，存在安全隐患。

而APEC晚宴菜单，菜量少而精，不使热量过剩，符合健康饮食的要求；菜肴不过剩，减少沾脚，避免浪费；实行分菜制，或准备公用匙或筷，不夹菜劝吃，作为健康宴会的常规，目前得到全社会的推崇。总之，要使宴会成为又欢乐、又美味、又有营养、又不影响健康、又上档次，绝不仅仅是食物或厨师的问题，而是要学习APEC晚宴菜单设计，学习许多健康和营养知识，要改变不正确的理念，还要去掉一些不良习惯，才能办成健康宴会。

2022年11月11日，在全国饭店业绿色发展大会暨第七届中国国际饭店业大会开幕式上，由中央文明办和商务部指导，中国饭店协会与全国绿色饭店工作委员会联合发布了《饭店餐饮企业宴会宴席反餐饮浪费指南十八条》，向饭店餐饮企业提出宴会宴席服务领域反餐饮浪费工作指南。这是全面贯彻落实党的二十大提出的实施全面节约战略，发展绿色低碳产业，倡导绿色消费和弘扬勤俭节约精神等战略部署和任务要求的举措，进一步贯彻落实《中华人民共和国反食品浪费法》，提升消费者节约意识，杜绝宴会宴席中的浪费行为，共同营造文明和谐、节约绿色的餐饮消费环境。

中式宴会环境设计

任务导入

　　场景： 成都世纪城某大饭店

　　人物： 宴会经理吴某、宴会部全体员工

　　情节： 2023年第五届电路与系统国际会议将于9月23～26日在美丽蓉城成都召开。为欢迎海内外嘉宾，论坛主办方选择在成都世纪城某大饭店举行开幕晚宴，以蜚声海内外的成都美食和休闲文化招待前来参加论坛的各方嘉宾。宴会经理吴某接到任务，随即召开部门研讨会，很快确定了晚宴菜单及服务团队。为彰显本土特色、传播中国文化，确保晚宴的效果，饭店组织专业力量对大宴会厅进行精心的设计和布置。除了要达到大型正式宴会应有的庄严隆重的氛围效果外，还要十分巧妙地融入成都元素，传递成都声音。如何确定宴会厅的风格？应该对哪些元素进行组合？该如何进行场景设计？这实在是摆在宴会部全体人员面前的一道重要考题。

任务目标

　　◇ 了解宴会场景的组成要素，掌握宴会各场景要素的基本要求。

　　◇ 掌握中式宴会餐桌选用及布局特点，能根据客情要求，设计中式宴会餐桌的布局。

　　◇ 掌握中式宴会常用的娱乐项目，能根据客情要求，设计中式宴会的娱乐项目。

任务实施

一、知识学习

（一）中式宴会场景

　　宴会场景是客人赴宴就餐时宴会厅房的外部四周环境和内部厅房场地的陈

设布置而形成的氛围情境，给人造成强烈的身心感受。一般不同的酒店、不同的宴会厅、不同主题的宴会，环境要求各不相同。如国宴宴会厅，悬挂国旗、会标、绿化环境，设置宴会乐队，要求格局豪华、庄严、气氛隆重。欢庆喜宴要迎合顾客喜气洋洋的心理状态，必须营造一个热烈兴奋、流光溢彩、辉煌华贵的环境氛围；若是白宴，则与此恰恰相反。

1. 舞台背景

宴会背景的布置是表现宴会气氛的重要组成部分，它通过颜色、字体、企业的标志、口号、照片来反映宴会的主题。在大型宴会中（如会议宴会、喜宴等），舞台的布置与设计扮演着最重要的角色。无论宴会主题、宴会风格、宴会进行方式或是宴会整体气氛的营造，都依赖舞台背景设计与布置的配合。

宴会背景种类多样，有花台背景、屏风背景、绿色植物背景、造型背景、可变灯光背景等。有简易布置，如喜宴贴个"囍"字（图1-5），寿宴安个"寿"字（图2-3）。大型的、复杂的背景布置需要搭建背景墙，有临时性的木架、固定性的铁架和可移动的铝合金架几种，配上蒙布，在布上做上各类装饰内容；也可使用大屏幕投影仪或电视幕墙集合背景板，利用高科技手段丰富多彩地表现宴会主题，效果更好。

图2-3　寿宴背景效果图

舞台背景布置应根据宴会主题进行相关设计。针对各种不同的宴会类型，饭店备有各式设计图供顾客根据自身需求进行参考。这些设计图包括花饰摆设、周边布置、讲台位置、行礼台位置等图例，都用电脑绘图的方式制作，以增加顾客对实际布置的了解。宴会部美工人员在顾客选定舞台设计式样后，接着进行估价，并与顾客确认，待一切准备就绪，才着手从事舞台设计及布置的工作。一般而言，婚宴的舞台分为中式、西式以及中西式三种设计风格，通常西式较需布置，花费较多，反之中式则较不需布置，花费相对较少。然而，无论花卉设计、舞台布置还是宴会设备，都要根据顾客需求及预算而定，因此舞台布置费用的多少也因人而异，无一定论。

由于宴会主题通常用以作为舞台背板的设计背景，一旦确认宴会主题，便有了具体的设计方向。因此宴会主题应力求明确，设计人员应根据主题、顾客的预算创造出不同类型、不同风格、不同种类的舞台设计。可以说一旦有好的宴会主题，舞台的制作便已成功一半。

2. 灯光色彩

光线是宴会气氛设计应该考虑的最关键因素之一，因为光线系统能够决定宴会厅的格调。在灯光设计时，应根据宴会厅的风格、档次、空间大小、光源形式等，合理巧妙地配合，以产生优美温馨的就餐环境。

白炽光是中式宴会使用的一种重要光线，能够突出宴会厅的豪华气派。这种光线最容易控制，食品在这种光线下看上去最自然。中式宴会以金黄和红黄光为主，而且大多使用暴露光源，使之产生轻度眩光，以进一步增加宴会热闹的气氛。灯具也以富有民族特色的造型见长，一般以吊灯、宫灯配合使用，要与宴会厅总的风格相吻合。

在办宴过程中，还要注意灯光的变化调节，以形成不同的宴会气氛。如结婚喜宴在新郎、新娘进场时，宴会厅灯光暗，仅留舞台聚光灯及追踪灯照射在新人身上，新郎、新娘定位后，灯光亮，新郎、新娘切蛋糕时，灯光暗，仅留舞台聚光灯。灯光的变化始终围绕喜宴的主角——新郎、新娘。

色彩是宴会气氛中可视的重要因素。它是设计人员用来创造各种心境的工具。不同的色彩对人的心理和行为有不同的影响。如红、橙之类的颜色有振奋、激励的效果，绿色则有宁静、镇静的作用，桃红和紫红等颜色有一种柔和、悠闲的作用，黑色表示肃穆、悲哀。

颜色的使用还与季节有关，寒冷的冬季，宴会厅里应该使用暖色如红、橙、黄等，从而给顾客一种温暖的感觉。炎热的夏季，绿、蓝等冷色的效果最佳。

色彩的运用更重要的是能表达宴会的主题思想。红色使人联想到喜庆、光荣，使人兴奋、激动，我国的传统"红色"是表示吉祥，举办喜庆宴会时，在餐厅布置、台面和餐具的选用上多体现红色，而忌讳白色（丧事的常用色调），但西方喜宴却多用白色，因为白色表示纯洁、善良。

不同的宴会厅，色彩设计应有区别，一般豪华宴会厅宜使用较暖或明亮的颜色，夜晚当灯光在50烛光时，可使用暗红或橙色，地毯使用红色，可增加富丽堂皇的感觉。中餐宴会厅一般适宜使用暖色，以红、黄为主调，辅以其他色彩，丰富其变化，以创造温暖热情、欢乐喜庆的环境气氛，迎合进餐者热烈兴奋的心理要求。

3. 树木花草

综合性饭店大多设有花房，有自己专门的园艺师负责宴会厅的布置工作，中档饭店一般由固定的花商来解决。宴会前对宴会厅进行绿草花卉布置,使就餐环境有一种自然情调,对宴会气氛的衬托起相当大的作用(图2-4)。

| 花墙 | 花柱 | 吊花 | 台花 |

| 椅背缀花 | 桌花(高) | 桌花(矮) | 自助餐台花 |

图2-4 宴会上的花卉装饰

花卉布置以盆栽居多,如摆设大叶羊齿类的盆景,摆设马拉巴栗、橡胶树或棕榈等大型盆栽。依不同季节摆设不同观花盆景,如:秋海棠、仙客来,悬吊绿色明亮的柚叶藤及羊齿类植物等。

宴会厅布置花卉时,要注意将塑料布铺设于地毯上,以防水渍及花草弄脏地毯,应注意盆栽的浇水及擦拭叶子灰尘等工作,凋谢的鲜花会破坏气氛,因此要细查花朵有无凋谢。

有些宴会厅以人造花取代照料费力的盆栽,虽然是假花、假草,一样不可长期置之不理,蒙上灰尘的塑料花、变色的纸花都让人不舒服。应当注意:塑料花每周要水洗一次,纸花每隔两三个月要换新。另外尽量不要将假花、假树摆设在顾客伸手可及的地方,以免让客人发现是假物而大失情趣,甚至连食物都不觉美味。

4. 温度、湿度和气味

温度、湿度和气味是宴会厅气氛的另一方面,它直接影响着顾客的舒适程度。温度太高或太低，湿度过大或过小，以及气味的种类都会给顾客带来截然不同的感受。豪华的宴会厅多用较高的温度来增加舒适程度，因为较温暖的环境给顾客以舒适、轻松的感觉。

湿度会影响顾客的心情。湿度过小，即过于干燥，会使顾客心绪烦躁。适当的湿度，才能增加宴会厅的舒适程度。

气味也是宴会气氛中的重要组成因素。气味通常能够给顾客留下极为深刻的印象。顾客对气味的记忆要比视觉和听觉记忆更加深刻。如果气味不能严格控制，宴会厅里充满了污物和一些不正的气味，必然会给顾客的饮食造成极为不良的后果。

一般宴会厅温度、湿度、空气质量达到舒适程度的指标是：

①温度：冬季温度不低于18～22℃，夏季温度不高于22～24℃，用餐高峰客人较多时不超过24～26℃，室温可随意调节。

②湿度：相对湿度40%～60%。

③空气：室内通风良好，空气新鲜，换气量不低于30立方米/人·小时，其中一氧化碳含量不超过5毫克/立方米，二氧化碳含量不超过0.1%，可吸入颗粒物不超过0.1毫克/立方米。

（二）中式宴会餐桌

1. 宴会厅家具

宴会厅家具一般包括餐桌、餐椅、服务台、餐具柜、屏风、花架等。宴会厅家具的选择和使用是形成宴会厅整体气氛的一个重要部分，家具陈设质量直接影响宴会厅空间环境的艺术效果，对于宴会服务的质量水平也有举足轻重的影响。

家具的设计或选择应根据宴会的性质而定。家具设计应配套，以使其与宴会厅其他装饰布置相映成趣，形成统一和谐的风格。以餐桌而言，中式宴会常以圆桌为主，西式宴会以长方桌为主，餐桌的形状和尺寸必须能满足各种不同的使用要求，要便于拼接成其他形状为特定的宴会服务。宴会厅家具的外观与舒适感也同样十分重要。外观与类型一样，必须与宴会厅的装饰风格相统一。家具的舒适感取决于家具的造型是否科学，尺寸比例是否符合人体结构规律，应该注意餐桌的高度和椅子的高度以及倾斜度，餐桌和椅子的高度必须合理搭配，不能使客人因桌、椅不适而增加疲劳感，而应该让客人感到自然、舒适。

除了桌椅之外，宴会厅的窗帘、壁画、屏风等都是应该考虑的因素，就艺术手段而言，围与透结合、虚与实结合是环境布局常用的方法，围指封闭紧凑，透指空旷开阔。宴会厅空间如果有围无透，会令人感到压抑沉闷，但若有透无围，又会使人觉得空虚散漫。墙壁、天花板、隔断、屏风等能产生围的效果；开窗借景、风景壁画、布景箱、山水盆景等能产生透的感觉。宴会厅及多功能厅，如果同时举行多场宴会，则势必需要使用隔断或屏风，以免互相干扰。小宴会厅、小型餐厅则大多需要用窗外景色，或悬挂壁画，放置盆景等以造成扩大空间的效果。大型宴会的布置要突出主桌，主桌要突出主席位。正面墙壁装饰为主，对面墙次之，侧面墙再次之。

2. 餐桌布局要求

宴会餐桌布局，是指饭店根据宾客宴会形式、主题、人数、接待规格、习惯禁忌、特别需求、时令季节和宴会厅的结构、形状、面积、空间、光线、设备等情况，设计宴会的餐桌排列组合的总体形状和布局。其目的是：合理利用宴会厅的固有条件，表现主办人的意图，体现宴会的规格标准，烘托宴会的气氛，便于宾客就餐和席间服务员进行宴会服务。无论是多功能厅，还是小型的专门宴会厅；无论是一个单位举办宴会，还是多个单位在同一厅内举办宴会，都必须进行合理的台型设计。每一个宴会都有不同的布局，所以宴会厅场地的安排方式也就无法一概而论。由于宴会厅中并未设置固定桌椅，而是依照各种不同的宴会形式进行摆设设定，所以同一场地可依顾客不同的要求摆设成多种形式。

大饭店的宴会部通常都会预先备有数种不同的宴会厅摆设标准图，提供给客人作为选择时的参考依据。为求精确，这些摆设的基本图形事先都必须经过一番谨慎仔细地计算并经实际采用后，才推荐给客人，完善的标准图更是通过电脑测试绘制而成。一般而言，饭店应尽量推荐选用标准安排，然而若顾客有特殊要求，饭店仍需尊重其意见，并且综合考虑现场场地情况，以完成符合客人要求的适当布置。但是如果该项需求因受场地限制而有执行的困难时，饭店应据实相告，与顾客进行沟通，设法提出可行并使其满意的摆设方式。

（1）餐桌与餐椅布置要求　中餐宴会的餐台一般使用圆桌和玻璃转盘。转盘要求型号、颜色一致，表面清洁、光滑、平整。餐椅为与宴会厅色调一致的金属框架软面型的，通常十把一桌。在整个宴会餐桌的布局上，要求整齐划一，要做到：桌布一条线，桌腿一条线，花瓶一条线，主桌主位能互相照应。

（2）工作台设置　主桌或主宾席区一般设有专门的工作台，其余各桌依照服务区域的划分酌情设立工作台。工作台摆放的距离要适当，便于操作，一般放在餐厅的四周；其装饰布置（如台布和桌裙颜色等）应与宴会厅气氛协调一致。

（3）会议台型与宴会台型　将会议和宴会衔接在一起是目前宴会部经营较为流行的一种形式，即会议台型和宴会台型共同布置于大宴会厅现场，先举行会议，后进行宴会用餐。布置时，必须统筹兼顾，充分利用有效的空间，合理分隔会议区域和宴会区域，严密制定服务计划，承前启后，井井有条。

（4）主席台或表演台　根据宴会主办单位的要求及宴会的性质、规格等设置主席台或表演台。在主桌后面用花坛画屏或大型盆景等绿色植物或各种装饰物布置一个背景，以突出宴会的主题。

如在一个宴会厅同时有两家或两家以上单位或个人举办宴会，就应以屏风将其隔开，以避免相互干扰和出现服务差错。其餐台排列可视宴会厅的具体情况而定。一般排列方法是：两桌可横或竖平行排列；四桌可排列成菱形或四方形；桌数多的，排列成方格形。

设计时还应强调会场气氛，做到灯光明亮，通常要设主宾讲话台，麦克风要事先装好并调试好。绿化装饰布置要求做到美观高雅。此外，吧台、礼品台、贵宾休息台等视宴会厅的情况灵活安排。要方便客人和服务员为客人服务，整个宴会布置要协调美观。只有这样才能顺利举办一场成功的宴会。

3. 中式宴会餐桌布局

中式宴会通常都在独立的宴会厅举行，但不论是小型宴会还是大型宴会，其餐桌的安排都必须特别注意主桌或主宾席区的设定位置。原则上，主桌应放在最显眼的地方，以所有与会宾客都能看到为原则。一般而言，主桌大部分安排在面对正门口的餐厅上方，面向众席，背向厅壁纵观全厅，其他桌次由上至下排列，也可将其置于宴会厅中心位置，其他桌次向四周辐射排列。中型宴会主宾席区一般设一主二副，大型宴会一般设一主四副，也可以将主宾席区按照西式宴会的台型设计成"一"字形。来宾席区可划分为一区、二区、三区……既便于来宾入席，又便于服务员操作服务。

根据桌数的不同，中式宴会餐桌有下列几类不同的设计方案可供参考（图2-5）：

①三桌时，可排列成"品"字形或竖一字形，餐厅上方的一桌为主桌。

②四桌时，可排列成菱形，餐厅上方一桌为主桌。

③五桌时，可排列成"立"字形或"日"字形。以立字形排列时，上方位置为主桌；日字形则以中间位置为主桌设定处。

④六桌时，可排列成"金"字形或梅花形。以金字形排列时，顶尖一桌为主桌；梅花形则以中间位置为主桌设定处。

⑤大型宴会时，其主台可参照"主"字形排列，其他席桌则根据宴会厅的具体情况排列成方格形即可，也可根据舞台位置设定主桌的摆设位置。

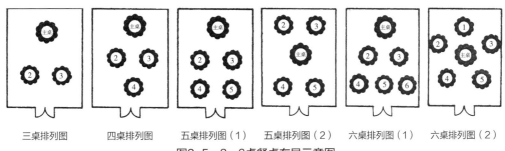

三桌排列图　　四桌排列图　　五桌排列图（1）　　五桌排列图（2）　　六桌排列图（1）　　六桌排列图（2）

图2-5　3~6桌餐桌布局示意图

中式宴会餐桌布局示意图（图2-6）。

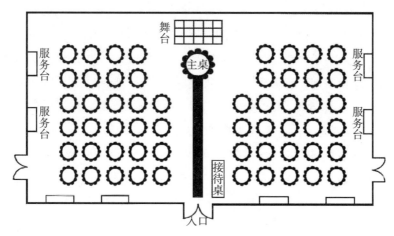

图2-6　中式宴会餐桌布局示意图

中式宴会餐桌布置的注意事项如下。

①根据主桌人数，其台面直径有时大于一般来宾席区餐桌的直径，有时与其他台面一致。较大的主桌台面一般由标准台面和1/4弧形台面组合而成，每桌坐20人左右。一般应安放转台；不宜放转台的特大圆台，可在桌中间铺设鲜花。

②大型宴会主宾席或主宾席区与一般来宾席之间的横向通道的宽度应大于一般来宾席桌间的距离，以便主宾入席或退席。将主宾入席和退席要经过的通道辟为主行道，主行道应比其他行道宽2倍以上，这样才能更显气派。

③摆餐椅时要留出服务员分菜位，其他餐位距离相等。若设服务台分菜的，应在第一主宾右边、第一与第二客人之间留出上菜位。

④大型宴会除了主桌外，所有桌子都应编号。台号的设置必须符合宾客的风俗习惯和生活禁忌，如欧美宾客参加的宴会必须去掉台号"13"；台号一般高于桌面所有用品，一般用镀金、镀银、不锈钢等材料制作，使客人从餐厅的入口处就可以看到。客人也可从座位图知道自己桌子的号码和位置。座位图应在宴会前画好，宴会的组织者按照宴会图来检查宴会的安排情况和划分服务员的工作区域。而宴会的主人可以根据座位图来安排客人的座位。但任何座位计划都应为可能出现的额外客人留出座位。一般情况下应预留10%的座位，不过，事先最好与主人协商一下。

⑤餐桌排列时，注意桌与桌之间的距离应恰当，以方便来宾客人行动自如、服务员方便服务为原则。桌距太小时，不仅会造成服务人员服务上的困难，也可能使客人产生压迫感；然而若桌距过大，也会造成客人之间疏远的感觉。宴会餐桌标准占地面

积一般每桌为10~12平方米，桌距一般最少要140厘米，最佳桌距则为183厘米。

（三）中式宴会娱乐

1. 宴会中娱乐的作用

娱乐活动与餐饮经营相结合的历史悠久。据《周礼·天官》载："以乐侑食，膳夫授祭，品尝食，王乃食。卒食，以乐彻于造。"以乐侑食，就是指饮宴时以乐舞助兴佐食。它始于商周，世代相传。特别是天子、诸侯，每逢饮宴，必有乐舞相佐。1972年四川成都大邑县安仁墓出土的东汉（公元25~220年）时期的宴乐画像砖（图2-7），长44.7厘米，宽38厘米，厚6厘米，画面中央置一酒尊，左上方为两位老者席地而坐，一戴冠一束髻，其下二人吹箫，右上部二人表演跳丸，其下一俳优表演稽戏，一舞者表演长袖舞。

东汉宴乐画像砖　　　　　　　　　　　宴乐画像砖拓片

图2-7　东汉以乐侑食场景

到了唐代，唐明皇李隆基不只酷爱乐舞，而且精通音律，"以乐侑食"盛况空前。士大夫阶层都讲究"以乐侑食"，连贬官江州司马的白居易送客在船上饮酒也觉得"举酒欲饮无管弦"是不快的，所以以将琵琶女叫来为他助兴。五代十国时期，南唐画家顾闳中的绘画作品《韩熙载夜宴图》描绘了官员韩熙载家设夜宴载歌行乐的场面。此画绘写的就是一次完整的韩府夜宴过程，即琵琶演奏、观舞、宴间休息、清吹、欢送宾客五段场景。第一段：琵琶独奏（图2-8），描绘的是韩熙载与到访的宾客们正聚精会神地倾听演奏琵琶的场景，弹奏已经开始，全场空气凝注的一瞬间。直到现在，以乐助兴依然是创造饮食美境的重要手段。

宴会中的娱乐项目首先能满足就宴顾客的精神需求。娱乐活动具有消遣性、娱乐性，能有效地增加宴会热烈欢快的气氛，有效地减轻人们工作中的压力，人们通过娱乐活动来表达自己的情感，诉说心事，唱得开心，舞得尽兴。

其次，娱乐项目能带来一定的经济效益。宴会活动中加入各式各样的适合大众口

图2-8　韩熙载夜宴图（第一段：琵琶独奏）

味的、健康的娱乐活动，可以带动酒水、设施设备出租等项目的消费，给企业带来良好的经济效益。

最后，娱乐项目能扩大宴会厅的功能。宴会厅已不仅仅是就餐的场所。人们在各种娱乐活动中可以结识朋友，扩大社交圈。通过各种娱乐工具来表达对朋友的祝福、思念等感情。

需要注意的是，安排宴会娱乐项目应根据宴会档次、规格和接待对象的特点而进行适当的安排，如就宴群体是社会地位较高、文化修养水平高的顾客，多喜欢欣赏柔和优美的音乐及文雅的娱乐活动，采用丝竹乐和钢琴乐等能符合这些顾客的需求。娱乐形式还与宴会厅的硬件设施相一致，与宴会经营要平衡发展，还要遵循经济效益的原则。

2. 中式宴会娱乐的形式

（1）文艺节目演出　根据宴会宾客的需要邀请有一定知名度的演艺人员来进行文艺表演，表演的节目可以丰富多彩。如地方戏、小品、相声、快板、演唱、评书等。可以配备小型的乐队伴奏，演唱时可以伴舞。民族戏曲的表演不受场地的限制，也不需环境气氛来衬托，对经营者而言，投资成本低。

（2）民族音乐演奏　我国的民族音乐历史悠久、种类繁多，不但受到国人喜爱，而且深受国外客人的欢迎。目前在宴会中被广泛使用的民乐曲目主要有"塞上曲""梅花三弄""十面埋伏""百鸟朝凤"等。我国民乐的演奏乐器众多，有琵琶、二胡等，可独奏，也可多人合奏。表演的场地要求小，人员可多可少，多则数十人，少则一人。对场地的要求也不高，场地小时可进行琵琶独奏，场地大时可进行多人合奏。有民乐演奏的宴会厅，其主体环境多以中国民族特色来装饰。

（3）时装表演　时装表演这种来自法国的新型娱乐形式已逐渐被国人所接收。时装以其无穷魅力越来越为人们所青睐。在宴宾之际，欣赏一场高水平的时装表演，不仅可以给人以综合性的美感享受，也显示了主人的高雅艺术情趣。北京梅亚地中心的宴会大厅曾多次举办过时装界名流的作品展览表演，有力地推动了餐饮经营。时装表演所需的场地以及灯光、布置都有较高的要求，比较适合于大型宴会厅举行，以欣赏性为主，主要的目的是烘托气氛。

（4）卡拉OK和KTV　卡拉OK源自于日本的小酒馆，在讲究热情、热闹的中餐厅有一定的市场。KTV主要适用于举办小型宴会，如生日宴、迎宾宴、欢送宴等。它能为宾客提供一个集餐饮和娱乐于一体的独立空间。

（5）舞蹈　宴会的舞蹈一般分为自娱性舞蹈和表演性舞蹈两种。

①自娱性舞蹈形式：自娱性舞蹈形式主要是交际舞如三步舞（包括快三步、中三步和慢三步）、四步舞（包括快四步、中四步和慢四步）、探戈舞等。这种舞蹈的表演就是客人在宴会厅中设置的舞池内自由舞蹈，有利于赴宴客人的相互认识和了解。

②表演性舞蹈形式：表演性舞蹈形式是一种专业性很强的舞蹈。主要有爵士舞、现代舞、踢踏舞等。表演性舞蹈是由宴会部或宴会主办单位邀请的舞蹈专业人员在专用舞台上进行助兴表演的形式。这种形式比较适合于人数较多的大型宴会。一般来说，宴会表演的舞蹈以现代舞居多，这种舞具有占用舞台面积小、对布景道具讲求甚少、形式自由、奔放等优点，给客人带来强烈的艺术生活感受。

3. 中式宴会舞台的设计

在大型宴会中，舞台的布置与设计扮演着最重要的角色。无论宴会主题、宴会风格、宴会进行方式或是宴会整体气氛的营造，都依赖舞台设计与布置的配合。当然，舞台布置与设计必须视顾客预算及需求而定，并非每场宴会的舞台设计都千篇一律。有些顾客选择简单便利的宴会形式，仅利用饭店现有设备而不另外花费做其他布置；有些顾客则愿意为了表现宴会气派而设计花费不菲的舞台布置，有时甚至会出现宴会舞台布置费用远高于宴会餐费的情况。由此可知，宴会舞台布置与设计的发展空间极具伸缩性，随时可根据顾客需要，设计出千变万化的舞台布置。

一个成功的舞台布置好比一件艺术品，需经过巧妙的设计，辅以花卉的自然美与人工的修饰美相结合的艺术造型，为与会宾客营造出一种特殊气氛。为此，舞台的设计与布置已成为重要宴会中不可或缺的装饰。布置舞台之前，首先应决定舞台规模，因为舞台大小是可调整的，故可依顾客需求进行舞台搭设。

宴会厅中通常备有两种不同规格的折叠式舞台，一种为40厘米高及60厘米高；另一种为60厘米高及80厘米高，两者皆有两段式高度可作调整。前者使用于一般宴会厅，后者则使用于厅内有挑高设计的宴会厅。其余宴会中用以搭配舞台设计所需的硬件设备，如灯光、投射灯、音响设备等，饭店都应提供适合一般标准宴会使用的基本设备；若宴会有特殊需求，所需器材超过饭店所能提供的范围，如特殊音效设备、电视墙、干冰等，饭店通常采用外包方式，交给特定灯光音响公司或相关厂商进行设计。

中式结婚宴舞台设计：婚宴舞台分为中式、西式以及中西式三种形式，区分方式为舞台背板上是否采用"囍"字。中式婚宴的舞台布置高悬"囍"字，以天作之合等祝贺语陪衬，舞台上可布置布幔、缎带，"囍"字下可设以冰雕装饰，衬托出喜宴的高贵大方。舞台上还设有行礼台，走道及舞台之上均布有各式花卉装饰，走道铺以红地毯直达舞台，供新婚佳偶进宴会厅进行行礼仪式之用。一旦行礼仪式结束，服务人员便需将红地毯撤走，并将预设在走道旁的主桌移至走道中央、靠近舞台处。宴会还可设有乐队伴奏，演奏席可设在舞台旁，方便与宴者观赏、聆听。

舞台上蛋糕台的设置：蛋糕台通常以白色桌布为主，上面环绕花卉作为装饰。由于宴会餐中已备有甜点，所以蛋糕台上大多仅摆设蛋糕模型及部分蛋糕，供宴会主人进行切蛋糕仪式之用。

二、技能操作

实训项目1：中式宴会案例采集

实训目的：通过中式宴会案例的采集，了解中式宴会举办的亮点与独特之处，为中式宴会个性化设计积累基础经验。

如果你作为客人参加过宴会，但没有参与宴会生产与服务的实战经历，更没有宴会的设计经验，如何解决这个短板？最佳的方法就是学会采集宴会案例学习。宴会案例是指已经举办过的宴会，我们知道，宴会时时有，处处有，百度一下可知，网络上有海量的宴会信息。但要注意：宴会信息不是宴会案例，要在海量的宴会信息里，抓住媒体关注的典型的宴会信息（比如2001年APEC欢迎晚宴、G20杭州峰会欢迎晚宴、上合组织青岛峰会宴会等），采集网页、图片、视频，然后加工成宴会文本案例及PPT案例。你不在宴会现场（也不可能在现场），但加工好案例后，你会感觉如同到过现场一样。案例加工的过程就是学习的过程。宴会的案例加工多了，你的间接经验丰富了，就能设计出个性的、实用性强的、让人眼睛一亮的宴会作品。

实训要求：

1. 宴会案例是指已举办过的重要会议相关宴会、名人举办的宴会等，媒体关注多，所以新闻信息多，通过网络检索信息，包括网页、文章、图片、视频等，就能了解宴会举办的概况。

2. 宴会案例包括WORD版和PPT版，以"班级–学号–姓名–中式宴会案例–××宴会"命名提交。

3. 常用的网站：百度、全国图书馆参考咨询联盟、中国知网、哔哩哔哩网、央视网、爱奇艺等。

实训项目2：中式宴会场景设计

实训目的：通过中式宴会场景设计，学会运用中式宴会场景知识，解决宴会设计问题。

客情1：

2023年第五届电路与系统国际会议将于9月23～26日在美丽蓉城成都召开。为欢迎海内外嘉宾，论坛主办方选择在成都世纪城某大饭店举行开幕晚宴，以蜚声海内外的成都美食和休闲文化招待前来参加论坛的各方嘉宾。在宴会部吴经理的带领下，抽调经验丰富的员工，形成晚宴场景初步设计构思，得到了领导及主办方的好评。

成都以休闲文化出名，素有"一座来了就不愿离开的城市"的美誉。团队针对欢迎晚宴环境布置，突出隆重热烈、布局合理、流线清晰、方便活动的重点，既符合大型现代招待宴会的要求，同时又对二维、三维、四维空间进行精心设计，将川西平原得天独厚的自然风光和独树一帜的人文风情融入现场环境，在装饰上巧妙运用竹子、大熊猫、都江堰水利工程等元素，使宴会现场呈现出浓郁的"成都风"。

请根据成都晚宴场景的设计构思，完成晚宴宴会厅环境氛围设计的具体方案。

客情2：

2023年10月1日，张先生和钱小姐将在无锡湖滨饭店太湖厅举办婚宴，预计人数212位。

设计要求：

1. 网络调研宴会场景案例、婚宴场景案例、无锡湖滨饭店宴会厅图片等素材。

2. 为张先生和钱小姐婚宴设计一套中式婚宴场景布置方案及娱乐项目设计。

✅ 任务小结

本任务小结如图2-9所示。

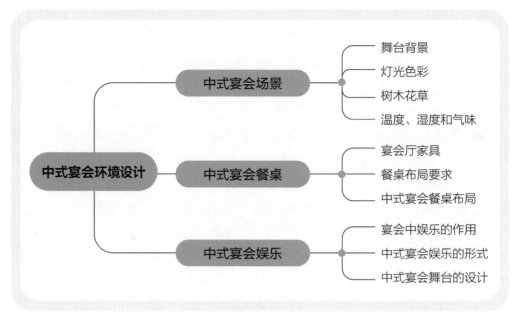

图2-9　任务小结

任务二

中式宴会服务设计

任务导入

场景：成都世纪城某大饭店

人物：宴会经理吴某及宴会部全体员工

情节：2023年第五届电路与系统国际会议开幕晚宴将于9月23日在美丽蓉城成都世纪城某大饭店举行。宴会经理吴某已接到任务，并召开了部门研讨会，遴选人员，完成了宴会厅环境氛围的策划。一次宴会的成功与否，不仅取决于精心设计宴会环境及"美食艺术"的质量，也取决于"美食服务"的水平，那么开幕晚宴服务工作有哪些事项？如何安排呢？

任务目标

◇ 了解中式宴会摆台的常用餐具及摆放要求，能初步完成中式宴会摆台操作。

◇ 了解中式宴会席次安排的习俗，能依据宴会的主题及地方习俗完成中式宴会的席次安排。

◇ 了解中式宴会常用酒水及服务方式，能依据宴会的主题设计中式宴会的酒水。

◇ 了解中式宴会菜肴服务知识，能依据宴会的主题设计中式宴会的菜肴服务。

◇ 掌握中式宴会的服务流程，能依据宴会的客情设计中式宴会的服务工作。

任务实施

一、知识学习

（一）中式宴会摆台

摆台是宴会服务中一项要求较高的基本技能，它摆得好坏直接关系服务质量和宴会厅的面貌。铺设后的餐台要求做到餐具摆设配套、齐全、整齐一致，既方便用餐，又利于席间服务，还要具有艺术性；另外，所有物料用品需清洁卫生，令人有清新、舒畅之感。由于不同的宴会对台面就餐用具的要求也不同，所以，每次举行宴会前对台面就餐用具进行设计，以符合宴会的规格与要求。

摆台技能是餐饮酒店行业服务技能大赛的必赛项目，是中职"高星级饭店运营与管理"专业学生要训练的核心技能，也是高职"酒店管理与数字化运营"专业学生要掌握的基本技能。高职餐饮类学生了解摆台技能，有利于未来餐饮管理工作的开展，本任务的技能训练是以设计为主的动脑技能。

1. 中式宴会摆台的餐具

在中式宴会里，宾客常用的餐具有骨盘、小汤碗等10件基本餐用具，见表2-1。

表2-1 中式宴会常用餐具

餐具（图例）		内容	作用
服务盘		或称展示盘，多用于中式宴会的贵宾式服务或宴会的主桌，一般宴会可不摆	展示其特有的价值与高贵

续表

餐具（图例）		内容	作用
骨盘		也称骨碟，为放置骨头而设置的餐盘，也可以盛放食物。贵宾式服务中骨盘一般至少更换4次	选用6寸骨盘或7寸骨盘，桌面丰富且更具实用价值
味碟		分共用和专用两种，共用大味碟盛调味酱料，附有小号茶匙，一桌一套，置放于转盘上，供客人共同使用。每位客人配专用小味碟，以便客人将酱料取至个人小味碟中蘸用	味碟摆设时，应将其置于骨盘正上方处，饭店标志向上，以起到宣传效果
筷架		一般宴会厅都采取筷架与筷套并用的摆设方式，上菜前才由服务员代为将筷套取掉	使筷子有固定位置可放置，基于卫生考虑，使可能被含于口中的筷子不至于直接接触桌面，同时也可避免筷子因沾有食物残汁而弄脏桌布
汤匙		宴会摆台必备汤匙，并最好能与筷子成套出现在餐桌摆设中。也可将小汤匙置于小汤碗内	既可用于喝汤，也可用于不易以筷子夹取的食物，或以左手持汤匙协助筷子夹食物入口
筷子		古称箸，明代始称"筷"，中国的传统餐具之一。一般由竹、木、骨、瓷、金属、塑料等材料制作，形状或方或圆各异	中餐的一双筷子可吃遍宴席中所有美食佳肴，所以中餐摆设比西餐简单。宴会最后上桌的水果仍习惯以水果叉（或西式点心叉）食用
小汤碗		小汤碗可事先每人一只摆放在餐桌上，而采用代客分菜的贵宾服务时，在上菜时再一起准备即可。如果采用旁桌服务，小汤碗则放在旁桌上备用即可	小汤碗不仅用以服务汤类菜式，凡含菜汁的菜肴都可用小汤碗，方便进食
水杯		大都摆设在筷子内侧，以避免邻座宾客错拿	水杯几乎都可用作饮料杯用，除非客人特别要求供应冰水，否则几乎都倒饮料或茶
酒杯		中式宴会多饮用白酒及红葡萄酒，配刻度分酒壶及白酒杯、红葡萄酒杯，红葡萄酒杯的摆设位置跟西式宴会一样，置于水杯右下方处	高度白酒以10毫升的小玻璃酒杯为主，红葡萄酒可准备倒酒用公杯，放置在转盘上，供客人自行取用

续表

餐具（图例）	内容	作用
餐巾	一般都供应餐巾，常将餐巾折成各式形状插在水杯中，能达到美观的展示目的。最合适的尺寸为50厘米×50厘米或56厘米×56厘米。大型喜宴同时供应湿毛巾与湿纸巾，方便顾客擦手	为求餐巾卫生清洁，一般餐厅已将餐巾样式简单化，尽量减少对清洗过的餐巾进行不必要的碰触

　　除了上述10件基本餐用具之外，在某些特殊中式宴会中，还必须准备或摆放若干器皿及用具，如茶杯、烟灰缸、酱醋壶、菜单、盆花等。

　　①茶杯：对中式餐饮而言，茶是必备的中式饮料，所以必须准备茶杯。在宴会中，服务人员通常将茶杯备妥并放置在服务桌上。倒好茶后再用圆托盘送给客人饮用，而不必预先置于餐桌摆设中。

　　②烟灰缸：传统上，每2位客人应给予1个烟灰缸，置于2个座位之间。《公共场所卫生管理条例实施细则》（原卫生部第80号令）对公共场所禁止吸烟作出了明确规定，目前北京、上海、重庆、成都、银川、福州、广州、杭州、郑州等多地出台了《公共场所控制吸烟条例》，因此，宴会厅作为公共场所，一律不摆设烟灰缸。可在宴会厅外的吸烟区摆放烟灰缸。

　　③酱醋壶：原则上每一餐桌的转盘上均需放置一套小酱醋壶以及宴会时所需的配料盘，供客人自行取用。

　　④菜单：一般而言，服务人员须在宴会之前，将宴会主人所选定的菜单置于各张餐桌上，以作为与宴宾客用餐时的指引。一般宴会，每桌至少应摆置1～2份菜单；而在非常正式的宴会中，则需每位来宾各备一份。

　　⑤盆花：花饰作为宴会餐桌摆设，其作用前文已述。在餐桌上摆设盆花时，必须注意花卉的高度，不可挡住宾客彼此视线的交流或造成其他的不便。

　　2. 中式宴会摆台的设计

　　（1）根据宴会的规格、档次进行摆台设计　不同档次的宴会还要配上不同品种、不同质量、不同件数的餐用具。如台面所用的台布，根据其所用材料有棉质布、聚酯纤维布、棉质和聚酯纤维混纺布等；餐具有普通瓷器、玻璃器皿、不锈钢器皿、中空及扁平银器等。材料不同，价格不一，适用的对象和档次也有区别。摆台时，要根据宴会的规格、档次进行合理选用。一般宴会的席面至少有五件餐具，包括骨碟、汤匙、筷子、筷架、酒杯；规格高的宴会席面可依次增加服务盘、水（啤酒）杯、葡萄酒杯、汤碗、餐巾花等用具。

（2）突出主桌的台面摆设，注意对主桌进行装饰　主桌的台布、餐椅、餐具、花草等，应与其他餐桌有所区别，规格应高于其他餐桌，通常使用考究的台布、桌裙、椅套（如提花台布、多色桌裙等）和高档的银质餐具，主桌的花坛也要特别鲜艳突出，以增强台面装饰的感染力。一般宴会的主桌用普通桌裙，其他可不用；高档宴会则都要用桌裙，且从色泽、质地上要突出主桌（如用红色绒布桌裙）。

（3）根据宴会菜肴、酒水和客人的习惯进行设计　宴会台面摆设要根据菜单中的菜肴、酒水来确定餐具的品种，即吃什么菜配什么餐具，喝什么酒配什么酒杯；选用小件餐具，要符合各民族的用餐习惯，如有国外客人参加的中式宴会，台面视情况可摆放餐刀、餐叉等用具。婚庆宴会摆"囍"字席、百鸟朝凤、蝴蝶戏花等台面；如果是接待外宾就应摆设迎宾席、友谊席、和平席等。

3. 中式宴会摆台的操作

（1）摆台前准备工作

①洗净双手，领取各类餐具、台布、桌裙等，检查台布、桌裙是否干净，是否有皱纹、破洞、油迹、霉迹等，不符合要求应进行调换。

②用干净的布巾擦亮餐具和各种玻璃器皿，要求无任何破损、污迹、水迹、手印、口红等。

③洗净所有调味品壶（瓶）等，并重新装好。

④折口布花。

⑤检查桌脚是否有高低不平或者摇晃之情形，若是不符合使用规定，应避免使用，以免发生危险。

（2）铺台布、放转盘、围桌裙、配餐椅

①铺台布时，服务员站在与主位成90度角的左侧或右侧将折叠好的台布放在餐桌中央；将台布打开，找出台布正面朝向自己一侧的边缘，用手指捏住，抖动手腕，抛出台布，借助产生的气流将台布平铺在餐桌上；铺台布时，要做到动作熟练、干净利落、一次到位。铺好的台布要求做到台布图案花饰端正，中间鼓缝穿过正副主人的位置，十字折线居中，四角与桌腿呈直线平行，并与地面垂直，台布四边均匀下垂，以30厘米为宜。多桌宴会时，所有台布规格、颜色均需一致。

②玻璃转盘摆在桌面中央的圆形滑轨上，检查转盘是否旋转灵活。玻璃转盘需使用强化玻璃，除其比较不易打破之优点外，即使不小心打破，强化玻璃也不会形成锐利的碎片，较为安全。此外，玻璃转盘务必放在圆桌正中央，与桌缘维持相等距离。若距离不等，转盘转动时将有撞倒桌上杯子或碗盘等摆设的危险，不可不慎。如有轴

心布则须先将其放置在转盘正下方、并一律面向门口。轴心布的主要作用是增加桌面装饰的美观和宴会气氛，比如寿宴时采用寿桃图样的轴心布，喜宴时则可使用龙凤图样的轴心布。

③围桌裙，桌裙的边缘与桌面平齐，沿顺时针方向将桌裙用大头针和尼龙搭扣固定。根据出席宴会的人数配齐餐椅，以10人为一桌，一般餐椅放置为三、三、两、两，即正、副主人侧各放三张餐椅，另两侧各放两张餐椅，椅背在一直线上。

（3）拿餐具、摆餐具

①拿餐具时一律使用托盘，若无防滑托盘则应用干净专用布巾铺垫，左手托托盘，右手拿餐具。拿酒杯、水杯时，应握住杯脚部；拿刀、叉、匙、勺时，应拿柄部；拿瓷器、金属等餐具时，应尽量避免手指与边口接触。避免将手印留在餐具表面。落地后的餐具，未经清洗消毒不得使用。

②骨碟定位。将骨碟摆放在垫有布巾的托盘内，或徒手用餐巾托住骨碟定位；从主人座位处开始按顺时针方向依次用右手摆放骨碟，要求碟边距离桌边1.5厘米，骨碟与骨碟之间距离均匀相等，碟中店徽等图案对正。

③摆放调味碟、口汤碗和小汤勺。在骨碟纵向延长线上1厘米处摆放调味碟；在调味碟横向直径延长线左侧1厘米处放上口汤碗、小汤勺，小汤勺勺柄向左，口汤碗与调味碟横向直径在一直线上。

④摆筷架、银勺和筷子。在口汤碗与调味碟横向直径右侧延长线处放筷架、银勺、袋装牙签和筷子，银勺柄与骨碟相距3厘米，筷套离桌边1.5厘米，并与骨碟纵向直径平行，袋装牙签与银勺末端平齐。注意轻拿轻放。

⑤摆放玻璃器皿。在调味碟纵向直径线2厘米处摆放葡萄酒杯，葡萄酒杯右下侧摆放白酒杯，在葡萄酒杯左上侧摆放水杯，三杯成一直线，与水平线呈30°角，也可水平放置，杯肚之间的距离为1.5厘米。

⑥摆公用餐具。在正、副主人杯具的前方，各横向摆放一副公筷和汤勺，不锈钢或银汤勺在外侧，筷子在内侧，汤勺柄和筷子的尾端向右。

⑦摆放宴会菜单、台号。在通常情况下，10人餐台放2张菜单，10人以上餐台放4张菜单。放2张菜单时，菜单放在正、副主人骨碟的左侧，菜单的下端距离桌边1.5厘米，与骨碟纵向直径平行；放4张菜单时，除正、副主人旁边各放一张外，另两张放于与正、副主人位成90°角的两侧宾客骨碟的左侧。菜单也可以竖立摆放于水杯或口汤碗的旁边。高档宴会上，菜单也可每人一张。台号牌放在花瓶左边或右边，并朝向大门进口处。转台正中摆放花瓶或插花，以示摆台的结束。

中式宴会摆台示意图（图2-10）如下。

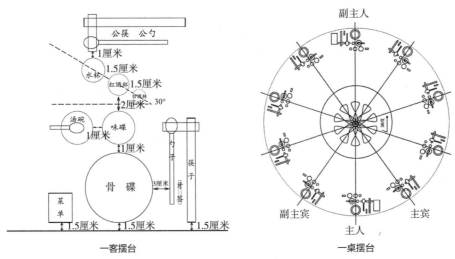

图2-10　中式宴会摆台示意图

（4）摆台后的检查工作

①检查台面摆设有无遗漏。

②检查台面的摆放是否规范、符合要求。

③餐具是否清洁光亮，无污迹、水迹、缺口。

④台布、口布是否无霉迹、油迹、破洞。

⑤检查座椅是否配齐、完好。

（二）中式宴会席次

宴会席次安排即根据宴会的性质、主办单位或主人的特殊要求，根据出席宴会的宾客身份确定其相应的座位。在中国传统社会，人际关系等级形成和发展的过程中，儒家思想中"礼"扮演了社会控制的主要角色，是协调和稳定一切社会等级的准则。孔子要求社会的每一成员都要严格遵守"礼"的规定，做到实际拥有的权利和财富以及所尽的义务与其名分相符。在等级观念较强的中国古代社会，宴会席次成了区别尊卑的一项重要礼俗。这种习俗延续至今，尊重长者和位高权重者成为中国宴会上席次安排的主要原则。

1. 一般宴会的座次安排

在中式宴会中，座次安排必须符合礼仪规格，尊重风俗习惯，便于席间服务。一般宴会，主人面对正厅门而坐，并在主桌就座，对面坐副主人，各桌位次的尊卑，应根据距离该桌主人的远近而定，以近为上，以远为下。各桌距离该桌主人相同的位次，讲究以右为尊，左为卑，即以该桌主人面向为准，右侧为上座。主人的左边常常安排首席陪同。其他人只排桌次或自由入座，但现场均要有人引导。

以12人一桌的正式宴会为例：台面一般置于厅堂正面，主人的座次通常设于厅堂正面即圆桌正面的中心位置，坐北朝南，副主人与主人相对而坐；主人的右左两侧分别安排主宾和第二宾的座次，副主人的右左两侧分别安排第三宾、第四宾的座次，主宾、第三宾的右侧为翻译（主方翻译、客方翻译）的座次。有时，主人的左侧是第三宾，副主人的左侧是第四宾，其他座位是陪同席。

中式宴会座次的安排如图2-11所示。

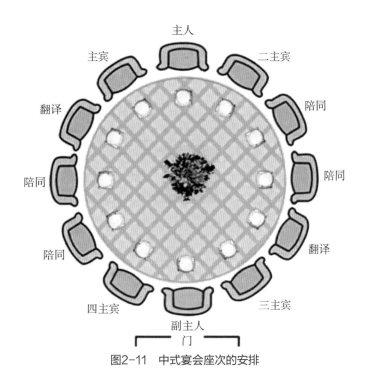

图2-11 中式宴会座次的安排

2. 婚宴的座次安排

值得一提的是，在特定情况下，尤其是在举行一些民间传统宴会（如婚宴、寿宴等）时，中式宴会的座次安排必须遵循中国传统的礼仪和风俗习惯。其一般原则是"高位自上而下，自右而左，男左女右"。以"婚宴"为例，在筹备婚礼过程中，婚宴座位的安排是一个让新人倍感棘手的难题，要知道座次的合理安排将直接关系到宾客的和谐氛围与婚礼的完美。

先让婚宴场地提供桌位图，并为每一桌编号或取好名字，以便宾客更容易找到自己的位置，这样排座位能较好地照顾到方方面面，把这张桌位图和按桌列印的来宾名单多准备几份，方便来宾入座的同时，尽显主人的细致和周到。

将宾客按新人双方及年龄分类，将年龄相近的安排在同桌，长幼有序，既尊重长辈又方便晚辈。

①新人及家人：婚宴主桌一般是双方家长和新人就座，通常来说，可以考虑家里年纪最大的长辈，比如爷爷奶奶外公外婆。假如还坐不满，可以安排双方的姑姑、舅舅等家人。

②兄弟姐妹团：包括伴郎伴娘在内的兄弟姐妹团，可以安排在主桌附近的席位。既体现新人对兄弟姐妹团的重视同时能方便协助新人。

③双方亲戚：亲戚可以按照关系的程度来分，由新娘和新郎两边各自安排，可以靠在过道的两边，同一方来宾在同一区比较方便交流。一家人一定要安排在一桌，坐在一起会比较方便。宁愿加个位子最好也不好分开坐，不然会觉得别扭。

④领导同事、业务伙伴：领导一般来说比较重要，同样可以考虑在主桌的附近来安排，体现出对他们的重视。可以安排一两位同事在领导桌帮忙照顾领导，大家彼此认识，交流或者敬酒都很方便。同事尽量安排在整个宴会区的中段，互相熟识的尽量安排在同一桌，不熟识的则需在每桌安排一位好友及时照顾，这样会礼貌一些。

⑤同学好友：同学朋友一般会安排在离主桌稍微远一些的地方，大家都是年轻人，也比较会闹，可以不必刻意招呼，所以这样的安排在敬酒的时候也可以把他们放在最后，会好一些。另外，同学朋友都是同龄人，也不会太计较关于座位的远近问题。

很多婚宴中越靠后的宾客越难融入婚宴氛围，这时就可在每桌安排一位年轻人以调动氛围，并替新人招待同桌宾客。将宾客中那些单身的男女列出，安排在同一桌交叉而坐，然后在婚礼上准备一些互动节目。

多桌宴会主座次安排的重点是定各桌的主人位。以主桌主人位为基准点，各桌主人位的安排有两种方法：一种是各桌主人位置与主桌主人位置相同并朝向同一个方向；另一种是各桌主人位置与主桌主人位置遥相呼应，具体地说，台型的左右边缘桌次主人位相对并与主桌主人位成90度角，台型底部边缘桌次主人位与主桌主人位相对，其他桌次的主人位与主桌的主人位相对或朝向同一方向。

座次的具体安排通常由席次卡体现。席次卡即根据饭店总体形象而设计出的精美的宴会座次卡，形状一般为长方形；通常用毛笔、钢笔将出席宴会的宾客姓名书写或打印在席次卡上，字迹要求清楚、整齐；一般中方宴请则将中文写在上方，外文写在下方；若外方宴请则将外文写在上方，中文写在下方。通常，由宴会主办单位负责人或主人根据参加者的身份、地位、年龄等将写有宾客名字的席次卡放置于相应的座位上；大型宴会一般预先将宾客座次打印在请束上，以便客人抵达时能迅速找到自己的座位。

根据国际上的习惯，桌次高低以离主桌位置远近而定，左高右低。桌次较多时，要摆桌次牌（台签）。同一桌上，席位高低以离主人的座位远近而定。外国习惯，多尊重女性，宴会男女交叉安排，以女主人为准，主宾在女主人右上方、主宾夫人在男主人的右上方。我国习惯按各人职务排列，以便谈话。有女士出席，通常把女士排在一起，即主宾坐男主人右上方，其他人坐女主人右上方。两桌以上的宴会，其他各桌第一主人的位置可以与主桌主人位置相同，也可以以面对主桌的位置为主位。

（三）中式宴会酒水

自古以来，大到国宴，小到家聚，无一不把酒作为交流的载体。酒联系着礼仪制度，不仅是社交的媒介、民俗的表现形式，还是可口的饮料，筵宴的"兴奋剂"，体现出欢庆、友情与诗意。酒水在宴会上占有举足轻重的地位。因此，在宴会设计过程中，要特别重视酒水的运用。这就要对宴会用酒水的种类、酒水的服务方式进行合理设计。

1. 中式宴会酒水的选用

宴会中使用的酒水主要是指酒类（含白酒、黄酒、果酒、啤酒、汽酒、洋酒）和清凉滋补的软饮料（一般包括能量型、矿物质补充型、维生素补充型、平衡营养型四种）。由于酒水的类别甚多，客人喜好各有不同，因而配酒的随意性较大。

现在宴会用酒，一是客人自带；二是在酒柜点取，其价款单独列支，不列进宴会成本。根据这一情况，目前设计宴会是较难考虑酒水配套问题的。但是"菜跟酒走"是制席的基本法则之一，酒水是宴会中的"兴奋剂"和"指挥棒"，开展社交活动的媒介物，不考虑酒水是否合适的宴会，收效总不见佳，因此，设计酒水时要注意：

①预订宴会时征求主办人的意见，由客人确定酒水的品种和数量，餐厅事先准备，按酒水的属性配菜，届时依据饮用的多少与菜品一并计价。

②按照现今夏秋普遍爱饮啤酒、冬春普遍爱饮白酒、四季搭配红酒与果汁的习惯，以及本餐厅经常供应的酒水排菜，虽不十分准确，但也不会相距太远。

③顾客自备酒水时，服务人员应为顾客当好参谋，主动告知他们本次宴会饮用什么酒水比较合适，本地有何名酒、有何特色及补养功能，只要讲得有道理，通常情况下客人会乐于采纳。

服务人员要掌握酒水选用一般规则，宴会酒水的档次应与宴会的档次、规格协调一致。高档宴会选用的酒品应是高质量的，如在我国举办的许多国宴，用酒往往选用茅台酒，因为茅台酒的质量和价格在我国白酒中属上乘，其身价刚好与国宴相匹配；普通宴会则选用档次一般的酒品。如果不遵循这一原则，在低档宴会上用茅台酒做伴宴酒，则酒的价格在整桌菜肴之上往往会抢去菜肴的风采，让人感到食之无味；如果高档宴会选用低档酒品，则会破坏整个筵席的名贵气氛，让人对菜肴的档次产生怀疑。总之，宴会用酒应与宴会档次相匹配。

一般来讲中式宴会往往选用中国酒，不同的席面在用酒上也注重与其地域相适合。如接待外地客人的宴会选用本地产的名酒。当然，对于高度宴会酒的选用一定要谨慎。在中餐宴会上，人们以往的习惯是用高度白酒佐餐，但这种方法有很大的害处。因为酒精对味蕾有强烈的刺激性。宴会中饮用高度酒之后就会对美味佳肴食之无味。酒精含量过高的酒品对人体有较大的刺激，如果进餐时过多饮用，会使肝脏来不及消化吸收，从而使身体产生不同程度的中毒现象，使食欲骤减。对菜品的味感迟钝。有的烈性酒辛辣味过头，使人饮后食不知味，从而喧宾夺主，失去了佐助的作用。因而在进餐过程中品饮高度酒甚至干杯、劝饮、争饮等做法，是不太科学的。目前人们已经认识到这个问题。国内许多的酒厂家陆续开发新品种，生产中、低度白酒，以适应宴会用酒的需要。

另外，配制酒、药酒、鸡尾酒的成分比较复杂，香气和口味往往比较浓烈，这一类酒在佐食时对菜肴食品的风味和风格的表现有相当的干扰，一般不作为佐助酒品饮用。还有，甜型酒品单饮时具有适口之感，但作为佐助酒品，便显得不太协调。甜味与咸味相互冲突，而两味的主要感受部位都集中在舌尖，从而使感觉分析器产生分析混乱，因此，甜酒也不太适合作佐助饮品。

2. 中式宴会酒水的服务

（1）准备酒水和酒具

①准备酒水：开餐前，各种酒水饮料应事先备齐，并将酒水瓶擦拭干净（特别是瓶口部位），同时检查酒水质量，如发现瓶子破裂或有悬浮物、沉淀物等应及时调换。准备齐全的酒水要摆放整齐，注意将矮瓶、高瓶分放前后，这样既美观又便于取用。

酒水的准备工作还包括对酒水温度的处理，服务员要了解各种酒品的最佳奉客温度，并采取升温或降温的方法使酒品温度适于饮用，以满足宾客需求。最佳的奉客饮用温度是向宾客提供优质服务的一个重要内容。

如啤酒最佳饮用温度为4~8℃，通常要冰镇（降温）处理，冰镇（降温）的方法有用冰块冰镇和冰箱冷藏冰镇两种。黄酒最佳的品尝温度在35~40℃，在饮用前要升高温度，利用酒香挥发，喝起来更有滋味，温酒的方法有水烫、烧煮等方法，现在有些饭店宴会厅采用电加热温酒设备，如同常见的饮水机，使黄酒能保持恒温。

②准备酒具：一般中式宴会对酒具配用要求不高，主要有三种酒杯：

a）白酒杯，饮白酒的专用酒杯，常用于宴会上"干杯"，所以容量、体积较小，以减少客人的饮用量，保证健康，又不影响宴会气氛。

b）啤酒杯，中式宴会中使用较多的酒杯，容量大、杯壁厚，可较好地保持它的冰镇效果，有时也作水杯用。

c）色酒杯，饮用葡萄酒时才使用。

（2）开酒瓶 酒瓶的封口常见的有瓶盖和瓶塞两种。开瓶使用正确的开瓶器具，开瓶器有两种类型：一种是专门开启瓶塞用的酒钻；另一种是开瓶盖用的启盖扳手。开瓶时动作要轻，尽量减少瓶体的晃动，一般将瓶放在桌上开启，动作要准确、敏捷、果断。开启软木塞时，万一软木有断裂危险，可将酒瓶倒置，用内部酒液的压力顶住木塞，然后再旋转酒钻。开瓶后的封皮、木塞、盖子等杂物，不要直接放在桌子上，可以放在小盘子里；操作完毕一起带走，不要留在宾客的餐桌上。

（3）斟酒 斟酒的姿势与位置：徒手斟酒时，服务员左手持服务巾，背于身后，右手持酒瓶的下半部，酒标朝外，正对宾客，右脚跨前踏在两椅之间，斟酒在宾客右边进行。托盘斟酒时，左手托盘，右手持酒瓶斟酒，注意托盘不可越过宾客的头顶，而应向后自然拉开，注意掌握好托盘的重心。服务员站在宾客的右后侧，身体微向前倾，右脚伸入两椅之间，但身体不要紧贴宾客。无论采用哪种方式斟酒都要做到动作优雅、细腻，处处体现出对宾客的尊重并注意服务的卫生。

斟酒量的控制：控制斟酒量的目的是最大限度地发挥酒体风格和对宾客的敬意。但客人要求斟满杯酒时，应斟满酒杯。目前，一般斟酒量的控制为：白酒斟八成；啤酒等含泡沫气泡的酒，斟倒时分两次进行，以泡沫不溢为准。较为标准的啤酒杯上都印有酒液和泡沫的分界刻度，以便服务员能更好地掌握斟倒啤酒的成数。红葡萄酒斟五成，白葡萄酒斟七成，因为这个成数恰好达到酒液在杯中的最大横切面，使酒液与空气充分接触，从而充分发挥葡萄酒果香馥郁的魅力。斟香槟酒时，应将酒瓶用服务巾包好，先向杯中斟倒1/3的酒液；待泡沫退去后，再往杯中续斟至杯的2/3处为宜。

斟酒的顺序：中式宴会一般是从主宾位置开始，按照顺时针方向依次进行斟酒服务，有时也从年长者或女士开始斟倒；斟倒白酒按先主后宾顺时针方向进行，先斟葡萄酒（提前斟除外），再斟烈性酒，最后斟饮料。若是两名服务员同时操作，则一位从主宾开始，向左绕餐台进行，另一位从副主人一侧开始，向左绕台进行。

（4）酒水服务注意事项

①上菜前必须先提供酒水服务，重要的或大型宴会，值台服务员在宴会开始前5分钟，应先斟好果酒，站在各自服务的席台旁等候宾客入席（注：目前，许多非正式的中式宴会受西式宴会的影响，在开宴前祝酒时饮用的第一杯酒也改为低度果酒，果酒颜色艳丽，为宴会增添欢快气氛，同时果酒酒度较低，也符合饮酒规律，但果酒不能斟倒太早，尤其是香槟，应待宾客临近入席时斟倒。高档正式宴会第一杯还应是中国酒）。在宾客入座后，再斟饮料，同时检查服务桌上的酒水质量，如发现瓶子破裂或有变质的酒水要及时调换。小型宴会一般不要先斟酒品，待宾客入座后再斟倒。

②在宴会服务中，由于宾客使用的酒水品种较多，斟酒技艺要求较高（如不淌不洒、不少不溢等），因此服务员要熟练地掌握斟酒及酒水服务的技能，认真学习酒水知

识，这对于提高服务质量、积极进行酒水推销是十分重要的。

③为宾客斟酒水时，要先征求宾客意见，根据客人的要求斟倒啤酒、汽水、果汁或矿泉水等各自喜欢的酒水饮料。点用果汁时，如为盒装果汁，为显得较为高贵大方，最好能先将果汁倒入果汁壶再进行服务，如宾客提出不要，应将宾客位前的空杯撤走。宾客干杯或互相敬酒时，应迅速拿酒瓶到台前准备添酒。主人和主宾讲话前，要注意观察每位宾客杯中的酒水是否已准备好。在宾、主离席讲话时，服务员应备好酒杯斟好酒水供客人祝酒。

④宴会期间要及时为客人添加饮料、酒水，服务员要随时注意每位来宾的酒杯，见喝剩1/3时，应及时添加，直至客人示意不要为止（如酒水用完应征询主人意见是否需要添加），斟酒时注意不要弄错酒水。

（四）中式宴会菜肴服务

1. 上菜服务

（1）上菜位置　中餐上菜位置一般在靠门位置，切忌在主位方向上菜，可以选择在进门口所对的右侧45度斜角上菜（图2-12）。有外宾时，可在陪同和翻译人员之间进行，也有的在副主人右边进行，这样有利于翻译和副主人向来宾介绍菜肴口味、名称，严禁从主人与主宾之间或来宾之间上菜。

（2）上菜时机　在开宴前先将冷盘端上餐桌；来宾入席并将冷盘吃到一半时，开始上热菜。服务员应注意观察宾客进餐情况，并控制上菜、出菜的快慢和节奏。

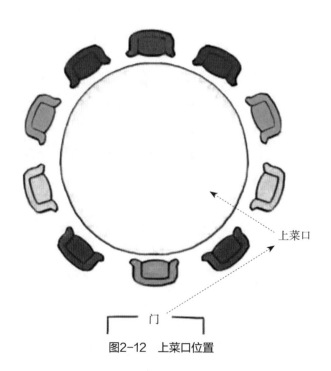

图2-12　上菜口位置

（3）上菜顺序 宴会上菜按照菜单菜目编排顺序进行。一般是先冷后热，先炒后烧，先咸后甜，先清淡，后味浓。各类不同的宴会，由于菜肴的搭配不同，上菜的程序也不尽相同。传统的宴会上菜顺序的头道热菜是最名贵的菜。主菜上后，依次上炒菜、大菜、饭菜、甜菜、汤、点心、水果。现代中式宴会上菜顺序与传统上菜顺序有所区别，各大菜系之间也略有不同，一般是：冷盘、热炒、大菜、汤菜、炒饭、面点、水果。上汤则表示菜已上齐，有的地方还有上一道点心再上一道菜的做法。上面食、点心的时机，各地习惯也不尽相同，有的是在宴会将要结束时上，有的则在宴会进行中上；有的在宴会中间要上两次点心，这都要根据宴会类型、特点、需要，因人、因事、因时而定。

国际旅游者大多习惯于西餐吃法，而先上汤菜的广东菜式程序则比较能适应他们先喝汤的饮食习惯。近来，许多地方的饭店都把宴会上汤的时间提前了，有的则先后上两道汤，以适应客人的习惯。

（4）上菜服务注意事项

①要选择正确的上菜位置，即"上菜口"的位置，将菜盘放在转盘中间。凡是鸡、鸭、鱼整体菜或椭圆形的大菜盘，在摆放后应转动转盘、将头的位置转向主人，使腹部或胸脯正对主宾。

②每上一道菜要后退一步站好，然后要向客人介绍菜名和风味特点，表情要自然，吐字要清晰。如客人有兴趣，则可以介绍与地方名菜相关的民间故事，有些特殊的菜应介绍食用方法。在介绍前，将菜放在转台上，向客人展示菜的造型，使客人能领略到菜的色香味形质，边介绍边将转台旋转一圈，让所有的客人均可看清楚。

③上新菜之前，前一道菜肴尚未吃完而下道菜已经送达，或是转盘上已摆满几道大盘菜，没有办法再摆上另一道菜时，服务员可将桌上的剩菜以小盘盛装，放置在转盘上，直至客人决定不再食用这道菜时再把菜撤走，保证台面间隙适当，防止"盘上叠盘"。

④一旦宾客食用完其骨盘上的菜肴，便可更换骨盘，尤其在贵宾式的宴会中，更要求每一道菜都必须更换骨盘和碗。服务员更换骨盘时，使用圆托盘以放置替换的新旧骨盘，且应将残盘全部收拾完毕后，再换上干净的骨盘。此外，必须在替全桌宾客更换好骨盘后，才可继续上下一道菜。如果下一道菜为汤品时，则须先将小汤碗整齐地摆放在转盘边缘，然后才上汤，并进行舀汤、分汤的服务。

⑤遇到需要用手辅助食用的菜肴时，例如带壳的虾类或是螃蟹类等，必须随菜供应洗手碗。贵宾式服务中，应为每位宾客各准备一只洗手碗。在西餐里，洗手碗均盛以温水，再加上柠檬片或花瓣，而中餐里则常用温茶加柠檬片或花瓣。

⑥除了汤品需要使用小汤碗盛装之外，一些多汁的菜肴也必须采用小汤碗服务，

以方便客人食用。所以服务人员在宴会之前，要根据菜单中菜式需要，准备足够的汤碗备用。

2. 分菜服务

（1）分菜方法　分菜是宴会服务中技术性很强的工作，一般有如下几种方法。

①叉、勺分菜法：核对菜品，双手将菜肴端至转盘上，示菜并报菜名；然后将菜取下，左手用口布托垫菜盘，右手拿分菜用叉和勺，从主宾右侧开始，按顺时针方向绕台进行；动作姿势为左腿在前，上身微前倾，呼吸均匀。分菜时做到一勺准、数量均匀，可以一次性将菜全部分完，但有些地区要求分完后盘中略有剩余。

②各客分菜法：适用于没有观赏价值的汤类、羹类、炖品或高档宴会分菜，厨师根据宾客人数在厨房将汤、羹或热菜等按既定分量分妥，再由服务人员按服务的尊卑顺序，以右手从客人右侧上菜即可。

③转台分菜法：是一种较高级且亲切的服务，此种方式服务难度较高，是由服务人员将菜盘端至转盘上，再由服务人员从转台夹菜到每位客人的骨盘上。采用转台式服务时，服务人员必须具备相当程度的服务技巧方能胜任，但这种贵宾服务唯一美中不足的是：宴会通常是10～12个人挤在一桌，倘若还要留出空间方便服务人员分菜，将使客人与服务人员皆感不便，有时甚至破坏原先为客人提供优质服务的良好初衷。

④旁桌分菜法：服务人员先将菜盘放在转台上，随之报出菜肴名称，旋转菜盘展示一圈后，便把菜退下并端到服务桌或服务车上进行分菜，将菜肴平均分盛至干净的餐盘上，然后再将骨盘依次端送上桌给所有宾客。旁桌分菜法由于菜盘直接放在服务人员正前方，桌边的服务空间也较宽敞，因而分菜工作比较容易而且方便，同时服务人员的工作压力也相对减轻不少。分菜时，必须将旁桌搬至该桌大部分客人或至少主人最能看清楚的位置，使客人能观赏到服务员正在为自己分菜。另外，分菜时必须双手并用，不可一手拿骨盘，一手操作服务叉匙，正确的方法是将骨盘摆放在旁桌上，由服务员右手拿匙，左手拿叉，进行分菜工作。

桌边服务，其特色便是必须设有分菜专用的服务车。在西式餐厅里，若采用旁桌服务，多会有这种设备，但在一些中餐宴会厅里，仅利用服务桌进行分菜。毕竟宴会厅空间有限，举办宴会时无法在每张餐桌旁均放置旁桌，大部分都利用墙边临时布置的备餐桌来分菜。这种使用备餐桌来分菜的缺点是菜盘远离客人视线，严格来看并不能算是真正的桌边服务，而只算是一种服务人员分担厨房分菜工作的餐盘服务。其实，如果餐厅受限于空间而无处摆放旁桌，利用备餐桌仍是一种可以接受的选择，但在空间不成问题的前提下，便应在备餐桌旁另设旁桌，以便能充分发挥在餐厅内分菜的演出效果。

中国人聚餐时习惯使用圆桌，在围圆桌而坐的情况下，要找一处能让大家都能观赏到桌边服务的服务位置并不容易，因此在中式宴会的桌边服务里，除非是没有观赏价值的汤类，否则绝对不能省略菜盘展示的步骤。展示时，可将菜盘置于转盘上转一圈，并介绍菜名，也可对该菜稍作简单说明。如果即将上桌的是一些做法特别的菜色，没办法先端上转盘展示，如一些包泥土的叫花鸡，则可请客人到旁桌来敲破泥土，然后由服务人员剪开荷叶，再将整个大银盘以左手托住，由主宾开始，按顺时针方向绕行一圈，让每位客人都能看到大厨师的精心杰作。

（2）分菜的顺序　一般中式宴会通常将餐桌安排为10~12个席位，为清楚地介绍服务人员分菜的顺序，根据时钟时刻1点钟至12点钟共12个钟点将餐桌位置标示出（图2-13），再进行说明。

①以时钟座位来讲，服务人员站在11点钟至12点钟的方向中间，先服务11点钟位置的主宾，而后再服务12点钟位置的主人。一次最多只能服务所在位置两侧的宾客，不可跨越邻座分菜。

②服务人员将服务叉匙置于左手骨盘上，再以右手轻转转盘，将菜盘以逆时针方向转至9点钟方向及10点钟方向之间的座位，服务员站在中间，先后服务坐在10点钟及9点钟方向的宾客。

③以同样方式将菜盘转到位于7点钟及8点钟方向的宾客面前，服务员站在中间，先服务8点钟位置的宾客，再服务7点钟位置的宾客。服务完此两位宾客后，恰好已服务完主宾右手边的宾客，接着便开始服务主宾左手边的宾客。

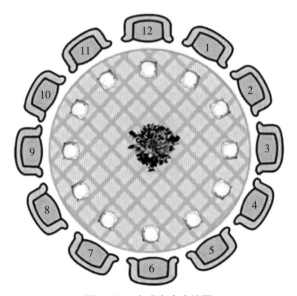

图2-13　中式宴会席位图

④以同样的方式将菜盘按顺时间方向转至1点钟至2点钟方向的中间，服务员站在中间，先服务完1点钟的宾客后，再服务2点钟的宾客。以同样方式将菜盘转到3点钟与4点钟宾客面前，服务员站在中间，服务完3点钟的宾客后，再服务4点钟的宾客。

⑤以同样方式将菜盘转到5点钟位置及副主人面前，服务人员站在中间，服务完5点钟座位的宾客后，最后再服务副主人。分菜工作于是完成。

（3）分菜服务注意事项

①手法卫生：不得将掉在桌上的菜肴拾起再分给宾客；手拿餐碟的边缘，避免污染餐碟。分菜时留意菜的质量和菜内有无异物，及时将不合标准的菜送回厨房更换。

②动作利索：服务员在保证分菜质量的前提下，以最快的速度完成分菜工作；分菜时，一叉一勺要干净利索，切不可在分完最后一位时，菜已冰凉。

③分量均匀：分菜时，服务人员必须先估计每位客人所分的量，宁可少分一点，以免最后几位不够分配。替全部客人分完第一次以后，如果菜肴还有剩余，也不能马上收掉，而应将餐盘稍加整理，然后将服务叉匙放在骨盘上，待客人用完时自行取用或是由服务人员再次服务。原则上，服务人员可主动替先食用完菜肴者再次进行服务，并不需询问客人需不需要再来一些。如果客人觉得不需要，他自然会拒绝，询问反而会使其感到为难，因为客气（想吃而又不好意思说）的人总是比较多。

④跟上佐料：需要佐料的菜肴，分菜时要跟上佐料，并略加说明。

⑤在转盘上分汤或多汁菜肴时，需注意在菜未上桌前，服务员必须先从主人右侧将小汤碗摆在转盘边缘，并预留菜肴或汤品的放置空间，待端上菜肴后，立即站在原位将菜肴或汤分于小汤碗中；分完后再轻轻旋转转盘，将小汤碗送至主宾前开始服务。服务员分别协助宾客拿取小汤碗食用后，若发现玻璃转盘上有汤汁或食物，必须立即用预先准备的湿毛巾擦拭干净，以免客人看了胃口尽失。

⑥一道菜肴有两种以上的食物时（例如，大拼盘或双拼盘），在分菜时便需将菜肴平均分至骨盘上。分菜的位置应平均，不可将菜肴重叠放置。此外，服务人员分菜时也应留意客人对该菜肴的反应，比如是否有人忌食或对该菜肴有异议，并应立即给予适当处理。

（五）中式宴会服务流程

中式宴会服务可分为三个基本环节，它们分别是宴会前准备程序、宴会中服务程序、宴会后结束工作，如图2-14。

1. 宴会前的组织准备工作

（1）掌握情况，接到宴会通知单后，宴会厅服务员应做到"八知""五了解"

①"八知"是：知主人身份，知宾客国籍，知宴会标准，知开餐时间，知菜式品种及烟酒茶果，知主办单位或主办宾客房号、姓名，知收费办法，知邀请对象。

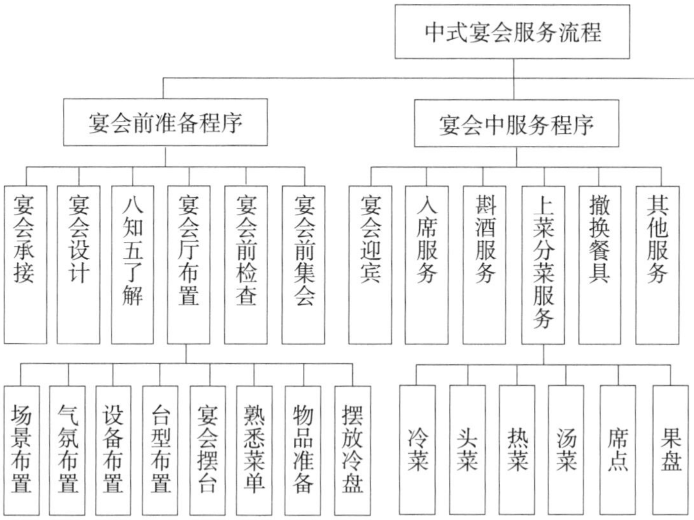

图2-14 中式宴会服务流程图

② "五了解"是：了解宾客风俗习惯，了解宾客生活忌讳，了解宾客特殊需要，了解宾客进餐方式，了解主宾和主客（如果是外宾，还应了解其国籍、宗教信仰、禁忌和口味特点）的特殊爱好。

对于规格较高的宴会，还应掌握下列事项：宴会的目的和性质，有无席次表、席位卡，有无音乐或文艺表演等。

（2）明确分工 对于规模较大的宴会，要确定总指挥人员。在人员分工方面，要根据宴会要求，对迎宾、值台、传菜、酒水供应、衣帽间及贵宾室等岗位人员，都要有明确分工；要求所有人员都有具体，将责任落实到人，做好人力物力的充分准备，并保证宴会善始善终。

在人员安排上，要根据每个人的特长来安排，以使所有人员达到最佳组合，发挥最大效益。备餐、传菜等较粗重的体力活宜安排男服务员；服务主桌与敬酒的工作则宜安排经验丰富且技巧熟练的女服务员；酒水及贵宾桌的招待宜安排较资深的服务员；区域负责人则宜安排经验丰富、有能力处理突发状况、领导能力强的领班级以上的管理人员。至于大型宴会，则常因服务人员不足而聘请临时工，但因大多数临时工的经验比较缺乏，所以往往会造成服务人员素质不一的窘况。有鉴于此，宴会服务在人员安排上便应进行资深服务员与临时工穿插安排的调整，使技巧较熟练的服务人员带领技巧较为生疏的临时工。对临时工则应加强培训，并制定规则与服务流程须知，使服务品质维持一定标准。

完成服务人员分工以及人员安排之后，最后还要将宴会场地示意图以及宴会人员分工情况标示在图形上，使所有服务人员都能清楚地知道自己的职责与服务区域。至于宴会现场，则由主管负责督导指挥工作进度，使摆设、餐具回收、仓库整理、清点桌布及餐巾的数量并送至洗衣部清洗等所有宴会工作都能在限定时间内完成。

（3）宴会厅布置

①场景布置：根据宾客要求及宴请标准进行场景布置，举行大型隆重的正式宴会时，一般在宴会厅周围摆放盆景花草，或在主台后面用花坛画屏、大型青枝翠树盆景装饰，用以增加宴会的隆重、热烈气氛。对于一般婚宴，则在靠近主台的墙壁上挂双喜字，贴对联；对于寿宴，则挂"寿"字等烘托喜庆的主题。国宴活动要在宴会厅的正面并列悬挂两国国旗，正式宴会应根据外交部规定决定是否悬挂国旗。国旗的悬挂按国际惯例以右为上、左为下。由我国政府宴请来宾时，我国的国旗挂在左边，外国的国旗挂在右边；来访国举行答谢宴会时，则相互调换位置。

②气氛布置：中餐宴会通常要求灯光明亮以示辉煌，但国宴和正式宴会则不要求张灯结彩或做过多的装饰，而要突出严肃、庄重、大方的气氛。宴会厅的照明要有专人负责，宴会前必须认真检查一切照明设备及线路，以保证不发生事故；宴会期间要有专人值班，一旦发生故障即刻组织抢修。宴会厅的室温要注意保持稳定，且与室外气温相适应。

③设备布置：正式宴会设有致辞台，致辞台一般放在主台附近的后面或右侧，装有两个麦克风，台前用鲜花围住。扩音器应有专人负责，事前要检查并试用，防止发生故障或产生噪声；临时拉设的线路要用地毯盖好，以防发生意外。

④台型布置：台型布置注意突出主桌，按照台型布置原则即"中心第一，先右后左，高近远疏"来设计、安排。桌椅排列要整齐，并留有宾客行走和服务通道，既要方便就餐，又要便于服务员席间操作。在台型布置中还应注意到一些西方国家的习惯，如不突出主台、提倡不分主次台的做法。酒吧台、礼品台、贵宾室、工作台等要根据宴会的需要和宴会厅的具体情况灵活安排。管理人员要根据宴会前掌握的情况，按宴会厅的面积和形状及宴会要求，设计好餐桌排列图，研究具体措施和注意事项。

（4）熟悉菜单

服务员应熟悉宴会菜单和主要菜肴的风味特色，以做好上菜、派菜和回答宾客对菜点提出询问的思想准备。同时，应了解每道菜点的服务程序，保证准确无误地进行上菜服务。对于菜单，应做到能准确说出每道菜的名称、风味特色、配菜和配食作料、制作方法，并能准确服务菜肴。

（5）准备物品与摆台

按宴会规格和摆台要求进行宴会摆台。宴会菜单每桌一至两份，置于台面，重要宴会则人手一份；要求菜单封面精美整洁，字体规范。根据菜单要求准备分菜用具和各种服务用具。根据菜肴准备跟配的佐料。开餐前根据宴会通知单要求备好酒水、茶叶、小毛巾等。

（6）摆放冷盘

大型宴会开始前30分钟左右摆上冷盘（一般宴会可在开宴前15分钟摆好冷菜），然后根据情况可预斟葡萄酒。冷菜摆放要注意色调和荤素搭配，保持冷盘间距相等。

如果是各客式冷菜则按规范摆放，冷菜的摆放应能给顾客赏心悦目的艺术享受，并为宴会增添隆重而又欢快的气氛。准备工作全部就绪后，宴会管理人员要做一次全面的检查。及时召集餐前会，保证宴会能按时顺利进行。

2. 迎宾工作

（1）根据宴会的入场时间，宴会主管人员和迎宾员提前在宴会厅门口迎候宾客，值台服务员站在各自负责的餐桌旁准备服务。

（2）宾客到达时，要热情迎接，微笑问好。将宾客引入休息室就座稍息。根据宴会的具体情况，也可直接将宾客引到席位就座。回答宾客问题和引领宾客时注意用好敬语，做到态度和蔼、语言亲切。主动接过衣帽和其他物品，斟倒茶水或饮料，送上小毛巾。服务员必须以圆托盘奉上热茶，茶水倒七分满即可。随后，有些宴会厅会奉上湿毛巾，甚至根据季节，在冬季使用热毛巾，夏季使用凉毛巾。服务时，毛巾必须整齐置于毛巾篮里，由服务人员左手提毛巾篮，右手用手巾夹夹取湿毛巾逐一递送给客人。

（3）询问主人对菜单的要求及预定用餐时间。虽然宴会主人早在预订之初就已决定菜单内容，但为求保险起见，宴会领班仍应在主人到达后，先拿菜单与主人再研究一番，诸如对菜肴口味的需求是什么、用餐时间是否急迫、大约需要多久时间上完菜等。此外，领班还要询问主人宴会所使用的酒水和预定用餐的时间，以便提早准备并控制出菜速度。

3. 就餐服务

（1）入席服务 当宾客来到席前时，值台服务员要面带微笑，拉椅帮助宾客入座，先宾后主、先女后男；待宾客坐定后，要协助客人摊开餐巾，轻放在客人膝盖上，松筷套，拿走台号、席位卡、花瓶或花插，撤去冷菜的保鲜膜。

（2）上菜前斟酒服务（略）。

（3）宴会上菜、分菜服务（略）。

（4）席间服务 宴会进行中，要勤巡视，勤斟酒，勤换烟灰缸，并细心观察宾客的表情及需求，主动提供服务。

①保持转盘的整洁。

②宾客席间离座，应主动帮助拉椅、整理餐巾；待宾客回座时应重新拉椅、落餐巾。

③宾客席间站起祝酒时，服务员应立即上前将椅子向外稍拉，坐下时向里稍推，以方便宾客站立和入座。

④上甜品水果前，送上热茶和小毛巾；撤去酒杯、茶杯和牙签以外的全部餐具，抹净转盘，服务甜点和水果。水果上席以示宴会上菜结束。

4. 送客服务

（1）结账服务　上菜完毕后即可做结账准备。清点所有酒水、香烟、加菜等宴会菜单以外的费用并累计总数。宾客示意结账后，按规定办理结账手续，注意向宾客致谢。大型宴会上，此项工作一般由管理人员或引宾员负责。

（2）拉椅送客　主人宣布宴会结束时，服务员要提醒宾客带齐自己的物品。当宾客起身离座时，服务员应主动为宾客拉椅，以方便宾客离席行走。视具体情况目送或送客人至门口。衣帽间的服务员根据取衣牌号码，及时、准确地将衣帽取递给宾客。

（3）结束工作　在宾客离席时，服务员要检查台面上是否有未熄灭的烟头、是否有宾客遗留的物品。在宾客全部离去后，立即清理台面。先整理椅子，再按餐巾、小毛巾、酒杯、瓷器、刀叉的顺序分类收拾。贵重物品要当场清点。收尾工作完成后，领班要做检查。大型宴会结束后，主管要召开总结会。待全部收尾工作检查完毕后，服务员要关好门窗，全部工作人员方可离开。

5. 宴会服务注意事项

（1）服务操作时，注意轻拿轻放，严防打碎餐具和碰翻酒瓶、酒杯，以免影响气氛。

（2）宴会期间，两个服务员不应在宾客的左右同时服务，以免宾客为难，应有次序。

（3）宴会服务应注意节奏，不能过快或过慢，应以宾客进餐速度为标准。

（4）服务员之间要分工协作、讲求默契；服务出现漏洞时，要互相弥补。

（5）当宾、主在席间讲话或举行国宴演奏国歌时，服务员要停止操作，迅速退至工作台两侧肃立，姿势要端正，排列要整齐，餐厅内要保持安静，切忌发出响声。

（6）席间若有宾客突感身体不适，应立即请医务室协助并向领导汇报；将食物原样保存，留待化验。

（7）宴会结束后，应主动征求宾、主及陪同人员对服务和菜点的意见；礼貌地与宾客道别。

（8）宴会主管要对完成的情况进行小结，以利不断提高服务质量和服务水平。

宴会服务设计案例

2002亚洲开发银行理事年会开幕晚宴

2002年5月10日，第三十五届亚洲开发银行理事年会开幕晚宴在上海国际会议中心七楼的宴会厅隆重举行，出席会议的贵宾（VIP）共计212人。宴会餐桌布局见图2-15，桌次排号为1～21，1桌主桌16人；普通桌20桌，每桌10人，其中2桌8人，总计21桌。舞台背景设计：中心为古董摆件，两边为投影幕，宴会中放映上海新貌。

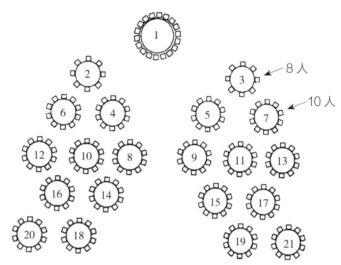

图2-15　亚行年会宴会餐桌布局

开幕晚宴服务工作设计如下。

（1）宴会摆台

①主桌：台面直径3.6米（白台布、黄台裙、米色餐巾、灰筷套、银圈），中心铺花台，活动工作台4只。

②副桌：台面直径2.3米（米黄台布、黄台裙、米黄椅套、米色餐巾、灰筷套、黄餐巾圈），台面铺鲜花，工作台12只。主桌和副桌的中心台饰：方形白玫瑰西方园林式插花，见图2-16。

（2）餐具准备

①主桌：铺台11寸银看盆16只，11寸编边盆16只，水杯16只，红酒杯16只，6寸编边面包盆16只，黄油刀16把，勺16把，筷架16只，银头筷子16把（穿筷套），小刀叉16副，大刀叉16副，银毛巾碟16只，小方巾16块，银席位卡20只，牙签20根。

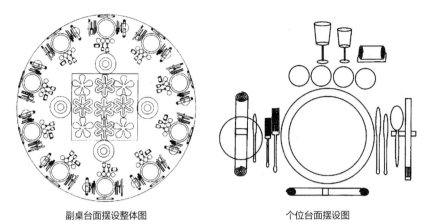

副桌台面摆设整体图　　　　　　　　个位台面摆设图

图2-16　亚行年会宴会台面摆设

②主桌工作台：水果叉20把，点心勺40把，派勺10套，毛巾40块，圆托4只、酒刀1把、冰水壶2只，咖啡杯、碟20套，糖盅、奶盅4套，备用餐巾4块。

③副桌：铺台11寸银看盆10只，10寸金边盆10只，水杯10只，红酒杯10只，6寸金边面包盆10只，黄油刀10把，勺10把，筷架10只，漆筷10把（穿筷套），小刀叉10副，大刀叉10副，银毛巾碟10只，小方巾10块，银席位卡10只，牙签10根。

④副桌工作台：水果叉10把，点心勺20把，派勺1套，毛巾10块，圆托1只、酒刀1把、冰水壶1只，咖啡杯、碟10套，糖盅、奶盅1套，备用餐巾3块。

（3）酒水准备

酒水计划表见表2-2。

表2-2　酒水计划表

品名	分桌数量	准备数量
可乐（听）	5×22=110	168听/7箱
七喜（听）	2×22=44	96听/4箱
龙薇葡萄酒（红）	3×22=66	96瓶/8箱
麒麟矿泉水	10×22=220	288瓶/12箱
金青岛（296毫升）	4×22=88	144瓶/6箱
麒麟橙汁	2×22=44	72瓶/12箱
黄油	10×22=220	400只/箱
白糖	10×22=220	

续表

品名	分桌数量	准备数量
牛奶		12桶/1箱
龙薇葡萄酒（白）		24瓶/2箱
依云		72瓶/3箱
巴黎水		48瓶/2箱
黄糖		400支
健怡糖		200小包
绿茶（新茶）		250克
红茶		1盒
咖啡粉		10包
咖啡豆		2包
醋		6瓶
大红浙醋		6瓶
盐		4袋
胡椒粉		1包
酱油		2桶

（4）人员配备

共计52人，26名女服务员，26名男跑菜员。

①主桌：4名女服务员（2人负责服务，2人负责拉椅、倒酒等），4名男跑菜员。

②副桌：每桌1名服务员，1名跑菜员；共计20名女服务员，20名男跑菜员。

③机动：2名女服务员，2名男跑菜员。

仪表仪容要求：

女服务员：白色长袖旗袍、肉色连裤袜、长发用黑色蝴蝶结网、黑皮鞋。

男服务员：白衬衫、黑马夹、黑裤子、黑领结、深色袜子、黑皮鞋。

餐饮服务人员名单：（略）。

（5）培训安排

培训安排表见表2-3。

表2-3 培训安排表

日期	时间	内容	地点	负责部门	备注
5月8日	9：00 9：30 10：30 13：00～ 17：00	外借人员报到和本酒店服务员集中 服务员集中动员 服务要求讲解 餐具准备	培训教室 培训教室 培训教室 二楼宴会厅	人事部 宴会现场总指挥 管事部经理	员工从出入口进出
5月9日	13：30～ 14：00	服务员报到 准备工作	科技城5号门 科技城2楼宴会厅	人事部 宴会现场总指挥	/
5月10日	09：00 09：30 11：30 17：00 18：00 18：15 18：45	服务员报到 铺台准备工作 用餐 更衣，仪表、仪容准备 岗前检查 酒水准备 各就位	科技城5号门	/	/

（6）时间安排

5月10日14：00以前所有准备工作结束。

16：00：检查准备工作，要求全部餐具到位。负责人×××。

16：10：补课。

16：30：用餐。

17：00：更衣，仪表、仪容准备。

17：30：服务员到岗，检查仪表、仪容。负责人×××。

17：40：仪表、仪容不合格者补课。

17：50：值台服务员进入岗位做最后检查；注意同声传译设备放在椅子上。

18：10：分发酒水。负责人×××。

18：15：上冷菜，面包。

18：30：倒葡萄酒；值台服务员站在指定位置面向大门迎候客人来到。

18：45：打开宴会厅的4个入口大门，客人入场。

19：00：市领导进入宴会厅入座。

19：15：开始讲话。

19：30：讲话结束。收取同声传译设备放在工作台下筐内，开始倒饮料。

19：45：上燕窝（每人每份，跟瓷勺，6寸垫盆）。

20：00：上烤鸡（每人每份）。

20：10：上鱼（每人每份）。

20：20：上鲍鱼（每人每份）。

20：35：上点心（每人每份）。

20：45：上水果。

20：50：上茶、咖啡。

21：00：宴会结束。

晚宴结束后，女服务员在迎宾位置欢送客人离去。

（7）上菜要求

①在客人右面，有小料，先上小料；撤脏盆，上菜，从主客开始，顺时针方向进行。

②走菜者走到餐桌边，托着盘，配合上菜。上菜过程中，走菜者站在上菜者的右面，上完一个客人的菜后，上菜者向后退一步，走菜者向前进一步，始终保持这种状态。

③走菜时注意：有特殊要求者，届时按客人入座后通知。

④脏盆直接由走菜员带入洗碗间。

⑤上菜时，如果两位客人紧靠着在讲话，可以左上左撤。撤盆时必须询问客人后，才能开始。如客人没用完，可以先跳过，为下一位客人服务，最后，再回来为未用完的客人服务。

⑥走菜必须严格按照既定路线进出。上菜时，2人1排按顺序出发，注意队形整齐。上菜结束进厨房时，2人1排。进厨房不按秩序，先上完菜者先退。在回厨房途中，注意与前面的人成一直线，不准超越。走菜进出都必须高托。

⑦上完面包后倒红酒，酒杯倒四成满。斟酒时不用托盘，左手拿毛巾。

⑧倒软饮料时，注意托盘中高瓶在内，低罐在外。空瓶放在工作台下面。放空瓶或捡地上东西时，不准弯腰俯身，应采取半蹲式。

⑨工作台按要求摆放，随时保持干净整齐。酒瓶饮料商标向外，可乐等中文商标向外。

⑩备用餐具另设工作台。

⑪客人提出特别要求，由走菜员到主桌厨房去拿，拿时报上桌。

⑫盐、胡椒、酱、醋、辣酱放在工作台上。客人提出后送上，用完后撤回原处。

⑬如遇客人打翻酒水，值台员应立即用1块干餐巾吸干桌上残饮料后，另铺1块餐巾。

（8）其他要求

①所有结束工作等待客人全部离去后，关上大门进行。

②先收餐巾10块1扎。

③椅子先拆椅套并堆放在一起。

④走菜者把椅子10个1叠叠起。

⑤所有脏银器、筷子不送厨房，放在工作台上统一收集。

⑥结束以上工作后方能根据结束工作分工各就各位。

⑦如需添加餐具、饮料、茶水可在大厅东南角与西南角处取。

（9）结束收尾工作

①瓷器、保温车、垃圾桶、银看盆。

由6男、7女负责。保温车3辆，垃圾桶4只，银看盆102只，瓷器类（11寸白盆300只，黄帝黄口汤碗连盖210套，7寸盆210只，勺210只，金边双格碟210只，白脱盅195只，2寸、7寸、5寸碟820只，金边12寸盆180只，金边10寸盆750只，金边7寸盆210只，金边三件套茶盅25套，咖啡杯210只，酱油壶、醋壶10套，盐瓶、胡椒瓶10套，奶盅25只，烟灰缸130只），平板车2部。

②台面、椅子、服务车、托盘。

由9男负责。服务车4辆，圆托盘25只，大方托盘40只，钢椅子210只，2.3米台18只，36人台子1组，2米台2只，条台80只。

③饮料。

由5男负责。

④银盖头。

4人负责。银盖头220只，夹克壶40只，5只筐及纸箱。

⑤餐巾、台布、椅套、餐巾圈、小毛巾、台裙。

由6女1男负责。台布车2部，台裙车5部。

⑥刀叉、筷子、筷架。

由3男3女负责。银器类（大刀叉22套，小刀叉22套，水果叉22把，点心勺22把，白脱刀22把，茶勺22把，咖啡勺22把，筷子22双，餐巾圈22只，筷架200只，毛巾碟200只，冰桶连夹2套，国产点心勺200把），不锈钢类（大刀叉200套，小刀叉400套，点心勺200把，茶勺400把，派勺、叉10副，毛巾夹20把），筷子200双，平板车1部。

⑦玻璃器皿。

由3男5女负责。玻璃水杯250只，玻璃红葡萄酒杯250只，玻璃冰桶连夹9套，酒钻20把，玻璃咖啡壶20把，竹毛巾篮20只，铜茶壶18把，银台号牌18只，银冰桶连夹2套，水桶2只，杯车2部，平板车1部。

⑧结束时，女服务员站在门口欢送客人。

所有结束工作等待客人全部离去后，关上大门进行。

男服务员把桌上的瓷器与玻璃器收进厨房。

值台女服务员将椅套取下理齐，并将装饰绳10根1扎，所有餐巾10块1扎堆放在一起，撤下台裙。

走菜者把椅子10个1叠叠起，放在上菜位置。

所有脏银器、筷子不送厨房，放在工作台上的筐内，统一收集。

结束以上工作后方能根据分工各就各位。

二、技能操作

实训项目：中式宴会服务设计

实训目的：通过中式宴会服务设计，学会运用中式宴会服务知识，解决宴会设计问题。

客情：

2023年6月，张先生和钱小姐到无锡湖滨饭店预订，准备10月1日在太湖厅举行中式婚宴。

实训要求：

1. 网络调研宴会服务案例、婚宴服务案例、无锡湖滨饭店宴会厅场地图等素材。

2. 为张先生和钱小姐婚宴设计一套中式婚宴服务方案，包括婚宴摆台、席次安排、酒水菜肴服务安排，宴会流程策划等内容。

任务小结

本任务小结如图2-17所示。

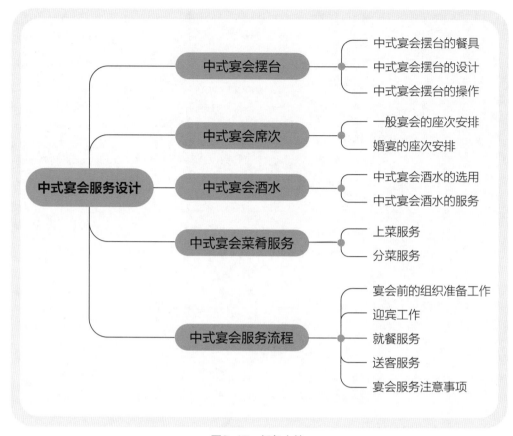

图2-17　任务小结

中式宴会菜单设计

任务导入

场景：成都世纪城某大饭店

人物：宴会经理吴某及厨师长小王

情节：针对2023年第五届电路与系统国际会议开幕晚宴，宴会经理吴某及部分人员已完成宴会厅环境气氛策划和开幕晚宴服务工作设计。晚宴嘉宾吃什么？喝什么？常言道："食在中国，味在四川"，成都作为四川的美食代表在2010年就被联合国教科文组织认证为"世界美食之都"，是中国第一个获得称号的城市，也是亚洲第一个。成都经过上千年的沉淀，诞生了众多美食。因此，宴会经理吴某把开幕晚宴菜单的设计工作安排给厨师长小王。

任务目标

◇ 掌握中式宴会菜点的结构，能依据客情设计中式宴会的菜点，团队制作中式宴会菜点。
◇ 掌握中式宴会菜单的形式，能依据客情设计个性化的中式宴会菜单。
◇ 掌握宴会厨房的生产流程，能依据客情设计中式宴会厨房生产方案。

任务实施

一、知识学习

（一）中式宴会菜点

1. 中式宴会菜点的构成

中式宴会菜点的结构，有"龙头、象肚、凤尾"之说。它既像古代军阵中的前锋、中军与后卫，又像现代交响乐中的序曲、高潮及尾声。这里分冷菜、热菜、主食、席点、辅佐食品来介绍。

（1）冷菜 冷菜又称"冷盘""冷荤""凉菜"等，是相对于热菜而言的。冷菜通常以造型美丽、小巧玲珑的"单碟"为开场菜，它就像乐章的"前奏曲"将食者吸引入宴，可起到先声夺人的作用。冷菜都系佐酒开胃的冷食菜，讲究调味、刀面与造型，要求荤素兼备，质精味美，形式有单盘、拼盘、花拼带围碟或各客拼盘等（表2-4）。

（2）热菜 热菜一般由热炒、大菜等丰富多彩的美馔佳肴组成（表2-5），它们属于宴会食品的"躯干"，是显示宴会最精彩的部分，质量要求较高，排菜应跌宕变化，好似浪峰波谷，逐步将宴会推向高潮，也像乐章的"主题歌"，引人入胜，使人感到喜悦和回味无穷。

表 2-4　中式宴会冷菜形式

冷菜形式		内容	应用
单盘	六单盘	一般用5~7寸圆盘（或条盘）盛装，每盘装一种冷菜，其装盘造型多样，突出整齐的刀面。各单盘之间，荤素搭配，量少而精，用料、技法、色泽和口味皆不重复	宴席最常用而又最实用的冷菜形式。每桌设六单盘、八单盘或十单盘，多为双数
拼盘	儿色攒盒	根据冷菜的品种组成有"双拼""三拼""什锦拼盘"。特色的拼盘有潮州"卤水拼盘"，四川"九色攒盒"（一种将底盘分成九格的有盖盒子，冷菜专用餐具）	有些农村的宴席冷菜或传统宴席冷菜采用拼盘形式
主盘加围碟	花篮拼盘　盐水鸭	主盘是"花式冷拼"，挑选冷菜制品，运用一定的刀工技术和装饰造型艺术，在盘中拼摆出花鸟、山水、器物等图案，能迎合宴席主题，如婚宴用"鸳鸯戏水"；寿宴用"松鹤延年"；迎宾宴用"满园春色"等，多"目食"；围碟即"单盘"，是主盘的陪衬，食用为主	花式冷拼制作烦琐，费工、费时，下脚料极多，浪费严重，拼制时间长，卫生安全有隐患，目前的宴席多已舍弃。而用特色的"盐焗鸡""盐水鸭"等替代
各客拼盘	西湖印月迎宾花盘	赴宴宾客每人一道拼盘，一般冷菜原料品种不多，每一种原料的数量很少，但拼摆后有美观的造型	多用于分食制的高档宴席或国宴冷菜

表 2-5　中式宴会热菜类型

热菜类型		内容	应用
热炒菜	青红椒炒鱼片	多系采用炸、熘、爆、炒等快速烹法的速成菜，以色艳、味美、鲜热、爽口为特点，每道菜所用净料为300克左右，多用鱼鲜、畜离或蛋奶，主要取其质脆鲜嫩的部位，加工成丁、丝、条、片或花刀形状，旺火热油，兑汁调味，快烹速成，用8~9寸的平圆盘或腰盘盛装。一般质优者先上，突出名贵物料；清淡者先上，浓厚者后上，防止味的互相压抑	一般排在冷菜后、大菜前，配4~6道，起承上启下的过渡作用。有"单炒"（只炒一种菜）、"拼炒"（炒两种菜拼装）等形式。可以连续上席，也可穿插在大菜中上席

续表

	热菜类型	内容	应用
大菜	头菜 扒驼掌	头菜是整席菜点中原料最好、质量最精、名气最大、价格最贵的菜肴。原料多选山珍海味或优良品种原料。头菜的等级高，热炒和其他大菜的档次也跟着高；头菜低，其他菜式也低，故审视宴席的规格常以头菜为标准。头菜应与宴席性质、规格、风味协调，照顾主宾的口味嗜好，与本店的技术专长结合	通常排在所有大菜最前面，统帅全席。头菜出场应当醒目，盛器要大，装盘丰满，注意造型，服务人员要重点加以介绍
	热荤大菜 红烧狮子头	热荤大菜是宴席中的主要菜品，包括山珍海味菜、畜禽肉蛋菜、水鲜菜等，根据宴席的档次和需要确定数量，原料多为山珍海味或鸡鸭鱼肉的精华部位，多用整件（如全鸡、全鸭、全鱼、全膀）或大件拼装（如鸡翅、鹌鹑），置于大型餐具（如大盘、大盆、大碗、大盅）之中，菜式丰满、大方、壮观。烹制方法主要是烧、扒、炖、焖、烤、蒸、烩，须经多道工序、持续较长时间制成，成品要求或香酥，或爽脆，或鲜嫩，或软烂，在质与量上都超出其他菜品	宴席中常安排2~5道，名贵菜肴多采用"各客"的形式上席，可以随带点心、味碟，具有一定的气势。档次不可超过头菜，各道热荤之间也要搭配合理，原料、口味、质地与制法协调，避免重复
甜菜	冰糖燕窝	泛指宴席中一切甜味的菜品。有干稀、冷热、荤素之不同，用料多选果蔬菌耳或畜肉蛋奶。制法有拔丝、蜜汁、挂霜、蒸烩、煨炖、煎炸、冰镇等，高档的如冰糖燕窝、冰糖蛤士蟆；中档的如散烩八宝、拔丝香蕉；低档的如什锦果羹、蜜汁莲藕	宴席甜菜可起到改善营养、调剂口味、增加滋味、解酒醒目的作用。需视季节和席面而定，并结合成本因素考虑
素菜	砂锅素什锦	宴席中不可缺少的品种，包括粮、豆、蔬、果，多为普通蔬食，名贵的有野生菌类（如松露、羊肚菌等），素菜制法因料而异，炒、焖、烧、扒、烩均可。素菜入席，一须应时当季；二须取其精华；三须精心烹制	通常配2~4道，其上席顺序大多偏后。宴席中安排素菜，能够改善营养结构，去腻解酒，增进食欲，促进消化

续表

热菜类型			内容	应用
汤菜	首汤	清汤松茸	又称"开席汤"，系用海米、虾仁、鱼丁等鲜嫩原料用清汤氽制而成，多呈羹状。多见于广东、广西、海南与港澳地区，现在多地宴席也照此办理	首汤在冷盆之后上席，口味清淡，鲜醇香美，多用于宴前清口润喉，开胃提神，刺激食欲
	二汤	花甲汤	源于清代。由于满人筵席的头菜多为烧烤，为了爽口润喉，头菜之后往往要配一道汤菜，因其在热菜顺序中排列第二，故名二汤	如果头菜为烩菜，二汤可以省去，若二菜上烧烤，那么二汤就移到第三位
	中汤	酸汤鱼片	又名"跟汤"。酒过三巡，菜吃一半，穿插在大荤热菜后的汤即为中汤	中汤主要冲消前面的酒菜之腻，开启后面的佳肴之美
	座汤	清炖土鸡汤	又称"主汤""尾汤"，多用整形的鸡鸭鱼肉，可加名贵辅料，清汤、奶汤均可。用品锅盛装，冬季多用火锅代替。规格一般都高，仅次于头菜	大菜中最后上的一道菜，也是最好的一道汤，给热菜一个完美的收尾
	饭汤	紫菜蛋汤	此汤档次较低，多用普通原料，调味偏重，以酸辣、麻辣、咸辣、咸鲜味型居多，制法有氽、煮、烩等。如酸辣鱿鱼汤、肉丝粉条汤、虾米紫菜汤之类	在宴席行将结束时，与饭菜配套的汤品，现代宴席中，饭汤已不多见，仅在部分地区受欢迎
	饭菜	青椒榨菜炒肉丝	又称"小菜"，它与前面的冷菜、热炒、大菜等下酒菜相对，专指饮酒后用以下饭的菜肴，多由名特酱菜、泡菜、腌菜、风腊鱼肉以及部分炒菜组成，如乳黄瓜、小红方、玫瑰大头茶、榨菜炒肉丝、风鱼等	宴席中合理配置饭菜有清口、解腻、醒酒、佐饭等功用。它们在座汤后入席，多用于正菜较少的宴席

（3）主食、席点　主食多由粮豆制作，协助冷菜和热菜，与全部食品配套成龙；宴会点心注重款式和档次，讲究造型和配器，观赏价值高，见表2-6。

表 2-6　中式宴会主食、席点

主食、席点		内容	应用
主食	米饭 扬州炒饭	分为白米饭、杂粮饭或炒饭，炒饭是在米饭中添加鸡蛋、虾仁、葱花等调辅料炒制而成，一般以大盘盛装，上席后，各人分取食用	补充以碳水化合物为主的营养素，使宴席营养均衡
	面食 一品长寿面	包括汤米团、馄饨、各色面条（如炒面、凉面、煮面）等。我国面食品种持多，以面条而论，就有数百种花色，颇耐品尝	宴席配当地面食，能展示乡土气息和民族情韵；还能体现宴会主题，如寿宴配"长寿面"或"寿桃"
席点	三色烧卖	宴席点心品种有糕、米团、饼、酥、卷、包、饺等，制法多为蒸、煮、炸、煎、烤、烙，一般需要造型（形如鸟兽、时果、花草、器皿、图案等），具有较高的审美价值。配置席点，一要少而精；二需名品；三应请行家制作	通常安排2～4道，随大菜、汤品一起编入菜单，一般穿插于大菜之间上席

（4）辅佐食品　见表2-7。

表 2-7　中式宴会辅佐食品

辅佐食品		内容	应用
手碟	瓜子	是宴会正式开始之前接待宾客的配套小食，一般由水果、蜜脯、糕饼、瓜子、糖果等灵活组配而成。如举办婚宴、寿宴、满月宴，席前每桌摆放的瓜子、糖果等。手碟要求质精量少，干稀配套	能松弛开席前焦急等待迟到客人的烦躁心理，使守时的宾客得到应有的礼遇
蛋糕	婚礼蛋糕	裱花蛋糕用于中式宴会是受欧美习俗的影响，蛋糕上有花卉图案和中英文祝颂词语，如"新婚幸福""生日愉快""圣诞之夜""桃李芬芳"等，一般重约750～2500克	多用于生日宴、婚宴等。配置蛋糕要求图案清秀，造型别致，可增添喜庆气氛，突出办宴宗旨

续表

辅佐食品	内容	应用
果品 一帆风顺	宴席配果多用新鲜时令水果,如橙子、狝猴桃、哈密瓜等,高档宴会时兴水果切雕,即运用多种刀具,将瓜果加工成具有观赏价值和象征意义的食用工艺品,如"一帆风顺""春满华堂"等	一般刀工处理后,摆成拼盘,放上水果叉或插上牙签,最后上席,表示宴会结束
茶品 盖碗茶	开席前和收席后都可以上,一般在休息室品用。上茶的关键一是注意茶的档次,二是尊重宾客的风俗习惯,如华北多用花茶、东北多用甜茶、西北多用盖碗茶、长江流域多用青茶或绿茶,少数民族地区多用混合茶	宴会茶的配置,通常选一种茶,有时也可数种齐备,凭客选用,可供宾主品茗谈心,稍解饥渴

2. 中式宴会菜点的设计

不论何种中式宴会菜点,其内部结构大致相同,至于差异,主要在于食品原材料和加工工艺的不同。如高档宴会,菜肴质量好,加工精细;地方风味宴会,突出地方名菜;国宴与专宴,更为重视社交礼仪。中式宴会菜点的结构必须把握三点突出原则和组配要求,即在宴会食品中突出热菜,在热菜中突出大菜,在大菜中突出头菜;宴会菜品的组配也必须富于变化,有节奏感,在菜与菜之间的配合上,要注意荤素、咸甜、浓淡、酥软、干稀之间的和谐、协调,相辅相成,浑然一体。掌握中式宴会食品的结构,有助于设计出符合宴会主题和满足顾客需求的宴会菜点。一般设计方法如下。

(1)合理分配菜点成本 怎样选择菜点呢?要使其与宴会规格相符,先应明确菜点的取用范围,每一类菜品的数量、各个菜点的等级等。所有这些,无不与宴会档次(用售价或成本表示)密切相关,每道菜品的成本大体上定下来了,选什么菜就心中有数。

(2)核心菜点的确立 核心菜点是每桌筵席的主角。没有它们,全席就不能纲举目张,枝干分明。哪些菜点是核心,各地看法不尽相同。一般来说,主盘、头菜、座汤、首点是宴会食品的"四大支柱";甜菜、素菜、酒、茶是宴会的基本构成,都应重视。因为头菜是"主帅",主盘是"门面",甜菜和素菜具有缓解口味、调节营养及醒酒的特殊作用;座汤是最好的汤,首点是最好的点心;酒与茶能显示宴会的规格,应作为核心优先考虑。设计宴会菜首先要选好头菜,头菜在用料、味型、烹法、装盘等方面都要特别讲究。头菜定了以后,其他的菜肴、点心都要围绕着头菜的规格来组合,客体菜要多样而有变化,在质地上既不能高于头菜,也不能不辨妍媸,比头菜太差。只有做到恰如其分，才能起到衬托主体和突出主题的作用，这在美学上叫"多样的统一"。

（3）辅佐菜品的配备 对于核心菜品而言，辅佐菜品主要是发挥烘云托月的作用。核心菜品一旦确立，辅佐菜品就要"兵随将走"，使全席形成一个完整的美食体系。

配备辅佐菜品，在数量上要注意"度"，既不能太少，也不能过多，它与核心菜品可保持1∶2或1∶3的比率；在质量上要注意"相称"，其档次可稍低于核心菜品。但不能相差悬殊，否则全席就不均衡，显得杂乱而无章法。此外，配备辅佐菜品还须注意弥补核心菜品之不足。像客人点要的菜，能反映当地食俗的菜，本店的拿手菜，应时当令的菜，烘托宴会气氛的菜、便于调配花色品种的菜等，都尽可能安排进去、使全席饱满、充实。待到全部菜点确定之后，还要进行审核。主要是再考虑一下所用菜点是否符合办宴的要求。所用原料是否合理，整个席面是否富于变化、质价是否相等。对于不理想的菜点，要及时调换；重复多余的部分，坚决删掉。总之，设计菜点时多尽一份心，办宴时就会少花费许多气力。

3. 中式宴会菜点的营养

中国的传统宴席菜点繁多，大体上由冷碟、热炒、大菜、汤菜、点心、水果六个部分组成，多注重动物性原料忽视植物性原料；多注重色香味形忽视营养平衡，从而造成宴席中热量过剩，而维生素C、维生素B$_1$、维生素B$_2$、胡萝卜素以及无机盐和膳食纤维则显不足，属于高蛋白、高脂肪型的膳食。从营养学观点出发，要求宴席设计要用现代科学合理配膳，既要继承和发扬我国各民族高超的烹调技艺、优良的饮食传统，更要不断地改革创新以求不断发展。

目前，很多宴会菜单在设计时从膳食营养的角度考虑较少，很少做到营养平衡。党的二十大报告提出，要推进健康中国建设，把保障人民健康放在优先发展的战略位置，完善人民健康促进政策。因此，我们迫切需要改进宴会菜单，使其在不失美味的同时保证营养健康。在进行宴席菜肴组合时，要从整体角度去考虑宴席菜品营养搭配的合理性。

（二）中式宴会菜单

宴会菜点设计好之后，要通过宴会菜单予以陈列，并向宾客介绍。宴会菜单制作和菜点设计是不同的工作，由不同的人员协作完成。菜单制作是将设计好的菜点，呈现于印刷与装帧都很考究的书面形式的单子上。一般由广告宣传员、美工和有关管理人员共同完成。由于宴会要体现情、礼、仪、乐的传统，因而在制作宴会菜单时，应与其他套菜菜单相区别。

1. 宴会菜单的形式

（1）预先制订的标准宴会菜单 这是宴会部根据客源市场及消费能力，预先制订的不同销售标准规格的若干套菜单。预先制订可将饭店提供的具有多种不同特色的菜点，经过巧妙的设计组合，事先设计好菜单，就像说明书一样，向客人介绍本宴会厅的宴会产品，供举办宴会者进行选择。事先确认的宴会菜单可以提供给客人列有不同档次与特点的套菜，可以适合不同的主题宴会，以满足各种不同档次的消费者的设宴要求。这些菜单标准已订，不需改动就可以"出售"给期待之中的顾客。有时，则需要略加改动，因为有些宾客要把自己的餐饮喜好或风俗习惯体现在宴会菜单中。

（2）即时制订的高规格宴会菜单　高规格或重要宾客宴会，其菜单制订与标准宴会菜单相似，不同之处在于高规格宴会菜单能保证突出重点，更加具有针对性。这就要求设计者充分了解宾客组成情况和宾客的需求；根据接待规格标准，确定菜肴道数和菜、点、汤等结构比例；结合客人饮食喜好、设宴者地方特色，拟订菜单具体品种。还要根据菜单品种确定加工规格、配份规格和装盘形式，开出用料标准，确定盛器，初步核算成本。

（3）选择性宴会菜单　选择性宴会菜单是让顾客选择合适的菜点，再组合成宴会菜单。被选菜点由冷菜、热菜、点心等几大类组成，每一类准备数种，然后让顾客进行选择，排列组合成菜单，使客人选择的空间增大。如：

头盘（请自选一款）：鸿运乳猪大拼盘，海蜇大红乳猪件。

两热荤（请各自选一款）：1. 香酥葡汁凤尾虾，千岛蜜桃海鲜卷；

　　　　　　　　　　　　2. 如意百合鲜带子，翡翠蚌片鲜带子。

四大菜（请各自选一款）：1. 鲍鱼：鹿筋扣鲍脯，海参扒鲍脯；

　　　　　　　　　　　　2. 活鱼：双喜斑，双星斑；

　　　　　　　　　　　　3. 家禽：鸿运脆皮龙岗鸡，情浓手撕烤鸡；

　　　　　　　　　　　　4. 海参：滑菇乌龙汤，海参捞饭。

蔬菜（请自选一款）：金钱双宝蔬，珊瑚鸳鸯蔬。

甜品（请自选一款）：百年好合，幸福团圆。

面类（请自选一款）：虾子干烧伊面，幸福伊府面。

饭类（请自选一款）：良缘锦绣饭，银湖海皇烩饭。

点心与水果：鸳鸯双美点，时令水果拼。

可以看出，将每一类中任意一款菜肴选出都将成为一种新的宴会菜单，这给顾客有了更多的选择余地，这种方法的运用，使宴会菜单更加丰富和充实。

总之，餐饮企业宴会部应拥有丰富的宴会菜单，供客人选择，同时又能根据客人需求即时设计宴会菜单，使客人因菜单产生强烈的消费欲望，达到推销宴会的目的。有些饭店无宴会菜单，只靠宴会部经理或厨师长根据客人的消费标准和本宴会厅的原料情况，随时拿张纸条写个"菜单"交由厨师制作，客人无法与服务人员沟通详细情况。这种无正式宴会菜单，全凭灵活"下单子"的旧的经营方式，经实践证明是很难让客人满意的。

2. 宴会菜单内容安排

（1）菜点名称与排列顺序 宴会菜单不标价格（由于价格事前已经议定，且付费者是主人，为表礼貌自然不必列上价格），不作文字说明，只列菜点名称，用餐时置于宴会桌上作为客人的指引。

一般宴会菜单采用清晰易懂，能够凸显菜肴特色的写实菜名，顾客因此能"望文生义"，在脑中迅速浮现菜肴成品的式样。当前许多宴会菜单采用典雅的艺术菜名，为讲求吉利的宴会增趣生色，活跃气氛，提高档次所不可缺少，例如，婚宴上的菜名，多用"连理""并蒂""鸳鸯""和合"等字样，表达了对新婚夫妇美好的祝福（图2-18）；寿宴上的菜名，多用"蟠桃""银杏""白鹤""青松"等吉言，寄托期望老人洪福齐天的情感，欣赏这些菜名时，如不与菜肴对号，易让人感觉所云不知为何物，因此设计菜单时，应结合写实的名称，具体方式为艺术名称附加正名，如"霸王别姬"（甲鱼炖鸡），或者正名附加艺术名称，如"南瓜童鸡"（寿比南山），这样组合，既一目了然，又不失高雅。

如果是外文的菜单，则菜名翻译要准确，如果菜名的外文名搞错或拼写错误，会使顾客对饭店产生不信任感，认为厨师对该菜的烹调根本不熟悉或对质量控制不严。因此，在进行翻译时，对艺术菜名仅仅根据字面上的意思是难以翻译准确的，必须了解其制作的全过程，从配料到最后菜肴的成形都要做到心中有数，这样才能翻译出较为准确的菜名来。

前文已述，宴会菜点如同一首乐曲，有前奏、有高潮、也有尾声；乐曲的各个组成部分位置不可互逆，进餐次序也同样不能颠倒。因此，一旦菜肴确定其顺序就依照排菜的顺序上菜，进餐次序是菜单编排必须遵循的原则。

中式宴会菜单通常是按照冷菜→热炒→大菜→汤→点心的次序依次进行，西式宴会进餐次序稍有不同，一般按照开胃菜→汤→主菜→甜品的次序先后进行，宴会服务人员在上菜服务时，完全按照菜单上编排的先后顺序进行。

（2）利于宴会推销的信息 宴会菜单既是一种艺术品，又是一种宣传品。一份制作精美的菜单可以提高用餐气氛，体现宴会厅的格调，为饭店创造声誉，使客

婚宴菜单

喜结连理	淮扬精美八冷碟
和气生财	金汁海鲜全家福
丁财两旺	白灼豉油游水虾
天作之合	翡翠榛果牛肉粒
珠联璧合	蒜茸银丝蒸扇贝
比翼双飞	广式脆皮嫩乳鸽
琴瑟和谐	细沙蛋黄烤靓蟹
执手偕老	菜核花雕焖元蹄
天长地久	川香水煮养身鳝
永浴爱河	豉油清蒸多宝鱼
瓜瓞延绵	百合西芹炒木耳
诗题红叶	金银蛋上汤时蔬
凤凰于飞	野生菌炖老鸡汤
永结同心	太湖美点印双辉
锦上添花	锦绣水果大拼盘

图2-18 婚宴菜单

人对所列的美味佳肴留下深刻印象，并可作为一种艺术欣赏品加以欣赏，甚至留作纪念，引起顾客美好的回忆。

宴会菜单也是推销宴会的有力手段，通常在菜单上印刷饭店的名称、地址及位置、预订电话号码等信息，一般列在菜单的封底下方，宴会菜单封面则列有醒目的饭店标志，这样既可以宣传企业，又可以推销宴会。

3. 宴会菜单制作

宴会菜单的形式、色彩、字体、版面安排都要从艺术的角度来考虑，对客人有吸引力，使菜单成为宴会厅美化的一部分。

（1）宴会菜单材料选择　现在宴会菜单的主要形式还是以各种纸制品形式表现的，菜单制作应从选择菜单纸开始，因为纸张是构成优雅设计的基础，一份精美的菜单的说明、印刷效果等都要通过纸张来体现。与菜单文字工作、排列和艺术装饰一样，纸的合适与否关系到菜单设计的优劣。此外，纸的费用也占了相当一部分的制作成本，所以应该重视纸张的选择。

适宜制作菜单的纸较多，如仿古纸、证券纸、书报纸、优质报纸、用各种颜料对表层处理过的纸等。宴会菜单有纪念意义和收藏价值，使用时间长，所以多用重磅的涂膜纸、精美的铜版纸或者亚光铜版纸印刷制作，这种纸经久耐用，有的菜单封面还用绸缎予以包装。规格较低的宴会，不应选用十分昂贵的纸张，以降低印制成本。

（2）宴会菜单外形设计　一张漂亮的菜单会增加人们的就餐情绪，制造合适的就餐气氛。宴会菜单的设计要求外观漂亮，其色彩和画面要与宴会厅的装饰和餐桌布置相协调。在外形上既有单页型菜单，也有成书本状的菜单，还有多页式菜单。其中单页型菜单和多页式菜单常用于推销，书本状的合页菜单给赴宴宾客。

2001年6月在上海金茂凯悦大酒店举行的APEC贸易部长会议晚宴，其菜单颇具特色，中英对照文字印在一把把做工精细的中国折扇扇面上，那中文是竖写的毛笔字。不少宾客细细端详，继而轻轻摇曳，并收藏起来。

2019年5月14日晚，成都熊猫亚洲美食节欢迎晚宴——"天府家宴"在成都万达瑞华酒店举行，由川菜文化大师石光华、注册元老级中国烹饪大师彭子渝、王开发、蓝其金等8位烹饪大师组成的川菜大师顾问团商议决定，产生了6道凉菜、7道热菜、3道小吃，一共16道菜品的晚宴菜单，并由四川省书法家协会的6位书法家现场书写在一把把大折扇上，放到餐桌当中，折扇既可供嘉宾赏析菜名，也是中国特色的伴手礼（图2-19）。

2007年9月6日晚，大连市政府在香格里拉大饭店举办达沃斯论坛欢迎晚宴，菜单是采用京剧脸谱制作的金盘菜单，金盘菜单上印有8个由关羽、单雄信、曹操、张飞、项羽等组成的京剧脸谱，盘心刻有当晚的菜单内容。2011年三亚金砖五国会议宴会为瓷质菜单（图2-20）。

书法家现场书写菜单　　　　　　　服务人员将菜单放到餐桌上

图2-19　天府家宴折扇菜单

图2-20　金盘菜单与瓷质菜单

2015年9月3日，纪念中国人民抗日战争暨世界反法西斯战争胜利70周年招待宴会在人民大会堂宴会厅举行，来自49个国家的元首、政府首脑及高级官员出席，主桌上摆着精致的请柬、台卡、屏风式菜单和文艺演出的扇子式节目单，这四样国宴礼宾用品一共分为两套，一套摆放在宴会桌上，使用后由外交部留存，另一套赠给各国元首和政要。其中屏风式菜单由苏州檀香扇厂牵头制作，选用了紫光檀为原料，激光雕刻加彩绘，在制作时，需用16国语言文字刻上各元首和政要的名字，同时刻有"和美、合和、和为贵、以德为邻"这四组文字，并以彩绘的形式呈现出来，如图2-21。

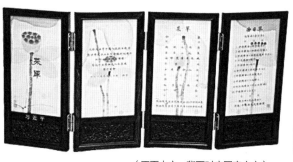

（正面中文，背面对应国家文字）

图2-21　2015年抗战胜利70周年国宴四联屏风菜单

此外，还有2014年APEC北京峰会竹简宴会菜单（礼品）；2016年G20杭州峰会丝绸国宴菜单；2016年第三届世界互联网大会欢迎晚宴江南民居造型菜单等，如图2-22。

APEC北京峰会宴会菜单

G20杭州峰会国宴菜单

第三届世界互联网大会欢迎晚宴菜单

图2-22　各式宴会菜单

（3）菜单的文字处理　中式宴会菜单有纯文字的，有中英文对照的，图文并茂的较少见。菜目可用手写，手写往往更能创造宴会气氛，如是书法家的笔墨，则更有收藏价值，目前，已有人将收集到的名家撰写的宴会菜单，编印成册，出版发行。要设计装帧一份富有吸引力的菜单，使用正确的字体是非常重要的。字体必须美观、清楚。假如不是用手写体的话，就一定要用印刷排版的方式。可供选择的字体很多，如中文的印刷字、美术体和书写体等。英文菜单，标题一般用大写字体，说明用小写字体，便于阅读。

2001年上海锦江集团接待APEC会议的宴会菜单独具匠心，将英语菜单雕刻在玻璃工艺品上，与中国画轴连在一起，画轴拉开又是一幅中国书法菜单（图2-23），每款菜第一个字连结成为"相互依存，共同繁荣"，这是APEC会议的主题，令贵宾叹为观止，主办方特地把具有深厚中国文化底蕴的宴会菜单作为礼品赠送给各国贵宾。

（4）菜单封面设计　菜单封面是反映饭店面目的一个窗口，它应该是宴会厅风味特色或象征物的体现，宴会菜单封面要有醒目的标志，饭店的名字、店徽、店服，具

图2-23 2001年APEC宴会书法菜单

有独特风格的建筑物，富有地方特色风味的佳肴或饮料等，都有助于突出饭店形象。菜单封面的设计从其基本意义上说也是为了推销，所以要强调宴会厅特色，名字要一目了然。封面版图设计要考虑制作费用、纸张质量、色彩等因素。

目前科技进步，电脑普及，许多宴会厅已经改用电脑印制菜单，以弥补专业美工设计的不足。最常使用的方法是通过桌面印刷系统来创造和修改菜单。电脑印制的好处不胜枚举，其中最大的优点就是能迅速适应市场变化。如果顾客需求改变、原料价格波动，电脑也只要数天或数小时就可以完成菜单的更新，而传统的印刷、美工可能需要数个星期才做得到。此外，为了测试市场反应随时加入新菜式或为配合推广活动促销特殊的菜式，电脑也都可以轻易办到。而在电脑绘图软件日新月异的情况下，菜单的设计更具弹性、更富创意，这也是不争的事实。

（三）中式宴会厨房生产

宴会菜品生产活动是执行宴会设计的主要活动。宴会菜单所确定的菜品，只是停留在计划中的一种安排，它的实现主要依靠生产活动，只有通过生产活动才能把处于计划中的菜品设计转化为现实的物质产品——菜品，然后才能提供给顾客。所以，宴会菜品生产活动是保证宴会设计实现的基本活动。

1. 宴会菜品的生产过程

（1）制订厨房生产计划　根据宴会菜单，结合宴会的要求，制订如何组织菜品生产的计划。

（2）烹饪原料的采购　根据宴会菜单，确定烹饪原料采购单，再安排人员在指定时间内，完成原料的采购。干货原料、调味原料、可冷冻冷藏的原料等，可提前采购回来并经验收后入库保存起来；新鲜的蔬菜、鲜活动物原料等，要在进行加工之前的规定时间内采购回来。

（3）烹饪原料的加工　安排人员对采购回来的原料进行各种预加工或初加工，将烹饪原料变为半成品。例如，热菜是指原料的成形加工和配菜加工，并为烹调加工提供半成品；点心是指制馅加工和成形加工；而冷菜则是熟制调味，或对原料的切配调味。

（4）烹调与装盘加工　烹调加工是指将半成品经烹调或熟制加工后，成为可食菜肴或点心的过程。例如，菜肴经配份后，需要加热烹制和调味，使之成菜；点心经包捏成形后，经过蒸、煮、炸、烤等方法成熟。成熟后的菜肴或点心，再经装盘工艺，便成为一个完整的菜品成品。冷菜则是在热菜烹调、点心制熟之前先行完成了装盘。

（5）成品上席服务　菜肴、点心生产出来后，及时有序地提供上席，以保证宴会正常运转。从开宴前第一道冷菜上席，到最后一道水果上席，菜品成品输出是与宴会运转过程相始终的。

所有成品上席后，厨房整理内务，搞好卫生工作，及时处理剩余原料、半成品及成品。

2. 宴会菜品的生产要求

（1）合理组织菜品的生产　管理人员明确宴会菜单中菜品生产工艺的难易繁简程度和经济技术指标，根据厨房的人员配置、生产能力、运作程序等情况，合理地分解宴会生产，组织生产过程，并采用相应的调控手段，保证生产过程的运转正常。

（2）平行作业，协调生产　指宴会菜品生产过程的各阶段、各工序可以平行作业。如不同品种的菜肴与点心可以在不同生产部门平行生产，各工艺阶段可以平行作业；一种菜肴或点心的各组成部分可以单独地进行加工，可以在不同工序上同时加工。平行性的实现可以使生产部门和生产人员无忙闲不均的现象，各生产部门相互间的合作与协调，各工艺阶段、各工序之间的衔接和连续，缩短宴会菜品生产时间，提高生产效率。

（3）标准控制，节奏输出　标准控制是指宴会菜品必须按统一的标准进行生产，以保证菜点质量的稳定。生产工艺过程就能进行控制，成本就能控制在规定的范围内，菜品质量就能保持一贯性。宴会活动时间的长短、顾客用餐速度的快慢，规定和制约着生产的节奏性、菜品输出的节奏性。所以要根据宴会活动实际、现场顾客用餐速度，随时调整生产节奏，保证菜品输出不掉台或过度集中。

3. 宴会菜品生产方案的制定

宴会菜品生产实施方案，是在接到宴会通知书，确定了宴会菜单之后，为完成宴会菜品生产而制定的计划。

（1）编制步骤　宴会菜品生产实施方案是根据宴会的目标要求编制的用于指导和规范宴会生产活动的技术性文件，是整个宴会实施方案的组成部分，其编制步骤如下。

①充分了解宴会的性质、目标和要求。

②认真研究宴会菜单的结构，确定菜品生产量、生产技术要求，如加工规格、配份规格、盛器规格、装盘形式等。

③制定标准菜谱，开出宴会菜品用料标准单，初步核算成本。

④制订宴会生产计划。

⑤编制宴会菜品生产实施方案。

（2）宴会菜品生产实施方案的内容

①宴会菜品用料单：宴会菜品用料单是按实际需要量填写的，即按照设计需要量加上一定的损耗量填写的。设计的需要量是理想用量，在实际应用中，由于市场供应原料的状况、原料加工等多种因素的影响，会产生一定数量的损耗，也就是说实际需要量会大于设计需要量。有了用料单，可以对储存、发货、实际用料进行宴会食品成本跟踪控制。

②原材料定购计划单：原材料定购计划单是在用料单的基础上填写的，格式如表2-8所示。

表2-8　原材料定购计划单

定购部门＿＿＿＿＿＿＿＿　　　　定购日期＿＿＿＿＿＿＿　　　　NO＿＿＿＿＿＿＿＿

原料名称	单位	数量	质量要求	供货时间	费用估算		备注
					单价	总价	

填写原材料定购计划单要注意以下几点。

①如果所需原料品种在市场上有符合要求的净料出售，则写明是净料；如果市场上只有毛料而没有净料，则需要先进行净料与毛料的换算后再填写。

②原料数量一般是需要量乘以一定的安全保险系数，然后减去库存数量后得到的数量。如果有些原料库存数量较多，能充分满足生产需要，则应省去不填写。

③对原材料质量要求一定要准确地说明，如有特别要求的原料，则将希望达到的质量要求在备注栏中清楚地写明。

④如果市场上供应的原料名称与烹饪行业习惯称呼不一致，或相互间的规格不一致时，可以经双方协调后确认。

⑤原料的供货时间要填写明确，不填或误填都会影响菜品生产。

（3）生产设备与餐具的使用计划　在宴会菜品生产过程中，需要使用诸如和面机、压面机、绞肉机、食物切割机、烤箱、切片机、炉灶、炊具和燃料、调料钵、冰箱、制冰机、保温柜、冷藏柜、蒸汽柜、微波炉等多种设备以及各种不同规格的餐具等。所以，要根据不同宴会的生产特点和菜品特点，制订生产设备与餐具使用计划，并检查落实情况、完成情况和使用情况，以保证生产的正常运行。特别是宴会菜品所涉及的一些特殊设备与餐具，更应加以重视。

（4）宴会生产分工与完成时间计划　除了临时性的紧急外，一般情况下，应根据宴会生产的需要，尤其在有大型宴会或高规格宴会时，要对有关宴会生产进行分解与人员配置和人员分工，明确职责，并提出完成的时间要求。

拟定这样的计划，还要根据菜点在生产工序上移动的特点，并结合宴会生产的实际情况来考虑。例如，从原料准备到初加工，再到冷菜、切配、烹调和点心等几个生产部门，生产工序有的是一种顺序移动的方式，因此，完成原料准备必须先进行初加工，而完成初加工后又必须先进行冷菜、切配、烹调和点心加工。所以，对顺序移动的加工工序而言，对前道工序的完成时间应有明确的要求，否则将影响后续工序的顺利进行和加工质量。

冷菜、热菜、点心的基本生产过程，是一种平行移动的方式，但由于成品输出的先后顺序不同，因而在开宴前对它们的完成状态要求也不同，即冷菜是已经完成装盘造型的成品，热菜和点心是待烹调与熟制的半成品，或已经预先烹调熟制但尚需整理、装盘造型的成品。所以，对平行移动的加工过程而言，必须对产品完成状态与完成时间提出明确的要求，对成品输出顺序与输出时间提出明确的要求。

（5）影响宴会生产的因素与处理预案　影响宴会生产的因素主要有原料因素、设备条件、生产的轻重难易、生产人员的技术构成和水平等；影响宴会生产的主观因素主要有生产人员的责任意识、工作态度、对生产的重视程度和主观能动性的发挥水平。为了保证生产计划的贯彻执行和生产有效运行，应针对可能影响宴会生产的主客观因素提出相应的处理预案。

另外，在执行过程中，要加强现场生产检查、督导和指挥，及时进行调节控制，有效地防止和消除生产过程中出现的一些问题。

宴会厨房生产计划案例　2002年5月10日，第三十五届亚洲开发银行理事年会开幕晚宴在上海国际会议中心七楼的宴会厅隆重举行，出席会议的贵宾（VIP）共计212人。宴会设计人员及厨房管理人员提前制定了厨房生产计划，确保了晚宴顺利进行。

亚行年会开幕晚宴菜单见图2-24。

图2-24　欢迎晚宴菜单

亚行年会欢迎晚宴厨房工作安排：

总负责：行政总厨

（1）人员组成

厨师共23名；炉灶人员5人，切配人员3人，冷盆人员7人，中点人员2人，西点人员2人，雕刻人员4人。由行政总厨督导。

（2）厨房准备

消毒水、毛巾、筷子、汤勺、小汤碗、口罩、一次性手套、白大褂等，由炉灶大厨负责，行政总厨督导。厨房餐具由管事部负责，由切配大厨督导。排菜由切配大厨负责，行政总厨督导。

（3）餐具

于5月10日上午与管事部联系，落实全部厨房餐具。5月10日下午14：00前全部清洗完毕，清点数量、消毒、存封。

（4）宴会餐具种类

迎宾海鲜盆：10寸金边盆220只，于5月10日16：00在食品检验人员的指导下启封，装盆。

风味四小碟：2.75寸金边碟、黄边碟850只，于5月10日17：00在食品检验人员的督导下启封，装碟。

龙井炖雪燕：皇帝黄小汤碗（连盖、带底座、带汤勺）220套，双格碟220套，于5月10日下午在食品检验人员的督导下启封，盛入保暖箱保洁保温。

锦江脆皮鸡：10寸金边盆220只，5月10日下午在食品检验人员的督导下启封，盛入保暖箱保洁保温。

蟹膏熘塘鲤：10寸金边盆220只，5月10日晚在食品检验人员的督导下启封，使用。

蚝皇鲜鲍鱼：10寸白盆220只，5月10日下午在食品检验人员的督导下启封，盛入保暖箱保洁保温。

水果栗子粉：10寸金边盆220只，5月10日晚在食品检验人员的督导下启封使用（注：主桌餐盆全部用白盆）。

（5）宴会操作具体安排

5月8日10：00到科技会馆，各厨房做消毒卫生工作。

5月8日下午准备好用具、调料，用具及调料由炉灶大厨负责，食品联系由行政总厨与采购部统一协调，保证一流的调料、食品、蔬菜。采购部做到采购原料有"三证"。

5月9日在酒店做各种准备工作。

5月10日9：00到科技会馆进厨房加工。

（6）菜肴操作

①迎宾海鲜盆（风味四小碟），由冷菜大厨负责，行政总厨督导。

5月9日在东锦江做各种准备工作。5月10日9：00到科技会馆进厨房加工。5月10日13：00前做好宴前准备工作；17：50开始装盆。

②龙井炖雪燕：由行政总厨负责。

5月9日上午进货。5月10日9：00到科技会馆进厨房加工。5月10日13：00前做好宴前准备工作。5月10日18：00准备出菜（以通知出菜时间为准）。

③锦江脆皮鸡：由行政总厨负责。

5月9日上午进货，送至冷库（冷冻）。5月10日13：00加工准备，入冰箱冷藏。5月10日17：50做准备工作。5月10日18：25出菜（视具体情况出菜）。

④蟹膏熘塘鲤：由行政总厨负责。

5月9日上午进货，送至冷库（冷冻）。5月10日13：00加工入冰箱冷藏。5月10日17：50做出菜前的准备工作。5月10日18：35出菜（视具体情况出菜）。

⑤蚝皇鲜鲍鱼：由行政总厨负责。

5月9日准备原料，9：00到货。5月10日14：00进行加工。5月10日18：15做宴前准备工作。5月10日18：40出菜（视具体情况出菜）。

⑥水果栗子粉：由行政总厨负责，西点大厨负责装盆。

5月9日上午栗子磨成粉，准备黄油薄片，巧克力刮出，然后冷藏保存。5月10日12：00准备好杂粮面包、软面包和法棍面包，组装到科技馆完成。水果于5月10日9：00前到货，中午12：00前清洗消毒完毕，下午18：00进入专间准备工作。5月10日18：30前做好出菜前准备工作。5月10日18：40出菜（视具体情况出菜）。

（7）收尾工作

宴会菜上完后，厨房立即进行整理清洁工作，将剩余的每道菜点归纳整理，由管事部辅助。

①未动用的原料保鲜装好，以备继续利用。

②已经加工，但未上席的菜点保鲜装齐，酌情给予其他厨房使用，并做好登记。

③借用的器皿，用具清点归类，送还管事部。

④白大褂、口罩收齐后，交布件间洗涤。

⑤按厨房工作要求，做好各工种的清洁卫生收尾工作。

（8）注意事项

①5月10日9：00，全体人员全部出发到达科技会馆，酒店确保运输车辆，运输途中由保安部派人押运。

②任务期间酒店必须确保运输车辆。

二、技能操作

实训项目：中式宴会活动策划与菜点制作

实训目的：通过中式宴会设计，学会运用中式宴会知识，解决宴会设计问题。

客情1：

2023年1月，张先生和钱小姐到无锡三凤酒家预订，准备5月1日在龙凤厅举行中式婚宴，预计人数212位，每桌标准1866元，自带酒水。此次婚宴的宾客来自不同城市，饮食习惯多样，其中新人的同事中有五位外宾。要求菜肴以无锡地方风味为主，又有适应大众的菜肴。由于本次婚宴宾客年龄跨度比较大，所以菜品既要丰富，又要新颖，同时还要考虑到宴会菜肴整体的营养均衡。

客情2：

2023年9月27—29日，第二十三届（2023）江苏农业国际合作洽谈会将在江南历史文化名城——无锡市举办。台湾某交流协会将组织60家企业携带茶叶、台湾水果等产品前来参加农洽会。为达成合作意向，锦江麦德龙现购自运有限公司无锡惠山商场高层将在某酒店举行商务招待晚宴，热烈欢迎来无锡参展的台湾客商。预计人数86人，标准为2000元/桌（不含酒水），要求选用地方特色酒水，能体现江南地方饮食特色。特殊要求：5人不吃牛肉，2人全素。

客情3：

可自拟客情。

实训要求：

1. 学生分成4～5人的小组，由组长抽签确定虚拟客情或自拟客情，完成中式宴会策划方案。

2. 策划方案要合理分工，各自独立完成策划方案文档和PPT解说，组长汇总提交。

3. 由组长制定宴会厨房生产计划，小组成员分工完成中英文菜单设计、原料采购单、标准菜谱、宴席营养分析、食品安全控制等内容。

☑ 任务小结

本任务小结如图2-25所示。

情境二　中式宴会设计习题

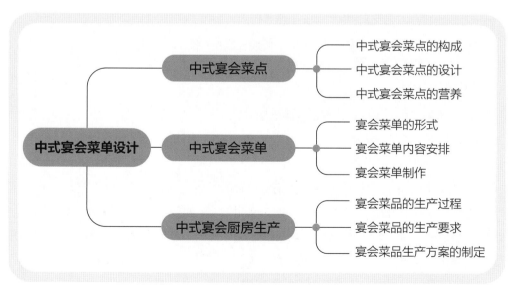

图2-25　任务小结

3

情境三
西式宴会设计

🎯 情境介绍

西式宴会设计情境包括西式宴会的环境设计、菜单设计和服务设计以及中西结合宴会设计四项工作任务。

西式宴会环境设计工作任务涵盖宴会场景、宴会餐桌、宴会娱乐等设计知识；西式宴会菜单设计工作任务涵盖宴会菜点菜单设计、宴会厨房生产等知识；西式宴会服务设计工作任务涵盖西式宴会摆台、西式宴会席次安排、西式宴会酒水与菜肴服务、西式宴会服务流程等知识。

🎯 情境目标

◇ 了解西式宴会场景、餐桌布局、娱乐项目等知识，能依据客情设计西式宴会的环境。

◇ 掌握西式宴会菜单结构及厨房生产特点与要求，能依据客情设计西式宴会的菜单，制作西式宴会菜点。

◇ 了解西式宴会服务的摆台、座次习俗、酒水服务与宴会服务流程，能依据客情设计西式宴会的服务项目。

◇ 掌握中西结合宴会的形式与案例，能依据客情设计中西结合宴会。

🎯 情境案例

揭秘诺贝尔奢华晚宴

2018年12月10日，诺贝尔奖晚宴在瑞典斯德哥尔摩市政厅"蓝厅"举行，有1340人参加饕餮盛宴，包括诺贝尔奖得主、瑞典王室成员与众多名流。从1934年起，诺贝尔晚宴一直在斯德哥尔摩市政厅举办。厅内不仅要坐满1000多位来宾，还要留出缝隙供数百位服务员穿梭。每个人活动的空间宽度只有40厘米，诺贝尔晚宴也因此被称为"世界上最拥挤的奢华晚宴"（图3-1）。下面通过一些亮点来揭秘奢华晚宴。

装饰鲜花与朦胧烛光

每场晚宴都有一个文化主题，往往通过大厅的室内装饰、由意大利进口的鲜花以及皇家爱乐乐团演奏的古典音乐来呈现。2018年用于装饰大厅的鲜花数量有25000朵，总重300千克，首席花艺设计师帕尔·本杰明（Per

Benjamin）与其他 12 人合作完成花卉布置。为什么每年的装饰鲜花都来自意大利？

图3-1 2018年诺贝尔奖晚宴会场

诺贝尔晚年定居在意大利西北部城市圣雷莫，并于1896年12月10日猝死在那里。为了表达对他的崇敬，该地每年都运鲜花到瑞典来专门装饰颁奖仪式和晚宴。诺贝尔奖每年花束的主题和品种都不同，包括石竹、玫瑰、菊花、火烈鸟花和兰花等。卫星电视转播之前，电视台提前询问了花的主题色，以免和电视字幕的颜色重叠，影响收视效果。

晚宴照明是瑞典传统的、带来别致情调的朦胧烛光。寒冷的冬夜，一束束烛光立刻点燃了人们心中的希望，那朦胧而别致的光影和情调，让人们心头涌起无限的怀旧之情。也许是想起了培育自己成长的父母、师长；也许是怀念曾经共同奋斗过的挚友，他们都怀着一颗感恩之心。瑞典儿童在朦胧的烛光中为宾主轻声吟唱，瑞典知名艺术家也会当场献艺。但那场面绝不是"火爆"，而是轻盈的，舒缓得如小桥流水般滋润心田。

镀金餐具与人员安排

蓝色大厅将布置65张餐桌，30名戴着白手套的人开始了耗时的任务，铺上大约470米的亚麻桌布，餐桌的布置大约需要9422把精心擦亮的餐刀、5384件洁净无瑕的玻璃酒杯、6730件瓷器和餐具套。宴会餐桌台面的布置遵循固定的格局，见图3-2。

图3-2 诺贝尔奖晚宴摆台

诺贝尔奖晚宴用金边瓷器为骨瓷，每套成本为6000克朗（约合3886元人民币）。全套餐具包括十几把镀金刀叉，十多件金边的碟碗，还有全手工制作的十几种酒杯，上面标有色彩图案和"诺贝尔"标志。这些餐具只在一年一度的颁奖宴会上使用，平时被锁在市政厅的保险柜里。宴会结束后，餐具和酒具往往会拖到第二年年初才清洗。主要是因为使用的餐具太多，宴会结束时，服务人员太疲乏，容易打碎昂贵的餐具、酒具。

每场晚宴确保顺利进行，需要的工作人员包括餐饮经理、宴会厅经理、厨师长、侍者领班和男女侍者、专司倒酒的侍者、厨师、负责清洁和运输工作的清洁人员。2018年的宴会配有40名厨师和190名服务员。组织和后勤工作很重要，在幕后工作的所有人都清楚地知道自己的职责所在。

在与厨房相连的宴会大厅里，3张28米长的桌子就是"装配线"，一对对白衣侍者就会双双走向蓝色大厅的阶梯。每个人都把盘子托在肩上，走到自己负责的桌前站定。当典礼官举起权杖，侍者就给国王、王后上菜；放下权杖，其他侍者就会给宾客上菜。负责配菜的人被称为"宴会指挥官"，由他决定上菜顺序。

奢华菜单与盛宴酒水

诺贝尔晚宴的菜单是经过严格筛选的，拟定菜单的工作从每年的4月份开始，由10位厨师向诺贝尔基金会递交提案，然后把挑选范围缩小到3份菜单，并由10人在9月份进行品尝选定主菜和甜食之后，还要品尝配餐的葡萄酒等。而菜单保密工作甚至和诺贝尔奖名单一样严格，只有到每年12月10日晚7点，所有来宾都已经入座后才公布菜单。如2018年诺贝尔奖晚宴菜单，见表3-1。依照惯例，诺贝尔奖晚宴通常为客人准备三道菜：前菜、主菜和甜品。

表 3-1　2018 年诺贝尔奖晚宴菜单内容

类别	菜单	配餐葡萄酒
开胃菜	轻烤北极红点鲑，配小龙虾汤、莳萝籽洋葱、烟熏鳟鱼籽、脆土豆和豆瓣菜奶油酱	2013年泰庭哲香槟

续表

类别	菜单	配餐葡萄酒
主菜	慢烤牛肉排配酥皮、烤块根芹配鸡油菌奶油和蘑菇奶油、芜菁配月桂叶奶油、烟熏小牛肉汁及土豆韭菜酱	2016年吉哈伯通酒庄红葡萄酒
甜品	苹果杂烩，配来自厄斯特伦的焦糖弗里达苹果、苹果冰糕、香草奶布丁、焦糖酱和燕麦屑	2014伯克林·沃夫酒庄雷司令逐串精选酒
其他酒水	咖啡　茶　干邑白兰地（10年陈格伦斯泰茨）　Facile 潘趣酒　斯坦库拉矿泉水	
大厨	主厨：汤姆·斯约斯特德　甜点师：丹尼尔·鲁斯	

　　除蔬菜外，北极虾、三文鱼、鳕鱼、鹿肉等瑞典特产一般每年都会出现在菜单上。近些年来，因为遭到动物保护者的抗议，野味被取消了。当然，在"鹿甚至比人多"的瑞典，鹿肉算不上野味，而且几乎每年都会有鹿肉出现在晚宴菜单中，并且据说还是瑞典国王亲自宰杀的。为了准备诺贝尔奖盛宴，40位厨师要在市政厅的大厨房里

连续忙碌3天，因为3天前他们才能拿到菜单，并且绝不能向外透露一个字。

宴会菜单格局定型为开胃菜（海鲜）、主菜（肉类）和甜点，配酒也相应固定为香槟、红酒和甜白葡萄酒。每场宴会必上香槟，当瑞典国王、王后及王室成员携诺贝尔奖得主落座后，即斟香槟。诺贝尔奖委员会主席首先提议全体起立，向国王陛下敬酒；接着，向阿尔弗雷德·诺贝尔敬酒。然后上第一道菜，仍以这款香槟来搭配。入选10次以上的香槟有波默里、海德西克、酩悦、玛姆及路易王妃。波尔多葡萄酒占据主流，自首次举办诺贝尔宴会以来，先后上过70多款波尔多红酒及甜白葡萄酒。水则一般是斯德哥尔摩当地的Ramlosa牌矿泉水，以及咖啡。

案例导读　　诺贝尔奖晚宴是典型的西式宴会，为庆贺诺贝尔奖获得者而举行的宴会。一般西式宴会规格较高，人数不是很多。但一年一度的诺贝尔奖晚宴都是千人以上，其特点是遵循西方的饮食习惯，采取分食制，餐桌为长方形组合而成，餐具用西式刀叉，菜肴以西菜为主，饮西式酒水，行西方礼节，讲究酒水与菜肴的搭配，安排乐队奏席间乐，宾主按身份排位就座。其布局、台面布置和服务都有鲜明的西方特色，十分讲究排场，突出西方的民族文化传统。对宾客而言，诺贝尔奖晚宴的主要目的并不是吃，荣誉和社交才是精髓。

任务一

西式宴会环境设计

任务导入

场景：无锡君来世尊酒店宴会部

人物：酒店总经理朱某，宴会部经理王某，宴会定制服务师小张

情节：2023世界物联网博览会定于11月25—27日在江苏无锡举行。主办方将于25日晚，在无锡君来世尊酒店举办宴会，欢迎海内外与会的

院士、教授及企业负责人等约200人，要求采用西式宴会招待来宾。总经理朱某接到任务，立即与宴会部王经理商量，很快确定晚宴由宴会定制服务师小张牵头的设计团队。针对西式宴会，如何彰显地方特色、传播中国文化？怎样对宴会厅场景进行西式风格的设计和布置？小张及设计团队都深思起来。

任务目标

◇ 了解西式宴会场景的内容及要求，能依据客情设计西式宴会的场景。

◇ 掌握西式宴会餐桌及布局特点，能依据客情设计西式宴会的餐桌布局。

◇ 了解西式宴会常用的娱乐项目，能依据客情设计西式宴会的娱乐项目。

任务实施

一、知识学习

（一）西式宴会场景

西式宴会注重环境气氛，主要体现在宴会厅环境、餐具与音乐服务程序上。气氛要活泼、和谐、轻松、愉快，环境布置洁净雅致，餐台要有鲜花、蜡烛等饰物，菜品讲究色彩、注重点缀，注重展台装饰，喜用冰雕、黄油雕及食品雕刻来烘托宴会气氛。

1. 舞台背景

舞台背景的设置能为西式宴会营造出不同的气氛。如西式婚宴舞台设计通常离不开花束、薄纱、布艺窗帘、灯光效果、相册、烛台、灿烂泡沫、彩带和气球等，恰当利用这些材料，可以建造一个童话的仙境，一个有着造型艺术光环的美术馆。

舞台是婚礼现场目光最为集中的地方，舞台背景同样也是场景布置的重点，它既不能过于单调，凸显不出新人的风格；又不能布置得过于花哨，抢过新人的风头。所以舞台通常是用纱幔作为背景，然后适当地用鲜花点缀活跃舞台背景的气氛。

纱幔背景是西式婚宴舞台背景的最佳选择之一，高雅大气的帷幔在层层叠叠间，把优雅和浪漫完美诠释出来，白色的纱幔与炫美五彩的灯光的结合，让整个舞台绚烂无比，见图3-3。纱幔背景也可以和不同的鲜花装饰、KT板喷绘等结合起来使用。

不同的喷绘背景，也可以塑造出完全不同的婚礼主题，见图3-4，主办方想要怎样的效果，就可以喷绘出想要的视觉效果图，加以千变万化的五彩灯光，为婚宴营造出不同的氛围，能让宾客们享受一场视觉上的盛宴，同时实现主办方想要的梦幻般的婚礼，呈现出温馨祥和浪漫的气氛。

图3-3　西式婚宴纱幔背景效果图

图3-4　西式婚宴喷绘背景效果图

2. 灯光色彩

西式宴会的传统气氛特点是幽静、安逸、雅致，西餐厅的照明应适当偏暗、柔和，同时应使餐桌照度稍强于餐厅本身的照度，以使餐厅空间在视觉上变小而产生亲密感。

西式宴会的灯光多采用烛光，见图3-5。烛光属于暖色，是传统的光线，采用烛光能调节宴会厅气氛，这种光线的红色焰光能使顾客和食物都显得漂亮。

我国的传统"红色"是象征喜气，表示吉祥，举办喜庆宴会时，在餐厅布置、台面和餐具的选用上多体现红色，而忌讳白色（丧事的常用色调），但西方喜宴却多用白色，因为白色表示纯洁、善良，如宴会餐桌的桌布、椅套多采用西方国家普遍偏好的、代表纯洁、高贵的白色桌布，见图3-6。将椅子配以不同颜色的椅套，可以显示主

图3-5　西式宴会的烛光

图3-6　西式宴会的桌布、椅套

桌的不同。西式宴会厅还可采用咖啡色、褐色、红色之类，色暖而较深沉，以创造古朴稳重、宁静安逸的气氛。

3. 树木花草

西式宴会少不了花艺。如婚宴可摆设盆花作为装饰，也可采用大量花卉作为装饰，再加上行礼花门，可将整个会场布置得花团锦簇。如大花门及走道两边的花柱采用较素色的花卉，并吊配一些新鲜苹果作为装饰，在气氛上可显得稳重、高贵。走道上铺以红地毯，显得喜气洋洋。此外，宴会厅舞台左右两侧可分别挂置宴会主办人自备的祝贺词，也成为布置的一景。

以诺贝尔奖晚宴为例，花艺展示自然是重中之重，每年都要换一个主题，准备数月，展示3天，十多年来，诺贝尔奖晚宴的花艺装置都是由帕尔·本杰明负责。2005年的诺贝尔奖晚宴震惊世界，高朋满座，盛大的宴会上没有一朵鲜花装饰，当宾客满是质疑的时候，花朵以一种奇特的方式入场。踏着缓慢的步子，演员们从角落出来，浑身挂着芬芳的鲜花，唱着悠扬的歌曲，缓缓向前走着，像极了歌剧舞会。当他们走到固定位置之后，纷纷把身上的花朵取下来，放在大厅的各个角落。他们仿佛是从天而降的天使，那一瞬间，宴会现场瞬间被花朵排满，变成了一个奇幻花园。这场奇妙的视觉盛宴，客人们完全被震撼，静默许久，掌声雷动。自这场盛宴开始，帕尔·本杰明一举成名，成为诺贝尔奖晚宴的御用花艺师。

2007年的晚宴上，他别出心裁，把桌花制作成蛋糕的形状。那些栩栩如生的"蛋糕"摆在餐桌上，让人忍不住想要吃上一口；2010年，他用透明试管当做花器，每支试管里单独插入一枝花，远远看去，每朵花似乎漂浮在半空中，科学与自然的碰撞形成奇妙美感；2012年，把万物都融进晚宴花艺里，用绿叶缠绕成的圆球状，好像是孕育万物的地球，粉白色的郁金香在其中自由生长，寓意着绿色的地球，万物在这里生长，见图3-7。

图3-7　不同时间诺贝尔奖晚宴上的花卉

2015年的诺贝尔奖晚宴上，为了将晚宴现场与庆典做一个最佳的融合，帕尔·本杰明和他的团队共计30人总共用到了大约15000支康乃馨、珈蓝、兰花，其中主桌装饰了100个花束和50个花牌，见图3-8。

图3-8　2015年诺贝尔奖晚宴主桌花卉

（二）西式宴会餐桌

1. 西式宴会常用的桌椅

西式宴会常用桌椅见表3-2。

表 3-2　西式宴会常用桌椅

名称（图例）		规格	作用
桌面		直径1.8米	此桌面没桌脚，可放置在较小的圆桌上，或于酒会时根据布置的需求置于其他餐桌上
		直径2.03米	仅有桌面，可与其他桌子并用。若客人欲加设位置时，此桌面座位可容纳14人
圆桌		直径1.07米，高0.74米	可坐4~5人，适用于小型宴会或酒会。摆设于场地中间以放置小点心或供宾客摆放杯盘
		直径1.5米，高0.74米	可坐10人，并可与其他较大的桌面并用
		直径1.83米，高0.74米	国际标准桌，中餐可坐12人，西餐可坐8~10人
		直径2.44米，高0.74米	可坐16人，为方便搬运及储存，通常将两张并成1桌
		直径3.05米	可坐20人。将直径为3.04米的圆桌拆成4张半径为1.5米的1/4圆桌，以方便搬运及储存
半圆桌		直径1.5米，高0.74米	举行西式宴会时，可与长桌台拼组成一张椭圆桌

续表

名称（图例）		规格	作用
1/4圆桌		直径1.5米，高0.74米	可与长桌拼成U形桌，4张合起来，可成为一张直径为1.5米的圆桌
蛇台桌		高0.74米	酒会时，用以摆设成蛇形或"S"形餐桌
双层餐台		1.1米	可当作吧台或沙拉台，不使用时可折叠起来，较不占空间
大长桌		长1.83米，宽0.76米，高0.74米	适合西式宴会，可作为主席台、接待桌、展示桌
小长桌		长1.83米，宽0.46米，高0.74米	国际标准会议桌，每张可坐3人
四方桌		边长0.91米，高0.74米	可用来加长长方桌，也可作为2人套餐桌或4人座的冷餐会桌
		边长0.76米，高0.74米	可用来加长长方桌或作为情人桌
玻璃转圈		直径0.4米	置于桌面正中、玻璃转盘下方

续表

名称（图例）		规格	作用
玻璃转盘		直径1.1米	适用于直径为2.03米的14人座的桌面
		直径1米	适用于直径为1.83米的圆桌，使用强化玻璃较安全
木头转盘		直径1.52米	用于直径为2.44米、16人座的台面，易保管，不易碎
		直径2.13米	适用于直径为3.05米、20人座的台面
椅子		高94厘米，座高45厘米，宽46厘米，深51.5厘米	由于宴会厅是多功能的场地，故须多准备
婴儿椅		高74厘米，宽55厘米，深59厘米	须备置以应客人之需

2. 西式宴会餐桌布局

西式宴会一般使用长方形餐桌或小方桌，长方形餐桌及小方桌都是可以拼接的。西餐也同样以圆桌为理想的餐桌摆设，圆桌并非中餐的专利。餐桌的大小和餐桌的排法，可根据宴会的人数、宴会厅的形状和大小、服务的组织、宾客的要求来进行，并做到尺寸对称、出入方便、图案新颖；椅子之间的距离不得少于20厘米，餐台两边的椅子应对称摆放。西式宴会餐桌的布局方式如下。

（1）"一"字形　又称直线形，也就是将长方形餐台一字排开，宾客坐在餐桌的两边，见图3-9。这种安排在人数不多时采用，一般就餐人数不超过36人，否则餐台太长

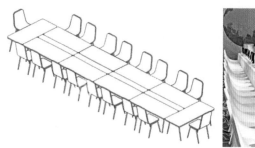

图3-9 "一"字形餐桌布局

会妨碍宾客走动和阻碍服务人员及时服务。可用1.8米×0.75米的长条桌拼合而成。

（2）"口"字形和"U"形 超过36位宾客时的台形，可用1.8米×0.75米长条桌拼合而成，见图3-10。"U"形台的两个侧边应比横边长，两条侧边的长度应该一致。"口"字形的中空可以用以摆放花草或冰雕等装饰物。

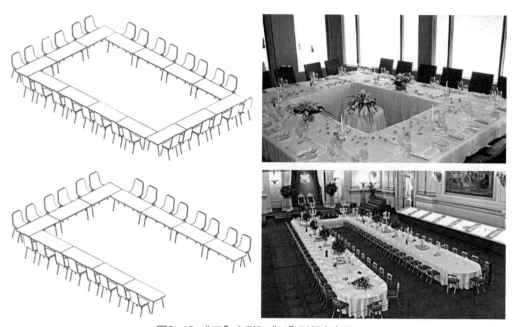

图3-10 "口"字形和"U"形餐桌布局

（3）"T"字形 "T"字台型其横向长度应比纵向长度短些，且两翼距离相等，见图3-11。这种台型较便于服务，但两翼最外的宾客会感觉到受冷落。所以这种布局横向座位不能摆放太多。

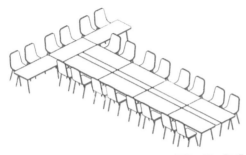

图3-11 "T"字形餐桌布局

（4）"E"字形 "E"字形所能容纳的人数较多，一般用于超过60人的宴会，见图3-12。"E"字形布局的主人位置位于横边上，由于该横边较"T"形台长，可以使得重要客人都能安排与主人在一个台。要注意的是，为了出入方便，便于服务，"E"形台的中空位置的距离应该足够大，纵向餐桌与纵向餐桌之间一般保持在1.8～2米的距离。

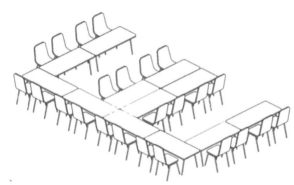

图3-12 "E"字形餐桌布局

"E"字形布局还可以有多种变形，如"川"字形和"门帘"形，见图3-13。"川"字形只是去掉了"E"字形的横边，这样使得整个台位没有了主宾之分，适用于较为自由的西式宴会。所谓"门帘"形是指"E"字形的纵边布置三条以上，主要由宴会人数

图3-13 "川"字形和"门帘"形餐桌布局

和餐厅的形状决定。

（5）其他形式　除了以上常见的布局方式外，西式宴会的形式还可以是"L"形、星形、"S"形、"十"字形、组合形等，见图3-14，这些个性布局一般适合比较自由和活泼的宴会。

"L"形餐桌布局　　　　　　　　　　　　星形餐桌布局

"S"形餐桌布局　　　　　　　"十"字形餐桌布局　　　　　　餐桌组合布局

图3-14　西式宴会餐桌个性布局图

（三）西式宴会娱乐

吃西餐讲究环境雅致，气氛和谐。一定要有音乐相伴，桌台整洁干净，所有餐具一定要洁净。如遇晚餐，要灯光暗淡，桌上要有红色蜡烛，营造一种浪漫、迷人、淡雅的气氛。在西方，1959年美国一餐厅将剧场搬进餐厅，形成餐饮剧场，客人品尝可口食物的同时欣赏美妙的歌舞表演，物质与精神同时得到满足，一时间顾客盈门，收入直线上升，此时人们才意识到娱乐活动与餐饮经营相结合的巨大作用，于是纷纷效仿，有力地带动了餐饮经营。西式宴会娱乐形式通常包括背景音乐和音乐演奏。

1. 背景音乐

背景音乐是公共场所连续放送的音乐，每当我们走进豪华的酒店，大堂、走廊、餐厅、客房，背景音乐如看不见的潜流，无处不在轻轻流淌之间，给顾客以美妙的享受，也显示着宾馆的高雅与舒适。

背景音乐是营造餐厅环境和气氛的重要因素之一，是宴会气氛的添加剂，通过声音的传播，作用于人的心理、情感和精神，可以调节人们的精神状态，创造舒适、温馨的环境。产生所预期的一种遐思意境，使就餐者精神松弛。

背景音乐以不影响人们对话为放音的响度标准，西式宴会往往与高雅安静联系在一起，可以放一些轻松舒缓的音乐，营造优雅氛围。常用的配餐音乐主要是古典音乐。古典音乐经得起时间的考验，能够引起不同时代听众的共鸣，带给人们的不仅仅是优美的旋律，充满意趣的乐思，还有真挚的情感，或宁静、典雅，或震撼、鼓舞，或欢喜、快乐，或悲伤、惆怅……

（1）让心情平静恬适的古典音乐

莫扎特《G大调弦乐小夜曲》

舒曼《儿时情景》作品15之梦幻曲、舒曼《森林情景》作品82之预言鸟

舒伯特《野玫瑰》《鳟鱼》《军队进行曲》第1号

李斯特交响诗《前奏曲》

小约翰·施特劳斯圆舞曲《蓝色多瑙河》

理查德·施特劳斯交响诗《查拉图斯特拉如是说》等。

（2）温情浪漫梦幻的古典音乐

柴可夫斯基《天鹅湖》《睡美人》《胡桃夹子》、C大调《弦乐小夜曲》

贝多芬《献给爱丽丝》《月光》

巴赫《戈德堡变奏曲》《无伴奏大提琴组曲》

舒伯特《未完成交响曲》

德彪西《贝加马斯克组曲》之月光曲

门德尔松《仲夏夜之梦》

肖邦钢琴奏鸣曲第2号

莫扎特《竖笛协奏曲》《钢琴奏鸣曲》第16号等。

2. 音乐演奏

音乐演奏是西式宴会常用的娱乐形式，西洋音乐则是演奏的主要内容，见图3-15。

西洋音乐代表一定的西方文化，可以使人们在优美的音乐中心灵得到放松，情操得到陶冶，调节身心，得到美的享受，因此受到顾客的欢迎。西洋音乐的演奏所需人数较少，如钢琴演奏只需一人，小型乐队只需3～5人。表演的场地可大可小。宴会厅

图3-15　宴会娱乐节目

中引入西洋音乐要求餐厅布置具有西方特色，又能体现一种高贵、优雅的情调，才能达到宾客追求的那种气氛。

法式餐厅通常由小提琴、中音提琴、吉他等组成乐队，也可在宾客餐桌边进行即兴演奏，音乐题材以小夜曲、风情音乐为主，营造出温馨浪漫的情调。

演奏的西洋音乐一般包括：

①轻音乐：轻音乐起源于轻歌剧，在19世纪盛行于欧洲各国。轻音乐结构短小、轻松活泼、旋律优美并通俗易懂，富有生活气息，易于接受，它常能创造出一种轻松明快、喜气洋洋的气氛。

②爵士乐：爵士乐起源于美国，具有即兴创作的音乐风格，表现出顽强的生命力，给人以振奋向上的感觉，爵士乐常由萨克斯管手配合小型乐队演奏。这种较为强烈的音乐常常适用于在露天花园式宴会或游船宴会中演奏，它能激发赴宴客人的情感，创造出兴奋感人的场面。

③西洋古典音乐：采用小提琴、钢琴等演奏的古典音乐能够创造浪漫迷人的情调，给人以诸多的精神享受。这种音乐比较适用于正式宴会。特别适用于赴宴宾客文化修养和艺术素质较高的宴会场合。

二、技能操作

实训项目1：西式宴会案例采集

实训目的：通过西式宴会案例的采集，了解西式宴会举办的亮点与独特之处，为西式宴会个性化设计积累经验。

实训要求：

1. 宴会案例是指已举办过的重要会议相关宴会、名人举办的宴会等，如每年12月

10日举办的诺贝尔盛宴、各国的国宴等，媒体关注多，所以新闻信息多，通过网络检索信息，包括网页、文章、图片、视频等，就能了解宴会举办的概况。

2．宴会案例包括WORD版和PPT版，以"班级-学号-姓名-西式宴会案例-××宴会"命名提交。

3．常用的网站：百度、全国图书馆参考咨询联盟、中国知网、哔哩哔哩网、央视网、爱奇艺等。

实训项目2：西式宴会环境设计

实训目的：能结合不同的主题及客情设计西式宴会的环境。

客情：

2023年11月25日世界物联网博览会无锡君来世尊酒店欢迎晚宴，人数200人，形式：西式宴会。

实训要求：

1．学生分成4~5人的小组，网络调研西式宴会案例、无锡君来世尊酒店宴会厅场地图及客容量信息。

2．为欢迎晚宴设计一套西式宴会环境布置方案，包括场景设计、餐桌布局设计、娱乐项目设计。

3．可以自拟西式婚宴、西式生日宴等不同客情，设计宴会环境，再相互交流。

任务小结

本任务小结如图3-16所示。

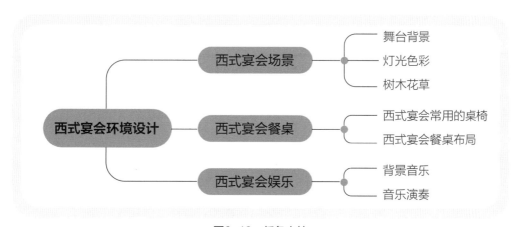

图3-16　任务小结

西式宴会菜单设计

场景: 无锡君来世尊酒店宴会部

人物: 宴会定制服务师小张,西厨房厨师长小王

情节: 刚刚解决了世界物联网博览会欢迎晚宴的环境氛围设计,接下来是菜单设计。用什么招待2023世界物联网博览会上来自海内外的院士、教授及企业负责人?宴会定制服务师小张找到西厨房厨师长小王,两人商议起西式晚宴的菜单。

📋 任务目标

◇ 熟悉西式宴会菜点的构成,能依据客情设计西式宴会菜单。

◇ 熟悉西式宴会厨房生产特点,能依据设计的西式宴会菜单,制作西式宴会菜点。

📋 任务实施

一、知识学习

(一)西式宴会菜点构成

西式宴会适宜招待规格较高,人数不是很多的客人。西式宴会餐,一般指20人以上的西式团体餐制作,与中式宴会相比,不论形式和礼仪方面都有很大不同。西餐菜品都采用分餐制,每位参会人员都会吃到属于自己的开胃菜、主菜、甜品这最基本的三道菜式。假设团体用餐人数增加至300人,这就要求厨师制备900多份菜肴,工作量巨大。

狭义的西餐是指欧洲大陆以及北美大陆所提供日常餐食的总称,它包含了意大利菜、法国菜、英国菜、美国菜、德国菜和俄罗斯菜等几类国家菜肴,其中又以法国菜和意大利菜为杰出代表。西餐无论是宴会还是零点菜肴，都以分餐制呈现，且上菜的时序有着严格要求，西式宴会的菜点安排大体如下。

1. 开胃菜（Appetizers）

西餐的第一道菜，也称为头盆、头盘、前菜、餐前小食等。类似于中餐的冷菜，旨在开胃，一般量较小，多用清淡的海鲜、熟肉、蔬菜、水果制作。有冷、热头盆之分。头盆常用中小型盘子或鸡尾酒杯盛装，色彩鲜艳，装饰美观，令人食欲倍增。如烟熏三文鱼、海鲜鸡尾杯等，见图3-17。

烟熏三文鱼　　　　　　　　海鲜鸡尾杯

图3-17　西式宴会头盆

头盆约占宴会总成本的20%，一般安排一道，配冰镇的干白葡萄酒食用。传统的头盆多为冷菜，目前热头盆也很流行。头盆量不宜大，以清爽开胃为目的，但制作要精。

2. 汤（Soups）

与中餐有极大不同的是，西餐的第二道菜就是汤。西餐中的汤可分为冷汤类和热汤类，也可分为清汤类和浓汤类。汤的制作要求原汤、原色、原味。热汤中有清汤和浓汤之分，如牛尾清汤、鸡清汤、奶油汤等；冷汤较少，比较有名的有西班牙冷汤、格瓦斯冷汤、德式杏冷汤等，见图3-18。通常法国人喜欢清汤，北欧人喜欢浓汤。汤也起开胃的作用，西餐便餐有时选用了开胃品就不再用汤，或者用汤就不用开胃品。

牛尾清汤　　　　　　　　西班牙冷汤

图3-18　西式宴会汤

3. 沙拉（Salads）

沙拉意为凉拌生菜，具有开胃、帮助消化的作用。沙拉可分水果沙拉、素沙拉和荤素沙拉三种。水果沙拉常在主菜前上，素沙拉可作为配菜随主菜一起食用，而荤素沙拉可单独作为一道菜用。常见的沙拉有什锦沙拉、厨师沙拉等，见图3-19，沙拉的主要调味汁有醋油汁、法国汁、千岛汁、奶酪沙拉汁等。

什锦沙拉　　　　　　　　　　厨师沙拉

图3-19　西式宴会沙拉

4. 副菜（Sidedish）

副菜又称为小盆，是西餐中表现力最丰富的菜式，以海鲜和鸡肉为主，如慢烤银鳕鱼、橙香煎鲜贝（图3-20）、法式焗蜗牛、海鲜小酥盒、黄油焗龙虾、法国鹅肝等。因为鱼类海鲜等菜肴的肉质鲜嫩，比较容易消化，所以放在肉类菜肴的前面，叫法上也和肉类菜肴主菜有区别。吃鱼类菜肴时西餐讲究使用专用的调味汁，品种有鞑靼汁、荷兰汁、酒店汁、白奶油汁、大主教汁、美国汁和水手鱼汁等。一般使用8寸盆装盘，也可使用长盘、烤斗、烙盘、罐等餐具。

慢烤银鳕鱼　　　　　　　　　　橙香煎鲜贝

图3-20　西式宴会副菜

5. 主菜（Main Course）

主菜又名主盆，是全套菜的灵魂，制作考究，既考虑菜肴的色、香、味、形，又考虑菜肴的营养价值。主菜多用红肉类的牛、羊及海鲜类原料，其中最有代表性的是牛肉或牛排，如惠灵顿牛排、炭烤小牛肉蘑菇卷等，见图3-21。

惠灵顿牛排配烤土豆、西红柿　　　　炭烤小牛肉蘑菇卷配烤块根芹、土豆派

图3-21　西式宴会主菜

有一些蔬菜是熟食的，如花椰菜、煮菠菜、炸土豆条等，熟食的蔬菜通常是与主菜的肉食类菜肴一同摆放在餐盘中上桌，称之为配菜。其作用是既能在色、香、味、形方面美化主菜，又能刺激食欲，平衡营养。一般主菜搭配干红葡萄酒食用。

上述汤和热菜共占宴会总成本的60%。汤要安排每人一份，其规格是零售量的70%。热菜一般安排2道，也要考虑到每人1份，其规格一般是零售量的70%。

6. 甜品（Dessert）

西餐的甜品是主菜后食用，起到饱腹和助消化的作用，是一道不可缺少的品类，如咖啡和杏仁味樱花蛋糕、冰镇越橘巴伐露配冰激凌、酸橙果冻等，见图3-22。糖曾经在欧洲是非常奢华的食品，所以在几个世纪前的欧洲，用餐尾声的甜点被当作是宴请宾客的最高礼遇。甜点种类繁多，有冷热之分，是最后一道餐食，有蛋糕、慕斯、煎饼、冰激凌、奶酪等。西餐的甜品一般搭配富含二氧化碳的起泡葡萄酒食用，如原产于法国香槟区的起泡酒中最珍贵的香槟酒。

咖啡和杏仁味樱花蛋糕　　　　　冰镇越橘巴伐露配冰激凌、酸橙果冻等

图3-22　西式宴会甜品

7. 饮料、咖啡或茶

西餐的最后一道是上饮料、咖啡或茶，起醒酒、解腻、帮助消化的作用。喝咖啡一般要加糖和奶。茶一般以发酵类红茶为主，煮制红茶时要加八角、桂皮、薄荷和糖。此环节为餐宴画上完美的句号。

甜点、饮料、水果占宴会总成本的20%左右，也要安排每人一份，但每份的量不宜多。

正式的西式宴会菜单没有必要全部列其上述菜点，太多却吃不完反而失礼。但最少有三道菜：开胃菜、主菜加甜品，这是西式宴会搭配酒水的最佳组合。此外，西式宴会菜单一般要列出搭配的酒水，甚至制作菜点的主厨和甜点师，如2018年诺贝尔奖晚宴菜单，见图3-23。

Nobel Banquet Menu 2018
MENU
Lightly baked Arctic char with crayfish broth, dill seed-infused onion, lightly smoked trout roe, crispy potato and watercress foam
Baked celeriac with chanterelle cream and mushroom butter, swede with bay leaf cream, and slow-roasted beef chuck with a bone marrow crust, smoked veal jus and potato and leek terrine
Medley of apples, with caramelised Frida apples from Österlen, apple sorbet, vanilla custard, caramel sauce and oat crumbs
Wines
Champagne Taittinger Brut Millésimé 2013
Gérard Bertrand Cigalus Rouge 2016
Ruppertsberger Riesling Auslese 2014
Coffee & Nobel Museum Tea Blend
Grönstedts VO
Facile Punsch
Stenkulla Brunn Mineral Water
Stadshusrestauranger in collaboration with
Chef Tom Sjöstedt as well as Pastry Chef Daniel Roos

图3-23　2018年诺贝尔奖晚宴菜单

（二）西式宴会厨房生产

西式宴会菜品的生产过程、宴会菜品的要求和宴会菜品生产计划的制定与中式宴会的相关内容大致类似。由于西餐都采用分餐制的就餐形式，所以西式宴会菜肴的种类不多，但数量很大。与中式宴会不同的是，西式宴会每位客人都会吃到属于自己的开胃菜、汤、沙拉、主菜、甜品这些菜式。每类菜的制作工艺不同，手工操作时，如果根据自己的经验操作，时常导致菜品风味差异性较大、原料成熟度不一等现象出现，造成菜品质量不稳定。所以，这里从厨房生产流程的角度，说明如何掌握厨房生产的技术环节，保证一场西式宴会食品高质量完成。

1．原料初加工

植物性原料在初加工时，要保证食材足够新鲜，这要从它的色泽、形态和持水程度上来保护。大多数植物性原料的配菜多是当天制备，但是在订餐数量大的情况下，需要提前一天来做准备工作，以土豆为例，这种蔬菜是西式宴会中的常用配菜，但在制备时，多会伴有酶促褐变反应产生（当酪氨酸酶与空气接触时，土豆的切面会变成褐色，见图3-24），解决问题的办法就是将土豆切成需要的规格后，盛入容器中，添加少许酸（柠檬汁、柠檬酸、抗坏血酸或醋）或盐或将土豆焯烫1～2分钟来完全消除这种酶促褐变。如果煮土豆，可以在清水中存放长达12小时；如果要油炸或烘烤土豆，可将土豆焯水2～3分钟或用盐水处理10分钟，然后沥干水分放入冰箱的密封容器中12小时。

图3-24　土豆防褐变的初加工

动物性原料应防止细菌污染导致变质。如海产鱼类最好以净鱼肉规格来收货，这就能避免海产鱼类的内脏细菌在运输途中侵蚀鱼肉本身而发生变质；整鱼类一定要使用清水清理干净，再将容易产生腐烂变质的鱼鳞、鱼腮、内脏剔除，用吸水纸将食材表面水分吸干，最后使用专门的盛器进行冷藏保存。由于海产品易变质，如果进行完初加工的海产品不打算立即使用，要将它称重、装袋、抽真空后，放入-24℃的急冻冰箱冷冻贮存。畜禽类原料应将多余的筋膜和骨头用刀去除。某些肉类菜肴，为了使成菜美观，常使用束肉网捆扎塑形，防止肉类在制熟过程中出现松散、断裂的情况，见图3-25。

2．初步熟处理

在保证原料风味、质地、新鲜度等一系列的指标前提下，为了进一步节省宴会菜肴出菜时间，可以将一些动植物原料进行初步熟处

图3-25　肉类的初加工

理，甚至完全成熟的处理工艺。如鸡腿在塑形去骨后用盐、白胡椒码味，煎锅倒入油烧至150℃，将鸡腿煎至九成熟，外皮金黄，用吸油纸将外部油脂擦干，放置冷藏室待用。再以惠灵顿牛排当中的牛肉为例，将已使用束肉网捆扎塑形的牛里脊放入煎锅煎至表面棕黄，脂香味浓郁时，转至190℃烤箱烤制40分钟，使用肉针温度计测量心温度为55～59℃，即肉质为五分熟状态，初步熟处理完成。熟处理后的食材，放入相应的托盘，用保鲜膜封口，冷藏保存。

植物性原材料多需要现场制作，也有的蔬菜在宴会开始的半天前熟处理完毕。常采用焯水冷却的处理方式，来保证食材的新鲜程度，即大锅中烧水加食盐，倒入切好的蔬菜，煮至断生后，捞出放入冰水中冷却，等蔬菜完全冷却后，沥干水分，分类盛入托盘中，使用保鲜膜或锡箔纸封口，贴上制作标签，送入冷藏室贮藏。

3. 烹饪半成品和调味汁的真空冷冻保存

遇到特殊的时节，同一时间会接到多张宴会订单，由于时间安排和厨房劳动力受限等原因，无法高质量地完成大型宴会食品制作，这严重地影响餐饮的经营。对此，可将预先初步熟处理后的动物性原料，装入真空袋内使用真空机密封保存，有计划地开展宴会菜品的准备工作。

真空冷冻保藏技术的运用，可化解菜肴在大量需求下的品控管理瓶颈，较好地提升菜品质量和标准化操作水平。真空冷冻保存的原理是将烹饪原料的成品和半成品装入特制真空袋，通过真空机产生相对低的气压环境下，对真空袋进行抽气、热塑密封的操作，再将抽好真空的食材真空袋，放入-18～-24℃的急冻冰箱冷冻的方式。选用真空冷冻保存的优点有以下几个方面。

第一，由于低气压对于烹饪原材料产生束缚力，相对好地制约了食材由于冷冻自身细胞内所产生冰晶的舒张力，保证了烹饪成品和半成品的新鲜度；第二，操作过程中排出了空气，使得一些需氧细菌失去了生存环境，制备好的食材更易保存，同时也由于隔绝氧气，减少了食材褐变和颜色的改变；第三，采用这种包装技术，牢牢地锁住了烹饪原料的成香物质，这也是传统保藏方式所不能比拟的，对保持原料的新鲜度能起到积极作用；第四，-18～-24℃的急速冷冻可快速地保证食材形态不受冷冻影响，也在一定程度上起到了抑菌效果。

这种保存方法的唯一目的是延长食材的贮藏期。贮藏期一旦延长，就意味着烹饪准备时间的延长。企业再也不会为临时准备烹饪原料而手忙脚乱，也无需担心制备好的初加工产品腐败变质，这种保存方式一般可将新鲜原料保存60天左右。厨师接到两个月后的宴会订单，就可当天合理安排时间，对订单上的某些烹饪原料进行初加工后真空急冻保存，从而缓解宴会工作压力和人手不足的问题。利用这种方式，还可随行就市地采购原料，进一步降低经营成本。真空保存不但能够保存固态食材，也能保存液体的少司，在宴会菜单上的菜品少司可以整年分四批次制作，在节省人工和时间的前提下，保证了菜肴少司品质如一。

4. 烹饪主料制熟与菜肴装配

宴会开始前，将真空烹饪原料解冻开袋，根据每个宴会成菜要求，冷菜或头盆先将盘式制作完毕，配菜放入盘中，再将改刀后的主料放入盘内，这时需使用专业盘架堆叠餐盘，一般的专业盘架可堆叠50个左右的餐盘，节约了操作空间。用保鲜膜将盘架缠绕密封，冷藏好为开餐做好准备。热菜出餐时，将已经预处理好的食材，如煎制好的牛扒、鱼类和烧好的菜肴进行再次加热，一般使用的加热设备是万能蒸烤箱，逐一地将装好盘的菜品放在专用盘架车上，推进万能蒸烤箱中，调整好温度、湿度和加热时间等火候指标对菜肴进行加热。

5. 菜肴预热与保温

由于宴会用餐人数较多，前菜的所有准备工作都已就绪，当出完前菜后，热菜的加热工作也在有条不紊地进行，但热菜不可能做到一批次同时加热完成，特别是在人数众多的宴会中，需要我们有序地做好热菜保温工作，必须使用与专用盘驾车相配套的同尺寸保温罩来对菜品保温，这种专用的出餐保温罩可在20℃的室温下使用，能使70℃的菜肴多保存20分钟，从而提升宴会热菜菜品质量。

6. 标准化的出菜装盘要求

热菜出菜时，一般每个档口都会按比例配备主管厨师、传菜厨师、盘饰厨师和少司厨师，行政总厨会与主管厨师协调沟通最终的成菜效果，指标包括主辅料成熟度、菜品色泽、少司使用量和装盘样式。接下来主管厨师负责培训传菜厨师、盘饰厨师和少司厨师菜品的量化标准，主管厨师对宴会出餐过程进行调控，行政总厨负责厨房全局协调和与前厅事务沟通，保证整个宴会活动高效进行。热菜出菜时需要特别注意，传菜厨师、盘饰厨师和少司厨师都各安排两位，这样才能保证菜品高质量输出。

二、技能操作

实训项目：西式宴会菜单设计与菜点制作

实训目的：能结合不同的主题及客情设计西式宴会的菜单，制作西式宴会菜点。

客情：

2023年11月25日世界物联网博览会无锡君来世尊酒店西式欢迎晚宴，主办方要求：不上高档菜肴和酒水，宴请费（含酒水、饮料）标准为每人不超过300元。

实训要求：

1. 学生分成4~5人的小组，网络调研西式宴会案例。

2. 为欢迎晚宴设计一套晚宴菜单。

3. 可以自拟西式婚宴、西式生日宴等不同客情，设计宴会菜单，再相互交流。

4. 每组同学根据西式宴会菜单，制定一份西式宴会菜点制作实训计划。

5. 西式宴会菜点实训结束后，完成宴会菜点的标准食谱、营养分析、安全控制等内容。

任务小结

本任务小结如图3-26所示。

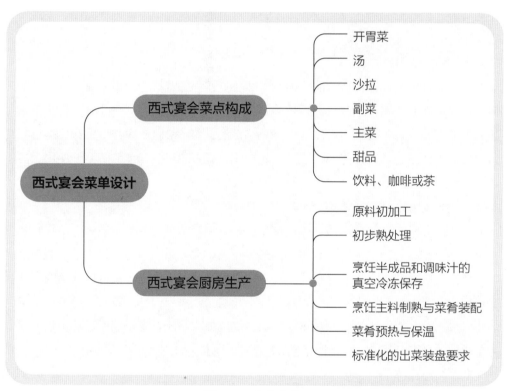

图3-26 任务小结

西式宴会服务设计

任务三

任务导入

场景：无锡君来世尊酒店宴会部

人物：宴会定制服务师小张，宴会部主管小李

情节：前面2个任务解决了世界物联网博览会欢迎晚宴的宴会厅环境氛围设计和菜单设计。接下来要解决的是如何为海内外的来宾提供周到的宴会服务。宴会定制服务师小张找到宴会部主管小李，两人商议起西式晚宴的服务工作。

任务目标

◇ 认识西式宴会台面摆设的餐具及特点，能依据客情设计西式宴会的摆台工作。

◇ 比较中西式宴会座次的安排，能依据客情设计西式宴会的座次。

◇ 比较中西式宴会酒水的异同，能依据客情设计西式宴会的酒水。

◇ 熟悉西式宴会的服务流程，能依据客情设计西式宴会的服务工作。

任务实施

一、知识学习

（一）西式宴会摆台

中式宴会中，往往一双筷子便可吃遍筵席中所有美食佳肴，所以中餐摆设比较简单。西餐中所使用的餐具种类繁多，每种菜肴都可能有其特殊餐具的设置，因此必须先了解各式菜肴所须搭配的餐具，才可做出适当的摆设。可见，在餐具摆设方面，西式宴会与中式宴会不同之处是，严格按照客人所决定的菜单与酒单进行摆台。因顾客事先都已选好宴会菜单，服务人员便只需在宴会开始前，遵照菜单结构进行餐具摆设即可。在摆设餐具之前，应先了解西式宴会中所常用的餐具种类及摆设的基本原则。

1. 西式宴会常用餐具的种类

（1）银器类　餐厅使用的银器，按其材质可以分为：纯银制品、镀银的镍银制品（铜、镍钢、锌合金）、镀银的不锈钢制品（也称作"镀银不锈钢"），一般经常用的是镍银不锈钢制品。如果再按用途划分的话，还可以分为：宾客就餐用的银器类（刀、叉、匙等）；服务员用的银器类（各种托盘、调味品罐、咖啡壶等）以及餐桌上放置的各种小附件（牛油碟、洗指钵、糖罐等），见表3-3。

镍银制品使用时间长了会变黑（氧化），因此，需要定期盘点和保养。使用时一定要精心爱护，防止磕碰，因为在磕碰处容易氧化，且有氧化物附着。尤其洗涤餐用具时，表面最容易被碰伤，最好将刀、叉等分开洗涤。收藏保管时，要分门别类，并用保鲜膜包好，如同准备长期搁置的状态一样。洗涤餐用具时，要用洗涤剂和漂洗剂洗，放在热水里浸泡后，趁热用干净的毛巾擦拭。

表3-3　西式宴会常用银器类餐具

常用餐具（图例）		用途
客用匙类		
餐匙（大调羹）Table Spoon		鱼蟹羹、炖鱼等汤用匙
汤匙 Soup Spoon		汤用匙，主要于喝汤时使用
肉汤匙 Bouillon Spoon		法国肉汤用匙
汤汁匙 Sauce Spoon		舀取汤汁用匙，主要用于鱼类菜肴
甜食匙 Dessert Spoon		餐后甜食、冰制食品（蛋奶酥、西式甜饼、布丁状冷点等）用匙
日本甜瓜匙 Melon Spoon		日本独特的白兰瓜、西瓜等水果用匙
长匙 Long Spoon		加咖啡粉、苏打粉用匙
茶匙 Tea Spoon		咖啡、红茶等用匙

续表

常用餐具（图例）		用途
小杯咖啡匙 Demitasse Spoon		小杯咖啡、意大利咖啡用匙
雪糕匙 Icecream Spoon		奶油水果雪糕或果子露雪糕等用匙
客用刀、叉类		
餐叉 Table Fork		肉类菜肴、蛋类菜肴用叉
餐刀 Table Knife		肉类菜肴、蛋类菜肴用刀
鱼叉 Fish Fork		鱼类菜肴用叉。整体厚实，也有较薄的，适于调味汁少的烤鱼或炸鱼
鱼刀 Fish Knife		鱼类菜肴用刀，用途同鱼叉
甜食叉 Dessert Fork		西餐小吃、甜食、芝士用叉
甜食刀 Dessert Knife		西餐小吃、甜食、芝士用刀
甜食匙 Dessert Spoon		西餐小吃、甜食用匙
水果刀 Fruit Knife		水果用刀，有些餐厅作为牛油刀使用
芝士刀 Cheese Knife		芝士（奶类制成的干酪）用刀
服务用具类		
服务叉 Serving Fork		服务用叉，派菜时使用
服务匙 Serving Spoon		服务用匙，派菜时使用
鱼类服务叉 Fish Service Fork		鱼类菜肴服务用叉，分派大鱼时使用
鱼类服务刀 Fish Service Knife		鱼类菜肴服务用刀，分派大鱼时使用
龙虾夹 Lobster Cracker		龙虾用钳子，割开龙虾或大虾壳的用具
龙虾叉 Lobster Fork		龙虾用叉，将虾肉从虾壳内取出的用具

续表

常用餐具（图例）	用途
蜗牛夹 Snail Tongs	蜗牛用钳子，取蜗牛肉或向蜗牛壳内放馅时用以夹紧蜗牛壳的用具
蜗牛叉 Snail Fork	蜗牛用叉，与上面的蜗牛夹配套使用
生蚝叉 Oyster Fork	生蚝用叉，除生蚝外，贝类、小虾、蟹类也可使用
蛋糕叉 Cake Fork	蛋糕用叉，与蛋糕盘配套使用
蛋糕托 Cake Server	将蛋糕块移到宾客餐盘时使用
饼托 Pie Server	将切好的饼、排等移到宾客餐盘时使用
带盖黄油碟 Butter Dish with Cover	储存和保护多达250克的黄油免受害虫和空气的侵害，可让黄油更长时间地保持新鲜
糖罐 Sugar Pot	考虑到有人用无糖或含糖量较低的食品，在桌子上放一个糖罐，以便顾客根据他们的喜好添加糖
面包篮 Bread Basket	桌面设置中的必备物品，是宴会主食的餐具，在用餐开始之前，它们会在那里欢迎客人并营造温馨舒适的氛围
奶罐或奶壶 Milk Pitcher/Milk Pot	储存牛奶，泡茶者自由地、相应地制作浓茶或淡茶
酱油、醋瓶 Oil and Winegar Set	让客人自己将酱油和醋倒在沙拉等食品上
面包屑扫除器或面包屑刮铲 Crumb Scraper	最常在上甜点之前使用面包屑刮刀，用于清除餐桌上的面包屑和其他食物残渣
洗指钵 Finger Bowl	内盛六分满的水，加入柠檬片或花瓣，在提供易弄脏手的菜肴后提供，以方便宾客洗手
水罐或水壶 Water Pitcher/Water Pot	会议或西餐中倒置冰水时使用

（2）瓷器类 宾客用的餐盘、餐桌上的小附件、调味品罐、咖啡壶等，一般都是陶瓷的（表3-4）。瓷器比银器显得柔和、温暖，给宾客以热情的感觉，但是，容易碰坏又是瓷器的一大弱点，所以，使用时需格外小心。壶或罐类的餐用具，里面容易存积污垢，一定要定期清洗和保养，收藏时应按餐用具的大小、分门别类地进行保管。

表3-4 西式宴会常用瓷器类餐具

常用餐具（图例）		用途
装饰盘 Show Plate		西餐摆台时用于装饰作用
主餐盘 Dinner Plate		用于盛装主菜时使用
鱼盘 Fish Plate		用于盛装各类鱼、海鲜等食品
沙拉盘 Salad Plate		用于盛装各类沙拉、开胃头盘
甜品盘 Dessert Plate		用于盛装各类甜品
双耳汤杯 Soup Cup		用于盛装各类汤品
汤杯垫碟 Soup Cup Saucer		用于放置双耳汤杯
汤盘 Soup Plate		用于盛装各类汤品
面包碟 Side Plate		用于盛装面包
咖啡杯 Coffee Cup		用于盛装咖啡
咖啡碟 Coffee Cup Saucer		用于放置咖啡杯
奶缸 Milk Jug		用于盛装服务咖啡及红茶时的牛奶

续表

常用餐具（图例）		用途
糖缸 Sugar Basin		用于盛装服务咖啡及红茶时的糖
盐瓶 Salt Shaker		用于盛装调味品盐
胡椒瓶 Pepper Shaker		用于盛装调味品胡椒粉
鸡蛋盅 Egg Cup		用于盛装整只鸡蛋

（3）酒具类　葡萄酒瓶盖开启后，酒的香气和味道会因空气中的氧化作用而迅速发生变化。其变化程度因白葡萄酒、红葡萄酒以及起泡型葡萄酒的类型和制造方法的不同而不同。为了能更好地品尝葡萄酒，不同的酒需要有不同的酒杯与之相配套，对酒杯的要求见表3-5。

表 3-5　西式宴会常用酒杯

酒杯（图例）	酒杯的要求	作用
白葡萄酒杯		白葡萄酒受氧气的影响最直接也最强烈，因此，小型且竖长形酒杯最适宜
红葡萄酒杯（色酒杯）	◎酒杯无色、透明 ◎由杯身、杯柄和底座组成 ◎有良好的稳固性 ◎其形状要便于冲洗 ◎重量适度，斟上适量的葡萄酒后，便于端起、放下 ◎对香气很宝贵的葡萄酒来说，能够保留住香气的缩口型酒杯是最好的选择	红葡萄酒与白葡萄酒相反，接触氧气越多，香气就越浓，因此，需要使用容积大的酒杯
起泡型葡萄酒杯		起泡型葡萄酒的酒杯属细长形最理想，因为斟在酒杯里的酒的表面积越小，二氧化碳气就越难以挥发

2. 西式宴会餐具和酒杯摆设原则

西餐餐桌一般铺设三层餐布：上先铺法兰绒布或海绵桌垫，它既可防止桌布与餐桌的滑动，也可以减少餐具与餐桌之间的碰撞声；中间铺上桌布，桌布的四周至少要垂下30厘米，但台布不能太长，否则影响顾客入席；最上面一层铺上较小的方形装饰台布，这样做的另一个好处是减少更换桌布的次数。

（1）西式宴会餐具摆设原则

①左叉，右刀、匙，上点心餐具：以垫底盘的摆设位置为基准，左侧放置各式根据菜单内容所需的餐叉，右侧摆放各种根据菜单内容所需的餐刀及汤匙，上侧则横向摆放点心用餐具。

一般而言，只有在上奶酪时，才会将奶酪类的餐具摆设上桌。摆设时，点心叉须紧靠垫底盘，点心匙或点心刀则放在点心叉上方，摆放方向应以最容易拿取使用为原则。以右手使用刀叉者，柄朝右方；以左手使用者，柄朝左方。摆设垫底盘右侧的餐刀时，应使其刀刃都朝向左方。而因面包盘都放在左手边，所以奶油刀应摆设在面包盘上，即位于餐叉左侧。

②先使用的餐具摆放在外侧，依序往内摆放；点心餐具则先内后外摆设时以垫底盘为主，最后使用的主餐餐具应先摆放在垫底盘左右两侧，依次往外来摆设餐具。也就是说，餐中最先使用的餐具，将最后摆设在最外侧。

点心餐具通常只需先摆设一套即可，若遇有两种点心，另一道点心的餐具则可以随该点心一起上桌。例如，主菜之前如果有一道果子露（sherbet）甜点，其所需餐具便可随果子露一起上桌，不必先行摆设；若要先行摆设亦可，但要做到全部摆法一致。

③宴会餐具悉数摆放上桌

如果是基于美化餐桌，则西式宴会餐具摆设应以不超过5套餐具为宜，然而为了讲求效率，通常除特殊餐具外，正式宴会场合都将菜单上所要求的餐具全部摆设上桌。这种摆设方式不仅使服务时得以节省很多时间，也可使服务人员进行服务时较为顺手。

除了早餐以外，在正式宴会场合中并不将咖啡杯预先摆上桌，而应放在保温箱里，直至上点心时才取出摆设。这样就可以保持咖啡杯的温度，并且避免餐桌摆放太多餐具而显得过于杂乱。

（2）西式宴会酒杯摆设原则

①摆设不应超过四个杯子：在欧洲，每道菜普遍习惯搭配一种葡萄酒，所以常使用很多酒杯。但在正式宴会当中，由于海鲜类（或白肉类）会用白葡萄酒来搭配，红肉类会搭配红葡萄酒，点心类则搭配香槟，再加上水是西餐的必备之物，所以正式宴会餐桌上都摆设有4种不同的杯子，即水杯、红葡萄酒杯、白葡萄酒杯及香槟杯。其他一些如饭前酒酒杯和饭后酒酒杯都不预先摆上桌，以免餐桌显得过于杂乱，所以摆设时

应以不超过4个杯子为原则。

②不摆放形状、大小相同的酒杯：餐桌上不应摆放两个形状与大小都相同的酒杯。一般红葡萄酒杯的容量是0.21～0.27升，白葡萄酒杯的容量则为0.18～0.24升。但目前许多饭店为了节省费用并解决仓储问题，都采用通用型的红白葡萄酒杯，将红、白葡萄酒杯选用同一种酒杯。使用这种通用型的酒杯，便无法遵守这项摆设原则。

③酒杯由左至右依高矮摆设：酒杯通常采用左上右下、斜45°的摆设方式。排列时应将最高者置于左边，最矮者放在右边，以方便服务员倒酒。如果右侧摆放较高的酒杯，服务员要倒左侧的矮酒杯时便会受到阻碍。大致上，酒杯也是根据此原则进行设计。由于白葡萄酒杯比红葡萄酒杯先使用的机会大，应摆放于右侧下方，故白葡萄酒杯设计得比红葡萄酒杯矮小，这样不但方便倒酒，也方便客人举杯饮用。须特别注意的是水杯，通常水杯一定高于红葡萄酒杯，同时因将持续摆在桌上使用直至宴会结束，所以其正确的摆放位置应在所有酒杯的最左侧。

④不可妨碍右侧客人用餐：在考虑服务人员工作方便的同时，酒杯摆设还须注意不可妨碍右侧客人用餐。在欧洲国家，以往都把酒杯摆放在点心餐具的正上方，这种方法虽然仍旧有人采用，不过服务员在替客人倒酒时将倍感不便。因此，酒杯还是应尽量往右边摆放较为合适，但必须掌握适当距离，以免妨碍右侧宾客进餐。

基本上，摆设酒杯应以最靠近餐盘的大餐刀为基准。只有1个杯子时，摆放在大餐刀的正上方约5厘米处；有2个杯子时，高杯摆放在餐刀正上方5厘米的位置，矮杯则放在高杯右侧略为偏下之处；有3个杯子时，将中间的杯子摆设在大餐刀正上方5厘米处，高杯子放在中间杯子的上方左侧，矮杯子放在中间杯子的下方右侧。譬如，若设有水杯、红葡萄酒杯和白葡萄酒杯3种杯子，红葡萄酒杯应摆在大餐刀正上方5厘米处，水杯放在红葡萄酒杯上方左侧，白葡萄酒杯则摆设在红葡萄酒杯下方右侧。如果设置有第四个酒杯——香槟杯，当香槟杯比水杯高时，便可将其摆放在水杯上方左侧，或是放在水杯与红酒杯中间。

3. 西式宴会餐桌摆设

欧美国家不同餐次或不同场合，餐具摆放的数量和形式有不同的差异（图3–27）。

以西式宴会菜单为例（图3–28），说明西式宴会台面的摆设。

摆台前按规定铺好台布，并将椅子定位，椅子边沿正好接触到台布下沿。西式宴会一般是使用方桌拼成各种形状，铺台布工作一般由2个或4个服务员共同完成。铺台布时，服务员分别站在餐桌两旁，将第一块台布定好位，然后按要求依次将台布铺完，做到台布正面朝上，中心线对正，台布压贴方法和距离一致，台布两侧下垂部分均匀、美观、整齐。

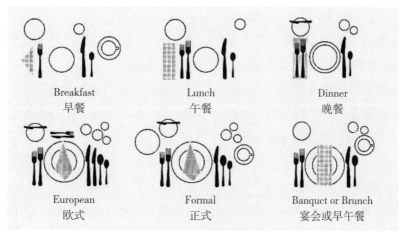

图3-27 不同餐次的餐具摆设

图3-28 西式宴会菜单

①垫底盘（Show Plate）应放分离桌缘1~2厘米处。若换上有饭店标志，摆设时必须使其朝向正前方12点钟位置。垫底盘通常使用于正式宴会，在非正式宴会场合则不一定要使用。注意盘与盘之间的距离要相等。

②摆设时应先从主餐餐具着手。此菜单的主菜为"菲力牛排酥盒"，须使用大餐刀及大餐叉。大餐刀应摆设于垫底盘右方，离桌缘1~2厘米处，大餐叉则摆设在垫底盘左方，同样为离桌缘的1~2厘米处。

③由主餐往前推的菜肴为柠汁蒸明虾，须使用小餐刀与小餐叉，分别摆在大餐刀右侧以及大餐叉左侧。小餐刀应距离桌缘1~2厘米、小餐叉则须放在离桌缘4~5厘米

处，使叉与叉之间呈现高低变化，以求美观。

④柠汁蒸明虾再往前推的菜肴为原味鸽汤，须使用汤匙，摆设时应置于小餐刀右方，离桌缘1~2厘米处。

⑤原味鸽汤再往前推是苏格兰烟熏沙门鱼，须使用鱼刀和鱼叉。将鱼刀摆设在汤匙的右方，离桌缘1~2厘米处；鱼叉则置于小餐叉左方，离桌缘1~2厘米处。

⑥当主餐之前所有菜肴的餐具都摆设完成后，接着便可往下进行点心餐具的摆设。在此菜单中，点心是巧克力蛋糕，须使用点心叉及点心匙。点心叉应摆设在垫底盘上方约2厘米处，叉柄朝左，点心匙则置于点心叉上方，匙柄朝右。

⑦正式宴会时，咖啡杯不应预先摆上桌，而须将其在保温箱保温，等上点心后再取出摆设，以维持咖啡杯的热度。又因小甜点不需要使用餐具，而最后由服务人员端着绕场服务或放在桌上让客人直接用手取用，所以接着应摆设面包盘。面包盘是西餐必备之摆设，应置于叉子左侧1~2厘米处，离桌缘3~4厘米。

⑧接着应摆设黄油刀，将其放在面包盘右侧，即餐叉左侧，离桌缘1~2厘米处。在有些国家，有些摆设采用将黄油刀横摆在面包盘上方、刀刃朝下的方式。至于应使用何种摆法，一般无特别限制，但求整个宴会厅的摆设统一、摆法一致。

⑨当菜单餐具摆设完成后，便应开始摆设酒类杯子。以这张菜单为例，假设客人点用白葡萄酒和红葡萄酒，其摆设应将红葡萄酒杯放在大餐刀上方约5厘米处、白葡萄酒杯放在红葡萄酒杯右下方，而水杯是西餐必备之物，则应摆放在红葡萄酒杯左上方。

⑩接着摆设胡椒罐、盐罐、牙签桶，每桌至少应摆设两套。

⑪最后摆放餐巾（餐巾折法可自行决定）、菜单（每桌最少2本）、花卉（摆设时必须注意花饰的高度，不可挡住宾客彼此间的视线。）

总之，摆台时，按照一底盘、二餐具、三酒水杯、四调料用具、五艺术摆设的程序进行，要边摆边检查餐、酒具，发现不清洁或有破损的要马上更换。摆放在台上的各种餐具要横竖交叉成线，有图案的餐具要使图案方向一致，全台看上去要整齐、大方、舒适。西式宴会餐具摆设及附加用具摆设图见图3-29。

（二）西式宴会座次

西式宴会座次安排除了按照职位高低外，需考虑宴会性质、人数、男女宾以及英式还是法式。

1. 不同的宴会对座次安排要求不一样

家庭、朋友式宴会在餐厅或家中都可举办，参加的人相互之间比较熟悉，气氛活跃，不拘形式。在安排席位时要求不很严格，只有主客之分，没有职务之分。为便于席上交谈，只需考虑以下两点：男女宾客穿插落座；夫妇穿插落座。这样安排为的是便于交谈，扩大交际。

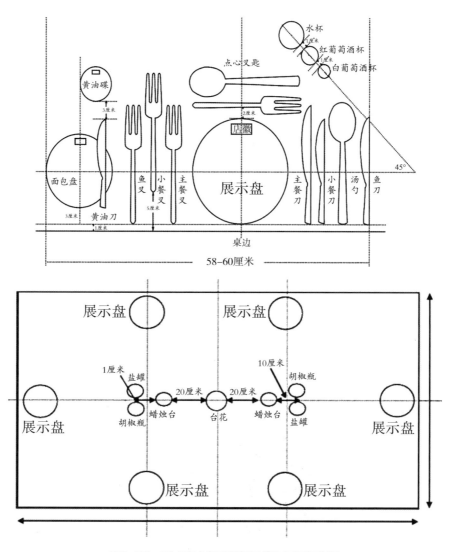

图3-29　西式宴会餐具摆设及附加用具摆设图

　　如果属于外交、贸易性质的宴会，或国与国之间、社会团体之间的工作性宴会，则一般在宴会厅举行；双方都有重要人物参加，气氛较之朋友、家庭式宴会相对要正规、严肃得多，安排座次时，需考虑参加宴会的双方各有几位首要人物，双方首要人物是否带夫人及译员，主客如何穿插落座，分桌时，餐桌的主次安排等内容。

　　2. 西式宴会的上位席与下位席

　　一般有壁炉台的一侧为上位席，门口处为下位席。没有壁炉的房间，门口处为下位席、对面则为上位席。如果门口处的对面不适合作上位席，可以将面向庭院靠墙的一侧作上位席，背对庭院的一侧作下位席。会客室的上位席是长沙发的右侧。上位席原则上是女主人（主人妻子）的座位，对面是男主人的座位。出席宴会的人全部为男性，或全部为女性的场合，女主人的席位由主宾（年长者、有社会地位的人、上司）坐。总之要以男女主人为基轴，按顺序男女交叉匀称地分坐在餐桌旁。但要避免夫妻相邻或相对而坐。如果可能，餐桌两端由男性坐，不要安排已婚女士就座。主人女儿代替主人夫人出席宴会时，另当别论。除此之外，主人女儿应作为夫人客人坐在下位席。至于女主人以外的座位安排，有法国式与英美式两种。

3. 西式宴会席位安排

（1）西式圆桌排法　女主人坐在面向门的位置，男主人则背对着门而坐（图3-30）。女主人左右两边应安排两位男宾，右边为第一男主宾，左边为第二男主宾。男主人左右两边也各为两位女宾，右边为第一女主宾，左边为第二女主宾。其余中间座位用以安排较次要的客人。理论上，座位安排应为一男一女交错而坐，但因男、女主人座位固定，所以将出现一边为两位男宾同坐，而另一边则有两位女宾同坐的情形。上菜及斟酒时，一律以女士为优先服务对象。从第一女主宾开始，依序进行服务，女主人最后。女主人之后紧接着服务第一男主宾，男主人则为最后。若是采用西式坐法、中式吃法，在顾客没有特别要求的情况下，将从第三和第五男宾中间上菜。

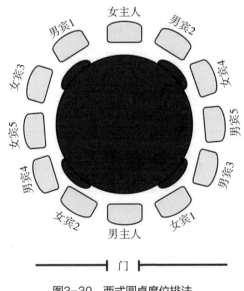

图3-30　西式圆桌席位排法

（2）法国式（也称"欧陆式"）长方桌排法　长方桌必须配合西式服务（西餐或"中餐西吃"）的采用。餐桌的摆设为横向，主人坐中间，女主人面向门，男主人背对门。女主人右边为第一男主宾，左边为第二男主宾。男主人右边为第一女主宾，左边则为第二女主宾。餐桌两端安排较次要的宾客，如图3-31法国式长方桌席位排法所示。座位安排应由较长的桌缘开始，若空间不够，则可再将其余座位安排在较短的桌缘。上菜时应先服务女士，从第一女主宾开始，依序进行服务。

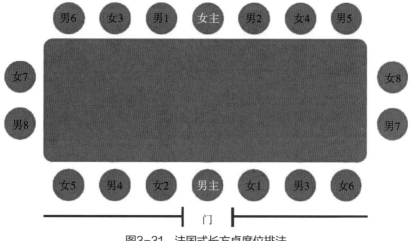

图3-31　法国式长方桌席位排法

（3）英美式长桌排法　餐桌的摆设为直向，男、女主人各坐餐桌的两个顶端，女主人座位面向门，男主人则背对门，男、女主宾各坐于男、女主人的左右两侧。女主人右边为第一男主宾，左边为第二男主宾。男主人右边为第一女主宾，左边则为第二女主宾。菜肴上桌应先服务女士，从第一女主宾开始，依序服务，如图3-32英美式长桌席位排法。

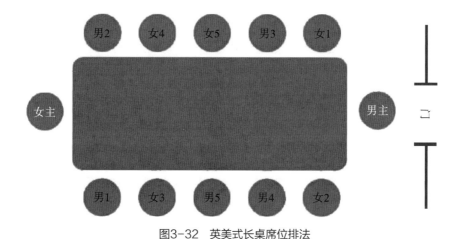

图3-32　英美式长桌席位排法

（4）西式大型宴会席位安排方法　大型宴会上需要分桌时，餐桌的主次以离主桌的远近而定，右高左低；以客人职位高低定桌号顺序，每桌都要有若干主人作陪；每桌的主人位置要与主桌的主人位置方向相同。如用长桌，主桌只一面坐人，并面向分桌；主要人物居中，分桌宾客侧向主桌。

（5）其他餐桌席次安排

"U"形：主人和重要宾客座位正对"U"形缺口。

"T"形：席位安排总体上与"U"形相同，主人一般都安排在横向餐台的中间位置，主要宾客则安排在主人的两侧。

"E"形：主人位置位于横边上，重要客人都能安排与主人在一个台。去掉"E"形的横边就是"川"字形，这样使得整个台位没有了主宾之分，适用于较为自由的西式宴会。

（三）西式宴会的酒水

在宴会中，酒水不仅具有开胃的作用，更有增加宴会热闹气氛、助兴的功能。一般而言，西式宴会用酒讲究以酒佐食，不同的食物要搭配不同的酒水。而酒的种类繁多，各有其适当的服务方式与饮用方法。由于西式宴会主要饮用葡萄酒，加上其服务方式的相关礼节繁复，所以这里将就葡萄酒的保存方式、最佳饮用温度、服务技巧等内容详加叙述。身为宴会厅工作人员，应充分了解西餐酒品的相关知识并熟悉各类酒水的服务技巧，视顾客需要为其介绍或推荐用酒，提供高品质的服务。

1. 葡萄酒的保存及饮用温度

葡萄酒是一种装瓶后仍继续变化和成熟的活跃性饮料，人们常说："葡萄酒是有生命的物质。"这句话说明了葡萄酒如同人的成长一般，会随着时间的推移而成熟；除此之外，葡萄酒也像人一样，需要细心地照顾以及经常的关怀。既然如此，葡萄酒理当被小心谨慎地储藏、保存，使其能够在最佳状态时供人饮用，让人享受到它最原始的魅力。因此，为了使顾客能够完全享受葡萄酒的美味，葡萄酒日常保存工作的实行以及葡萄酒最佳饮用温度的提供，便是服务人员在宴会中提供酒类服务时最重要的工作之一。

（1）葡萄酒的保存方式　将酒瓶水平放置：通常在储存葡萄酒时，应该将葡萄酒酒瓶水平放置，使瓶中的葡萄酒能够与瓶口软木塞充分接触。这样横躺储存，便能够切实保持软木塞的湿润，以免在开酒时软木塞因为太干燥而断裂在瓶中无法取出。此外，保持酒与软木塞的接触，还可防止空气进入瓶中，有效防范外界异味被酒吸收而破坏酒原本的风味。（注：白兰地、利口酒类则要竖立存放。）

（2）维持储酒场所的储存条件　在储存葡萄酒时，务必牢记酒是一种有生命的饮料，并且对任何刺激都很敏感。所以，葡萄酒的储存场所需要专门的分隔式空间，储酒场所必要条件的维持便是成功保存酒的关键之一。其中，储酒场地的温度、光线、湿度及气味等将影响葡萄酒品质的因素，尤应小心控制，以免影响酒的风味。

①温度：一般而言，储酒场所整年都必须维持一个固定温度，而不可以有太过剧烈的温度变化，日常温度变化过大，会使葡萄酒乏力，太早成熟或是老化，从而加速味道的恶化，如在温度极低的环境下长期储存，其香味将大大降低，如同患"感冒"一样。至于标准的固定温度，则大约比室温低并维持在12～16℃的理想温度。

②亮度：原则上葡萄酒应储存在避光保持黑暗的地方，以确保酒的品质不会被光线干扰。只有在对葡萄酒进行日常盘点时，才可按需要点上照明灯。因为阳光直射会使葡萄酒起化学变化，产生出异味；聚光灯等光线强烈的照明，不仅使葡萄酒温度上升，而且能破坏酒的成熟，使酒变质；荧光灯对色素影响大，会因光线太强烈而穿透酒瓶，导致酒太早成熟并发育成不好的口感，大大降低酒的质量。

③湿度：储酒场所的相对湿度，应维持在65%～75%的标准内。因为过度干燥或潮湿都可能会导致软木塞的干裂、失去弹性或发霉，进而影响到酒的品质。此外，一旦瓶上标签因潮湿发霉而无法辨识，便会影响酒的外观而增加服务人员向顾客展示酒时的困难。

④气味：软木塞属多孔物质，上面有无数个几十微米大小的孔，因此，异味很容易被软木塞吸收，并通过软木塞影响到里面的葡萄酒。由于葡萄酒很容易吸收气味，所以务必禁止酒类以外的东西摆在储酒场所附近，如汽油、柴油、油漆及工业溶剂等，应避免酒因吸取杂物的异味而影响酒的原味。

⑤振动：大振动或小振动不断发生的场所，会影响葡萄酒的清纯，令酒水搅浑，并极大地加快酒的成熟。特别是有沉淀物的葡萄酒会始终处于混浊状态。因此最好储存在稳定而阴凉的地方，确保它免于被摇晃、振动是很重要的。当然很轻微地振动对酒不会有影响，所以，一旦一瓶酒被放入储存场所，在这瓶酒可以用来招待客人之前，最好不要轻易移动。除此之外，服务员在将酒送到客人面前的过程中，也应尽量避免剧烈晃动酒瓶，以确保顾客在品尝酒时不会因酒瓶瓶底沉淀物的干扰而影响酒的口感。

（3）妥善处理尚未饮完的葡萄酒　至于已开瓶但尚未喝完的葡萄酒，则应将软木塞再塞回瓶口，并且把未喝完的红葡萄酒或白葡萄酒直立摆回冰箱。此外，如果有较小的瓶子，最好能先将剩余的酒倒入小瓶子中，再摆进冰箱中存放。其中，直立摆放的目的是减少酒与氧气的接触面、降低酒氧化的速度，并增长酒能够储存于冰箱中的期限。尽管如此，大部分的白葡萄酒在开瓶过后，仍只能在冰箱中储存大约一个星期；至于红葡萄酒，就有较长的储存期限，其中一些红葡萄酒甚至可以在冰箱中保存大约三个星期。但若超过三个星期，不管再好的酒，味道都难免会变质。所以，不论是红葡萄酒或是白葡萄酒，在开瓶后最好不要在冰箱中储存过久，应尽快将其饮用完，以免酒的味道变质，破坏酒原本的美味而不堪饮用。

（4）葡萄酒的饮用温度　在饮酒过程中，葡萄酒的适当饮用温度是相当重要的一门学问。众所周知，同样的葡萄酒，如果温度不同，酒的香气、口味都会截然不同。比如香味的大小以及酸味、甜味、涩味、酒精度等各种成分，或者光滑、浓淡的程度等。配合酒的最佳饮用温度饮用，则能让人体会酒完整的美味，并增添饮用者品酒的享受乐趣。

一般来说，人们常认为白葡萄酒应该饮用冷藏过的，而红葡萄酒则应以室温为最佳饮用温度，然而到底什么温度才最适合各种酒饮用，而怎样才最能以适当的酒温来呈现酒最佳的美味呢？以下是一些关于酒摆在冰箱中降温的建议。

①白葡萄酒：白葡萄酒最理想的饮用温度为8~12℃。此外，白葡萄酒中甜度较高者，其饮用温度应以较低为佳。要达到最佳饮用温度，只需将白葡萄酒放置在一般冰箱中约2小时或放在装满冰块及水的冰桶中30分钟即可。通常，当一瓶酒在30℃的室温下放入冰箱后，每小时约降温10℃。换句话说，经过2小时后，酒即可达到10℃左右。因此即使将酒留置在冰箱中过夜并长达一星期甚至一个月，也无需担心。因为纵使酒已冰到5℃，但只要将白葡萄酒从冰箱中取出并倒入杯中，不久之后，酒温便可以很快上升到适合饮用的温度。

②红葡萄酒：红葡萄酒最合适的饮用温度为14~18℃，而18℃则为最佳饮用温度。一般来说红葡萄酒应在"室温"时饮用，但到底是指哪里的室温呢？其实人们所说的室温是指在18世纪的法国，在没有电热器的时代，冬天时只有通过烧柴取暖来维持的室内温度；那时饭厅的温度在18~20℃，这便是所谓的"室温"。该如何让宝贵的红葡萄酒达到此温度呢？之前曾提过酒放置在冰箱中1小时大概可以降温10℃，所以也就是说，在平均室温为30℃左右的情况下，只需将红葡萄酒冷藏在一般冰箱中约1小时即可。但是如果酒已经冷藏超过1小时，甚至冷藏了数天也没关系，只要将酒倒入杯中并置于一般室温下大约30分钟后，酒温就会上升至18℃左右。另外，红葡萄酒的最佳饮用温度应该根据酒龄、产地、葡萄品种等条件来决定红葡萄酒的饮用温度。如酒龄短者，其饮用温度应以较低为佳；而酒龄长者，就以一般正常的最佳饮用温度18℃即可。还有一种玫瑰红葡萄酒，其适合饮用温度比红葡萄酒略低，大概在7~13℃，其最佳饮用温度则在9℃左右。

③香槟酒：因为香槟酒中含有气泡，所以在饮用时最好比白葡萄酒的饮用温度低。一般而言，6~10℃是香槟酒理想的饮用温度范围。至于香槟酒在冰箱中的摆放时间，则由于香槟的瓶子比一般酒瓶大约厚2倍，而且瓶口也比红葡萄酒瓶和白葡萄酒瓶大，所以香槟酒在一般的冰箱中至少应放置3小时才够冰凉。或者将香槟酒放进

冷冻库或装满冰块和水的冰桶中达45分钟，也可达到最佳饮用温度，完美呈现香槟的美味。

④其他酒品：啤酒最适当的饮用温度范围为4～6℃，5℃为其最佳饮用温度；欧洲一些黑啤酒的最适合饮用温度约为12～14℃；而日本清酒的最佳饮用温度则在37℃左右，应先经过温热的步骤再饮用。

2. 葡萄酒与食物的搭配

（1）葡萄酒与食物的搭配原则及上酒的程序　由于食物以及葡萄酒都是变化多端的，所以在搭配食物和葡萄酒时，往往有许多不同的组合方式可候选择。一般而言，人们通常根据自己的爱好以及预算来决定所饮用的葡萄酒，但除了考虑偏好以及预算之外，还应该注意到酒能"增进食物风味"的功能。一旦能适当地选用佐餐的葡萄酒，便能恰如其分地增添食物的美味并呈现酒的绝佳风味。

①食用以某种葡萄酒调味的菜肴时，选择相同的酒佐餐。

②采用某一地区饮食风格时，选择来自同一区域的葡萄酒饮用。

③葡萄酒和食物的搭配必须符合两者口味的强度，以使酒与食物在口味上能充分协调，不至于让食物的风味被酒破坏或掩盖。由于菜肴在调味上错综复杂的变化（例如调味料的浓度及成分）将影响菜肴而产生不同的滋味，所以服务员必须非常清楚地了解其所服务每一道菜肴的口味以及气味，以确保能适当地选择出既不会破坏或盖过食物风味、又能恰当配合食物口味强度的葡萄酒。选用酒时，除了应注意以上几点建议以增进食物风味外，酒在饮用时还有其他应留意的规则。

通常在宴会中，除了开胃酒（餐前酒）以及餐后酒之外，不宜选择太多种类的葡萄酒。当然，服务员也不应该因为其推销酒的职责，而在一顿餐食中建议客人选用太多种类的葡萄酒。基本上，一瓶适合搭配主菜饮用的葡萄酒是必需的，但若有需要，还可选用另一种酒来搭配另一道菜。倘若宴会从开始到结束，顾客有选择多种不同类型的葡萄酒的需要时，应考虑上酒的程序问题，为使餐桌气氛逐渐高涨，使宾客对后来上的葡萄酒留有深刻印象，服务中需要把握如下的原则：

①先上白葡萄酒，后上红葡萄酒；

②先上辣葡萄酒，后上甜葡萄酒；

③先喝酸性的酒，后喝口味较清淡的酒；

④先上清淡型葡萄酒，后上浓郁醇厚型葡萄酒；

⑤先上酿造期短的葡萄酒，后上酿造期长的葡萄酒；

⑥先上香味淡的葡萄酒，后上香味浓的葡萄酒；

⑦先上味道单纯的葡萄酒，后上味道多种的葡萄酒；

⑧先上冰冻的葡萄酒，后上接近室温的葡萄酒；

⑨先上价格低的葡萄酒，后上价格高的葡萄酒。

（2）葡萄酒与食物的搭配组合　其实，葡萄酒搭配食物饮用的原则不仅限于上述几点，更因所搭配食物的不同、调味料的区别或食用乳酪、点心的不同，所以有不同的原则来选择佐餐酒，以帮助充分凸显食物的最佳风味并享受葡萄酒完美的口感。虽然葡萄酒是欧洲国家的产物，但其实有许多葡萄酒都很适合搭配亚洲食物享用。

①海鲜和贝类：海鲜、贝类食物以搭配香槟和不甜的白葡萄酒最为合适。可以根据个人口味选择清淡的Moet&Chandom、Muscadet、Sancerre，或来自法国阿尔萨斯的Macon-Villages、Chablis、Pouilly-Fuisse、Graves或Riesling以及浓郁丰厚的Meursault、Gewurztraminer或BatardMontrachet。总之，香槟搭配蚝、虾、蟹等海鲜特别美味，也可以搭配不甜的白葡萄酒。

②鸡肉和猪肉：这两种肉口味细微，但也有一些变化。当使用清淡的调味料或快炒时，香槟和不甜的白葡萄酒是很好的搭配。但若猪肉被烤成"叉烧"，那么搭配一瓶清淡的红葡萄酒将会更好。

③鸭肉：如果是熏鸭或烤鸭，可以选择比较清淡到中等稠度的红葡萄酒。

④面食：以海鲜或贝类为主的面可以选择不甜的到浓郁丰厚的白葡萄酒，如果是广东牛肉烩面，则可搭配中等稠度到浓郁丰厚的红葡萄酒。

⑤点心：葡萄酒与点心的搭配若要达到口感上的充分协调，就必须配合彼此口味的强度。一般而言，微甜的白葡萄酒便很适合选作点心的佐酒。香槟酒是唯一可以当作开胃酒、同时也能搭配各种菜肴的葡萄酒，当然它也可用来搭配点心饮用。然而，纵使香槟酒可作为搭配点心享用的佐酒，但最好避免选择完全不甜的香槟酒，因为这种酒几乎不含糖，而且和点心的芳醇截然不同。所以在选择搭配点心饮用的香槟或其他酒类时，务必留意酒与点心甜度上的协调，这样才能充分享受两者口感结合的绝佳风味。如果是油炸的广东点心，搭配香槟和清淡、微甜的白葡萄酒最佳。如果是蒸的虾子、豆腐皮、鸡肉或猪肉，则可搭配一瓶中等稠度到浓郁丰厚的白葡萄酒较好。

⑥乳酪：通常客人在餐中食用乳酪时，都会饮用跟先前食物相同的佐酒做搭配，然而这样的选择往往无法使顾客品尝到乳酪的最佳风味。乳酪在法国与葡萄酒有着非常密切的关系，所以人们常说："乳酪不但能显出好酒的风味，更能去除次等酒的缺陷。"在法国以及其他欧洲国家境内的每个地区，葡萄酒与乳酪都有许多不同的制作方法和种类，所以两者的搭配将比食物与酒的组合更多样化。但基本上，葡萄酒在搭配乳酪饮用的选酒规则上仍和搭配食物的组合模式相同，以下大致列出数项选择葡萄酒以搭配乳酪的参考规则：

a）食用某一区域性的乳酪时，应佐以产自相同地区的葡萄酒。

b）葡萄酒与乳酪的搭配应符合彼此口味的强度。此外，红葡萄酒通常是最适合搭配乳酪的；但是白葡萄酒除了硬乳酪外，也是合适的乳酪配酒选择。至于硬乳酪，因为其成熟期较长，所以比其他乳酪更具有"安定"的风味，而红葡萄酒的单宁酸成分与酸度的绝佳平衡，正是搭配硬乳酪"安定"口味的最佳选择。

c）每种乳酪都有它的特性，脂肪含量以及成熟程度上的不同都会影响乳酪而使其各具风味。正因为乳酪这种风味变化多端的特性，而使各种乳酪都有不同的佐酒选择。像清淡而具酸性的淡白葡萄酒便适合山羊乳酪；半硬的蓝乳酪则适合搭配甜且温和的白葡萄酒或浓郁而强烈的红葡萄酒；至于法国产的软质乳酪Normandy Camembert，便适合搭配来自同一产区的苹果酒，而不适合佐以葡萄酒。

3. 葡萄酒的服务

（1）红葡萄酒（Red Wine）服务程序

①准备工作：准备好红酒篮，将一块干净的口布铺在红酒篮中。将葡萄酒放在酒篮中，商标向上。

②红葡萄酒的展示：服务员右手拿起装有红酒的酒篮，走到宾客座位的右侧，另拿一小酱油碟放在宾客餐具的右侧，左手轻托住酒篮的底部，呈45°倾斜，商标向上，请宾客看清酒的商标，并询问宾客是否要服务。

③红葡萄酒的开启：将红酒立于酒篮中，左手扶住酒瓶，右手用开酒刀割开锡箔，并用一块干净的口布将瓶口擦净。将螺丝锥垂直钻入木塞，注意不要旋转酒瓶，螺丝锥不要扎透软木塞；待螺丝锥完全钻入木塞后，轻轻拔出木塞，木塞出瓶时不应有声音，不要使软木塞断裂。拔出软木塞后，应嗅闻软木塞接触酒的一面，检查瓶中酒是否有坏味、腐味或其他异味等。用布巾将瓶口附近擦拭干净，再检查一下葡萄酒的液面有无异物。将木塞放入小盘中，并摆在宾客红葡萄酒杯的右侧，以便客人进一步确认。

④红葡萄酒的服务：服务员将打开的红葡萄酒瓶放回酒篮，商标向上，同时用右手拿起酒篮。从宾客右侧倒入宾客杯中1/5红葡萄酒，请宾客品评酒质。宾客认可后，按照先宾后主、女士优先的原则，依次为宾客倒酒，倒酒时站在宾客的右侧，倒入杯中1/2即可。每倒完一杯酒要轻轻转动一下酒篮，避免酒滴在台布上。倒完酒后，把酒篮放在宾客餐具的右侧，注意不能将瓶口对着宾客。若酒篮太浅，酒便可能从软木塞已除去的酒瓶中自行流出，这时可在酒篮底下放置一个盘面朝下的盘子，稍微固定酒瓶，以免瓶身移位而使酒流出；酒篮较深时，则可省略此动作。

⑤红葡萄酒的添加：随时为宾客添加红葡萄酒。当整瓶酒将要倒完时，要询问宾客是否再加一瓶，如宾客不再加酒，即观察宾客，待其喝完酒后，立即将空杯撤掉。

⑥滗析红葡萄酒：红葡萄酒在成熟期间，酒中的单宁酸和色素等杂质都会沉淀在

瓶底而成为沉淀物。这些沉淀物一旦被搅动，酒便会显得不清澈，并且使客人在饮用之际感受到因沉淀物干扰而产生的粗糙质感，澄清酒中沉淀物需要一项专业性的工作——滗析（图3-33）。

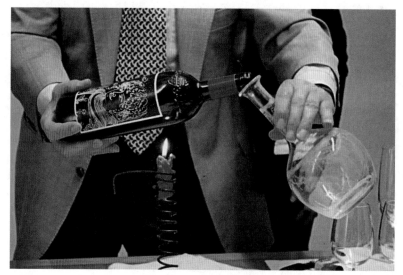

图3-33　滗析红葡萄酒

滗析是将原来红葡萄酒瓶内产生的沉淀物存留在瓶内，将上面的纯净部分的酒液倒入酒容器里，而不至于让客人在享用酒时因为沉淀物质的干扰而影响口感。一瓶"充分成熟"的老酒（如来自波尔多或勃艮第高品质的陈年佳酿）必须经过滗析的程序。滗析除了使酒澄清之外，还可以使葡萄酒接触空气而氧化，从而促进香味儿散发，醇和酒的味道，并使从酒库取出的葡萄酒的温度略微上升等。

对于滗析处理，有些人认为高品质的酒在滗析这种快速接触空气的过程中会失去这些好酒优秀、上等的酒香；有些人则认为即使是新酒也可以滗析，因为滗析可以使酒在与空气接触的过程中有"呼吸"的机会，呼出其酒香而去除笨重的酒味。有些宴客者点用高品质的佳酿，在希望所宴请的宾客知晓其所点用的酒具有高贵品质的前提下，大多不希望有滗析的手续，以便宾客能看到瓶身而彰显酒的珍贵；反之，若宴客主人不想让宾客知道所点用的酒品质较差或有其他目的，便反而希望借滗析来达到其目的。总之，顾客有时候会为了某一展示的目的而选择滗析与否，服务人员在滗析酒之前应征求点酒的宾客的意见，是否需要滗析。

一旦有滗析的需要时，服务人员必须轻柔地将顾客所点用的酒用酒篮装盛，当着客人的面，进行滗析的操作。以下将叙述滗析所需要的工具以及滗析的方式。

a）滗析酒的准备物品：开瓶器、葡萄酒（放在酒篮里）、蜡烛（或其他照明灯）、蜡烛台、火柴、滗析器（大肚有盖玻璃瓶或其他换瓶容器）和服务桌。

b）滗析酒的方法：点上蜡烛或用其他照明灯代替，将葡萄酒的瓶盖打开，应剥掉覆盖在瓶颈上的锡箔纸，检查软木塞有无异味，左手拿滗析器，右手拿葡萄酒，开始将葡萄酒滗在滗析器里，滗析时，应随时调整手的位置，以使瓶颈、光源与眼睛形成一条线。另外，注意手不要摇晃。通过蜡烛的光线看到瓶底的沉淀物快要流出时，即可停止滗析，瓶里剩下的葡萄酒，一般不超过全容量的1/10，这一点要注意。

（2）白葡萄酒（White Wine）服务程序

①准备工作：在冰桶中放入1/3桶冰块，再放入1/2冰桶的水后，放在冰桶架上，倘若没有冰桶架，就把冰桶放在一个铺着餐巾的大盘子上，并将其置于客人的餐桌上或靠墙的桌子上。服务员拿持冰桶时，必须一手牢固地提着它，一手扶着它，使冰桶安全稳固。配一条叠成8厘米宽的条状口布。白葡萄酒取回后，放入冰桶中，商标向上。

②白葡萄酒的展示：将准备好的冰桶架、冰桶、酒、条状口布、一个小盘依次拿到宾客座位的右侧，将小盘放在宾客餐具的右侧。左手持口布，右手持葡萄酒，将酒瓶底部放在条状口布的中间部位，再将条状口布两端拉起至酒瓶商标以上部位，并使商标全部露出。右手持用口布包好的酒瓶，用左手四个指尖轻托住酒瓶底部，送至宾客面前，诸宾客看清酒的商标，并询问宾客是否要服务。

③白葡萄酒的开启：得到宾客允许后，将酒瓶放回冰桶中开启（方法同红葡萄酒）。

④白葡萄酒的服务：服务员右手持用条状口布包好的酒瓶，商标朝向宾客，从宾客右侧倒入1/5杯的白葡萄酒，请宾客品评酒质。宾客认可后，按照先宾后主、女士优先的原则，依次为宾客倒酒；倒酒时站在宾客的右侧，倒入杯中3/4即可。每倒完一杯酒要轻轻转动一下酒瓶，避免酒滴在桌布上。倒完酒后，把白葡萄酒瓶放回冰桶，商标朝上。

⑤白葡萄酒的添加：随时为宾客添加白葡萄酒。当整瓶酒将要倒完时，询问宾客是否再加一瓶。如宾客不再加酒，即观察宾客，待其喝完酒后，立即将空杯撤掉。

（3）香槟酒（Champagne）服务程序

①准备工作：准备好冰桶，将酒擦拭干净，放于冰桶内冰冻。将酒连同冰桶和冰桶架一起放到宾客桌旁不影响正常服务的位置。

②酒的开启：将香槟酒从冰桶内抽出向主人展示，主人确认后放回冰桶内。用酒刀将瓶口处的锡纸割开去除；左手握住瓶颈，同时用拇指压住瓶塞，右手将捆扎瓶塞的铁丝拧开、取下；用干净口布包住瓶塞顶部，左手依旧握住瓶颈，右手握住瓶塞，双手同时反方向转动并缓慢地上提瓶塞，直至瓶内气体将瓶塞完全顶出；开瓶时动作不宜过猛，以免发出过大的声音而影响宾客。（注：起泡酒瓶塞的开启一般不用螺丝锥，而是用手。）

③品酒服务：用口布将瓶口和瓶身上的水迹擦掉，将酒瓶用口布包住。用右手拇指抠住瓶底，其余四指分开，托住瓶身；向主人杯中注入1/5的酒，交由主人品尝；主人品完认可后，服务员须询问是否可以立即斟酒。

④斟酒服务：斟酒时服务员右手持瓶，从宾客右侧按顺时针方向进行，女士优先、先宾后主；斟酒量为杯量的3/4；每斟一杯酒最好分两次完成，以免杯中泛起的泡沫溢出；斟完后须将瓶身顺时针轻转一下，防止瓶口的酒滴落到台面上。酒的商标须始终朝向宾客。为所有的宾客斟完酒后，将酒瓶放回冰桶内冰冻。

4. 葡萄酒的品尝

饮用葡萄酒，首先选用合适的酒杯是很重要的一门学问，一旦酒能与适当的酒杯相搭配，酒杯便能帮助酒更明确地呈现出酒的香味。所以在品酒时，最好选用杯身薄、透明无色且杯口略为收缩的高酒杯，以便酒香能聚集在杯口。如此重视杯口的宽窄，是因为杯口的宽窄设计都是以方便"嗅闻"酒香为前提所进行的。

一般而言，郁金香杯状的高脚酒杯是最理想的酒杯选择。选择恰当的酒杯用以品酒之后，便需留意倒酒时的一些规则，通常，在倒酒时应倒至杯身最宽的部分为止，恰好为酒杯杯身的1/2。

由于现在人们喜好以干杯的形式饮酒，所以现今在正式宴会中替客人服务倒酒时，服务员已逐渐趋向倒至酒杯的1/3满即可。此外，在倒酒时还需留意一个要点，即若有再次斟酒的需要时，应将杯中的酒全部喝完后，才可以再将新的酒倒入酒杯，以免杯中的葡萄酒因为前后倒的新酒旧酒混合而使酒的美味产生变化。由于市面上的红葡萄酒瓶底都免不了有自然的沉淀物，所以在倒酒时，若该瓶酒并未经过上述滗析的步骤，便应更谨慎地尽量避免倒完所有的酒，避免倒酒时搅动瓶底沉淀残渣而影响酒的品尝口感。

品酒可分为几个阶段，包括欣赏酒的美色、嗅闻酒的气味以及品尝酒的口感。在品尝一杯酒之前，应先借着白色的背景颜色并透过灯光来观看酒的外观、欣赏酒的美色；接着摇晃酒杯使酒能与空气接触而"呼吸"，以便嗅闻酒"呼吸"后释放出的酒香并享受酒浓郁的香气；之后应含入适当分量的酒于口中，稍微转动一下舌头，使舌头沾满酒，从而让酒液能在口中被充分感受到并得以呈现完整的味道；最后才将酒缓缓地吞入腹中，并感受酒遗留在口中的余味。一般而言，在品尝酒的口感时，应一口含入适量的酒，不宜过少或过多，保证有足够的酒在口中打滚，慢慢品尝，以感觉酒中口味的细微差别；接着再重复几次上述品酒步骤，便可通过一次次口感的刺激而品尝出酒的好坏。其中，将酒吞进咽喉的最后阶段最被人重视，因为法国品酒专家认为，酒的余味是品评酒优劣程度最重要的一项指标。

若想要充分领略葡萄酒之美，须掌握以上品酒步骤，这将使你更能享受葡萄酒引人入胜的美妙味觉世界。

5. 餐前酒和餐后酒服务

（1）餐前酒 餐前酒是在用餐前为增进食欲而饮用的酒精饮料的总称，法文叫Aperitif，即开胃之意。餐前酒的酒精含量不高，没有强烈的香气，很柔和，有酸味并略带苦味。多数餐前酒还因二氧化碳气的作用、可给人一种轻快的刺激。餐前酒的种类及特点介绍如下。

①吉尔酒（Kir）：该酒由利口酒中少量的黑加仑子甜酒与布尔戈尼产的辣白葡萄酒混合而成。其香气浓，味道甜酸，具有丰富的维生素，是法国第戎市原市长吉尔创造发明的。

②吉尔皇冠酒（Kirl Royal）：是用香槟酒代替吉尔酒中的白葡萄酒，而配制出的开胃酒，该酒柔和，味道上乘，很受女性宾客的欢迎。

③苦艾酒（Vermoth）：该酒是将苦艾及其他香草浸泡在白葡萄酒中制作成的混合葡萄酒。有甜味和辣味两种，具代表性的是法国和意大利的苦艾酒。酒精含量为18°~19°，对身体有滋补作用，口感滑润。饮用时，可以不兑水，也可以加冰块或兑水。

④雪莉酒（Sherry）：该酒产于西班牙的加的斯，是一种酒精含量高的葡萄酒。雪莉酒具有浓郁的香味，而且，越陈越香。根据其极辣、辣、中辣、甜等味道，以及配制方法和酿造期的长短、可分为各种类型。其中菲诺（Fino）雪莉呈淡麦黄色，味道不是很甜，带有清淡的香辣味，轻快鲜美，酒精度数约为15.5°，是一种很好的饭前开胃酒。饮用雪莉酒一般要提供雪莉酒杯，但依宾客要求，有时也可提供威士忌酒杯。

⑤开胃葡萄酒：这是一种葡萄酒中加进各种果实、柑橙、香草等制成的混合型葡萄酒。市场上有卖瓶装的，也可以各取所好自己配制。

（2）餐后酒 餐后酒是在食用高蛋白菜肴后，为促进消化而饮用的酒，是增强肠胃活动的酒精度高的饮料。餐后酒味道丰富、爽口，有化解食道与胃之间的堵塞物的生理作用。除此之外，该酒还像咖啡或雪茄烟的味道一样，给人一种醇和感，使人尽享味觉上的乐趣。餐后酒的种类及特点如下。

①白兰地酒（Brandy）：广义上，白兰地酒是水果蒸馏酒的总称。其中作为葡萄蒸馏酒的白兰地，以干邑、阿马略克白兰地最具代表性。除此之外，还有苹果白兰地、果渣白兰地以及以李子或木莓等果酒为原料生产的白兰地，各国生产的白兰地都各有自己的特色。

②威士忌酒（Whiskey）：威士忌酒是由麦子、玉米发酵酿造，而后经过蒸馏而成。有苏格兰威士忌、爱尔兰威士忌、波旁威士忌（又称玉米威士忌）、加拿大威士忌以及日本威士忌。

③利口酒（Liqueur）：利口酒是以上述白兰地、威士忌等酒精、蒸馏酒为酒基，配

上水果、草根木皮、香草等物，采用浸泡法，经过蒸馏、甜化处理而成。该酒具有很强的药理性。

④波特酒（Port）：该酒产于葡萄牙，是一种酒精含量高的葡萄酒。按其配制方法有白、红、宝石红、高级、佳酿酒之分。饮用波特酒一般提供葡萄酒杯。在欧洲，白波特酒通常作为餐前开胃酒饮用。

（四）西式宴会服务

前面已经介绍过西式宴会的桌椅布局、台面摆设、座位安排、酒水服务等知识，相对中式宴会服务来说，西式宴会的服务环节多，要求也较严格。在学习西式宴会服务程序前，有必要了解一下西式宴会的主要特点。

①餐桌以长台为主，有时也用圆台或腰圆台。

②用餐方法是采用分食制，一人一份餐盘，以食用西餐风味的菜点为主。

③西餐中每吃一道菜，更换一套餐具，多用刀叉服务，收盘时连同用过的刀叉一起收走，餐具的摆台也按事先定好的菜单，根据菜式摆上不同的刀叉餐具。

④在酒水的选用上，西式宴会有一套传统的规则，吃什么菜，饮什么酒，选用什么样的酒杯。

⑤西式宴会按照西餐操作程序和礼节进行服务，环境灯光柔和或偏暗，有时点蜡烛，并在席间播放音乐，气氛轻松舒适。

西式宴会服务程序可分为四个基本环节，即宴会前准备程序、餐前鸡尾酒会、宴会中服务、宴会结束工作，见图3-34。

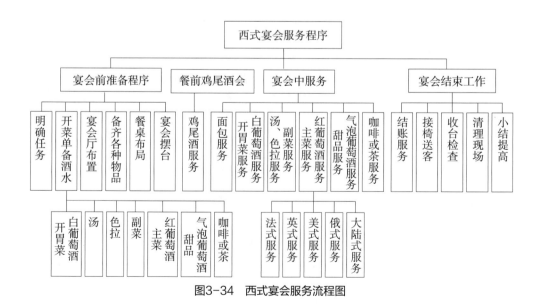

图3-34　西式宴会服务流程图

1. 宴会前准备程序

（1）明确任务 接受预定的西式宴会后，宴会厅负责人应了解清楚宴会举办单位和规格、标准、参加人数、进餐时间、来宾国籍身份、宗教信仰、生活特点及是否在近日内参加过宴会等情况。如参加过的话，应进一步了解吃了些什么菜点，有什么反应，来宾餐前在会客室是用茶还是用鸡尾酒，以及主办单位或客人有什么特殊要求等，了解清楚后，要召集服务人员开会，交代布置，研究完成的具体方法，明确各服务员的职责，提出完成的具体要求和注意事项。

（2）开菜单备酒水 宴会厅负责人要根据宴会标准，来宾的要求和货源情况，以及技术设备情况，协助厨师开好菜单。菜单开出后，要征求举办宴会单位或主人的意见，如有改动，即与厨房联系。

（3）宴会厅布置 西式宴会要在单厅举行，以利服务工作和安全保卫工作。要认真做好宴会厅、过道、楼梯、卫生间、休息室等处的清洁卫生。认真检查宴会厅、休息室及其他处所的家具设备，包括灯具、冷暖设备等是否完好，如发现问题，要及时整修或调换。按宴会的要求进行陈设、墙饰、绿化装饰。

（4）备齐各种物品 要根据菜单所列菜点、饮料等，备齐各种用具。一般的宴会小件餐具每客至少备3套，较高级的宴会每客要备5～6套，除备齐每客必用餐具外。还要准备一定数量的备用餐具，以防个别宾客在特殊情况下换用。备用餐具一般占总数的1/10即可。台布、鲜花或瓶花按台数准备。牙签等物一般按四客一套准备。口布按客数准备，并要有一定数量的备用口布。小方毛巾应按每客两条准备。此外，还要领取、配兑好酒水、辅助佐料、茶、烟、水果等物品。

宴会厅内要设有小酒吧间，要按菜单配兑好鸡尾酒、多色酒和其他饮料。需冰镇的要按时冰镇好。瓶装酒水要逐瓶检查质量，并将瓶身揩干净。辅助佐料也要按菜单配制。味架要擦干净并注满佐料。糖罐、盐罐也要擦净装满。茶、烟、果要按宴会标准领取。水果要经挑选并洗涤干净，需去皮去壳的要准备好去皮剥壳工具。要准备好开水。准备间则备好面包盘、大小托盘、新鲜面包、面包篮、黄油、酒水等。准备宴会所需使用的餐盘、底盘，并将咖啡杯保温、冰桶准备妥当，放在各服务区，并将客人事先点好的白酒打开，置放在冰桶中。准备红酒篮，并将红酒提前半个小时打开，斜放在红酒篮，使其与空气接触。

（5）餐桌布局 西式宴会的台型布置安排，一般采用长桌形式，根据人数和来宾情况以及餐厅的面积和设备进行安排。总的要求是既美观又实用，左右对称，出入方便，具有整体感并注意宴会厅的布局。

（6）台面布置 西式宴会铺台一般先用毡、绒等软垫物按台的尺寸铺台面，然后用布绳扎紧，再铺宴会台布，宴会台布要熨平，台布一般用白色。铺台布时宜两人合作，四边下垂部分平行相等，台布边垂下30～40厘米即可，如果是由数块台布拼铺的台面，应从里往外铺设（使客人一进门时看不到接缝，台布的接缝要错开主宾就餐的台面）。

2. 餐前鸡尾酒会

一般而言，在正式的西式宴会上，通常会在宴会开始之前先安排半小时至一小时的简单鸡尾酒会，让参加宴会的宾客有交流的机会，互相问候、认识（图3-35）。服务时，由服务员托盘端送饮料、鸡尾酒，并巡回请宾客饮用；茶几或小桌上备有虾片、干果仁等小吃。

图3-35　餐前鸡尾酒会

在酒会进行的同时，该宴会的服务员工必须分成两组，一组负责在酒会现场进行服务；另一组则在宴会场所做餐前的准备工作。

如来宾脱衣帽，服务员要主动接住，挂在衣帽架上或存入衣帽间。如衣物件数较多；可用衣帽牌区别。衣帽牌每号要有两枚，一枚挂在衣物上，另一枚交给来宾以备领取。对重要的来宾则不可用衣帽牌，而要凭记忆力进行准确的服务，以免失礼。接挂衣服时应拿衣领，切勿倒提，以防衣袋内的物品掉落。宴会开始前请宾客入宴会厅就座，女士优先，服务员帮助宾客拉椅、落餐巾、倒冰水。引宾入座也要按宾主次序进行。主宾到达时宴会即正式开始。

3. 宴会中服务

待一切准备工作就绪，接着便可着手进行宴会的餐桌服务。整体而论，西式宴会的餐桌服务方式有其特定的服务流程与准则，但宴会时所采取的餐饮服务方式仍须视菜单而定，即服务人员应依照菜单内容，进行不同的服务与餐具摆设。

以西式宴会菜单为例（图3-36），详细说明举办大型西式宴会时的服务方式。

（1）面包服务

①将面包放入装有餐巾的面包篮内，然后从客人的左手边送到客人的面包盘上。

②正式宴会中，面包作为佐餐食品可以在任何时候与任何菜肴搭配进行，所以要保证客人面包盘总是有面包，面包都采用献菜服务或分菜服务，直到客人表示不再需要为止。

③在宴会时，不管面包盘上有无面包，面包盘都须保留到收拾主菜盘后才能收掉；若菜单上有奶酪，则需等到客人用完奶酪后，或在上点心之前，才能将盘子收走。

banquet menu
鹅肝酱饼
鲜虾清汤
白酒茄汁蒸鳕鱼
青柠雪碧
烤芥末菲利牛排
各式精选奶酪
莓子千层蛋糕
咖啡或红茶
小甜点

图3-36 西式宴会菜单

（2）白葡萄酒服务（略）

（3）冷盘服务——鹅肝酱饼

①厨房通常先将鹅肝酱摆放 在餐盘上，然后再一起放到冷藏库冷藏。

②服务人员应从宾客右手边进行服务。上菜时，拿盘的方法应为手指朝盘外，切记不能将手指头按在盘上。

③鹅肝酱一般附有每人2片烤成三角形的小吐司饼。服务人员同样必须用面包篮，将饼由客人左手边递到面包盘上，让客人搭配鹅肝酱食用。

④正式宴会时服务员必须等该桌客人都食用完毕，才可同时将使用过的餐具撤下。收拾餐盘及刀叉时，应从客人右手边进行。

（4）鲜虾清汤服务

①从客人右手边送上汤，并注意若汤碗有双耳，摆放时则应使双耳朝左右，平行面向客人，而不可朝上下。

②待整桌客人同时用完汤后，将汤碗、底盘连同汤匙从客人右手边收掉。

③此时，服务人员须注意客人是否有添加面包或白葡萄酒的需要，应给予继续服务。

（5）白酒茄汁蒸鳕鱼服务

①白酒茄汁蒸鳕鱼是一道热开胃菜。为了保持热菜的新鲜度，厨师在厨房将菜肴装盘后，便应立即由服务人员端盘上桌，而不像冷盘可先装好再放入冰箱冷藏预备。

②为应付上述情况，宴会主管在大型宴会中必须有技巧地控制上菜的方法。因为在正式宴会里，必须等整桌都上完菜后才能同时用餐，若仍让每位服务人员只在自己所负责的桌次服务，便常造成同一桌次的宾客有的已经上菜，有的仍需等菜，导致已上桌的热菜在等待过程中冷掉。举例来说，每位服务人员服务一桌（通常为8位宾客）时，冷盘类可事先做好放置在冷藏库，服务人员拿取容易；汤类仅以托盘即可拿完；

而热食类则因厨房必须现场炒菜，故服务人员需排队取菜，每次只能端2～3盘，等上好一桌8位宾客时，已经排队数次，已上桌的热菜冷掉是意料中的事。

③基于上述理由，全体服务人员在该状况下必须互相协助，不能只服务自己所负责的桌次。应由领班到现场指挥，让全体服务人员按照顺序一桌一桌上菜，避免造成每桌均有客人等菜的现象，并方便让整桌先上完菜的客人先用餐。

④服务人员须等该桌客人全都用完白酒茄汁蒸鳕鱼后，从客人右手边同时将餐盘及鱼刀、鱼叉收掉。

（6）青柠雪碧服务

①主菜之前如有一道雪碧，其目的是清除之前菜肴的余味并帮助消化，以便能充分享受下一道菜——主餐。

②雪碧一般都使用高脚杯来盛装。服务时可用面包盘或点心盘加花边纸，由客人右手边上菜服务。

③须等同桌客人都用完时才一起收，但收时必须将垫底盘在主餐之前一起收掉。

（7）红葡萄酒服务

①除非客人要求继续饮用白葡萄酒，否则在提供红葡萄酒服务前，若客人已喝完白葡萄酒，便应先将白葡萄酒杯收掉。

②为使酒"呼吸"，红葡萄酒在上菜前已先开瓶，所以服务人员可直接从主人或点酒者右侧，将酒瓶放在酒篮内，标签朝上。

（8）主菜服务——烤芥末菲力牛排

①采用与白酒茄汁蒸鳕鱼相同的服务方式，必须由领班在现场指挥，一桌一桌地上菜，不可各自只在自己服务的桌上菜。否则，一样会造成同桌宾客有人已上菜，有人仍在等菜的情况。

②酱汁应由服务人员从客人左手边递给有需要者。

③服务人员必须等所有客人都已用完餐，才能从宾客右手边收拾大餐刀、大餐叉及餐盘。面包盘则必须等到客人用完奶酪后才能收掉，而不是在客人食毕主菜之后收掉。

④用完主餐后，应将餐桌上的胡椒、盐同时收掉。

⑤替客人添加红葡萄酒时，最好不要将新、旧酒混合，必须等到客人喝完后，再进行倒酒服务。

⑥注意烟灰缸的更换，应以烟灰缸内不超过2个烟头为原则。

（9）各式精选奶酪服务

①上奶酪之前，服务人员必须左手拿持托盘，右手将小餐刀、小餐叉摆设在客人位置上。

②将各种奶酪摆设在餐车上，由客人左手边逐一询问其喜好，依次服务。若宴会

人数众多，便应先在厨房中备妥，再采用餐盘服务，从客人右手边上菜。

③提供奶酪服务的同时，也需继续提供红葡萄酒服务和面包服务。

④同桌宾客都食用完后，服务人员必须将餐盘、小餐刀及小餐叉从客人右手边收掉，面包盘可放在托盘上由客人左手边收掉。

⑤准备一份扫面包屑用的器具，将桌面清理干净。

（10）莓子干层蛋糕服务

①上点心之前，桌上除了水杯、香槟杯、烟灰缸及点心餐具外，全部餐具与用品都要清理干净。如果桌上还有未用完的酒杯，则应征得客人同意后方可收掉。

②上点心之前若备有香槟酒，须先倒好香槟才能上点心。

③餐桌上的点心叉、点心匙应分别移到左右边，以方便客人使用。

④点心应从客人右手边上桌，餐盘、餐叉及餐匙的收拾也将从客人右手边进行。

⑤在咖啡、茶未上桌之前应先将糖盅及鲜奶油盅放置在餐桌上。

（11）咖啡或红茶服务

①点心上桌后，即可将咖啡杯事先摆上桌。

②上咖啡时，若客人面前还有点心盘，则咖啡杯可放在点心盘右侧。

③如果点心盘已收走，咖啡杯便可直接放在客人面前。

④倒咖啡时，服务人员左手应拿着服务巾，除方便随时擦掉壶口滴液外，也可用来护住热壶，以免烫到客人。

⑤随餐服务的咖啡或茶必须不断地供应，但添加前应先询问客人，以免造成浪费。

（12）小甜点服务　服务小甜点时不需要餐具，由服务人员直接端着绕场服务或每桌放置一盘，由客人自行取用。

以上是借西式宴会菜单实例所作的服务方式说明。然而除如上所述的各项菜肴的服务方法外，在西式宴会中，服务人员还有一些基本服务要领必须注意：

①同步上菜、同步收拾：在宴会中，同一种菜单项目须同时上桌。若遇有人其中一项不吃，仍须等大家都用完这道菜并收拾完毕后，再和其他客人同时上下一道菜。

②确保餐盘及桌上物品的干净：上菜时须注意盘缘是否干净，若盘缘不干净，应用服务巾擦干净后，才能将菜上给客人。餐桌上摆设的物品如胡椒罐、盐罐或杯子，也须留意其干净与否。

③保持菜肴应有的温度：服务时应注意保持食物原有温度。有加盖者，则要等上桌后再打开盘盖，以维持食物应有的品质；盛装热食的餐盘也须预先加热才能用以盛装食物。因此，服务用的餐盘或咖啡杯必须存放在具有保温功能的保温箱中，而冷菜类菜肴也绝对不能使用保温箱内的热盘子来盛装，以维持菜肴应有的温度。

④餐盘标志及主菜肴的位置应在既定方位：摆设印有标志的餐盘时，应将标志正

对着客人。而在盛装食物上桌时，菜肴也有一定的放置位子：凡是食物中有主菜之分者，其主要食物（例如牛排）必须靠近客人；点心蛋糕类有尖头者，其尖头应指向客人，以方便客人食用。

⑤调味酱应于菜肴上桌后才给予服务：调味酱分为冷调味酱和热调味酱。冷调味酱一般均由服务员准备好，放在服务桌上，待客人需要时再服务，如番茄酱、芥末等；而热调味酱则由厨房调制好后，再由服务人员以分菜方式进行服务。最理想的服务方式应为一人上菜肴，一人随后上调味酱，或者在端菜上桌之际，先向客人说明调味酱将随后服务，以免客人不知另有调味酱而先动手食用。

⑥应等全部客人用餐完毕才可收拾餐盘：小型宴会时，需等到所有宾客都吃完后，才可以收拾餐盘，但大型宴会则以桌为单位即可。在正式餐会中，若有人尚未吃完就开始收拾，似乎意在催促仍在用餐者，有失礼貌。此外，由于必须等全部收拾完毕后才能上下一道菜肴，所以太早收拾部分餐盘对工作进度也无太大帮助，所以应等全体顾客用完餐再一起收拾较为恰当。

⑦客人用错刀叉时，需补置新刀叉：收拾残盘时要将桌上已不使用的餐具一并收走，若有客人用错刀叉时，也须将误用的刀叉一起收掉，但务必在下一道菜上桌前及时补置新刀叉。

⑧客人食用有壳类或需用到手的食物时，应提供洗手碗：凡是用到手的菜肴如龙虾、乳鸽等，均需供应洗手碗。洗手碗内盛装约1/2左右的温水，碗中通常还放有柠檬片或花瓣。有些客人可能不清楚洗手碗的用途，所以上桌时最好稍作说明。随菜上桌的洗手碗视同为该道菜的餐具之一，收盘时必须一起收走。

⑨拿餐具时，不可触及入口的部位：从卫生角度来考虑，服务人员拿刀叉或杯子时，不可触及刀刃或杯口等将与口接触之处，而应拿刀叉的柄或杯子的底部，当然手也不可与食物碰触。

⑩水应随时添加：使水杯维持1/2~2/3的水量，直到顾客离去为止。

4. 宴会结束工作

（1）结账　宴会接近尾声时，清点所用的饮料，如果收费标准不包括饮料费用则要立即开出所耗用的饮料订单，交收款员算出总账单。宴会结束时，宴请的主人或助手负责结账，一般不签单，而收取现金、支票或信用卡。

（2）送宾离席　当宾客起身离座时，应为其拉椅，以方便走出，检查是否有遗留物品，送宾客至宴会厅门口；如果宴会主办单位或主人宴会后又安排其他活动，可先将宾客送至休息厅休息，根据来宾的生活习惯或主办人的安排，送茶、送毛巾或派餐后酒。其方式跟饭前酒相同。通常宴会厅都备有装满各式饭后酒的推车，由服务人员推至客人面前推销，以现品供客人选择，较具说服力。

（3）取送衣帽　来宾起身离开餐厅或休息厅时，服务员要及时按照牌号准确地将衣帽递送给宾客，对重要来宾的衣帽，因无牌号，要特别注意收送，并热情主动地帮宾客穿戴好。

（4）热情送客　宾客离店，要热情相送，礼貌道别。

（5）检查现场　送走客人后，要及时检查现场，看有没有客人遗失什么东西，如发现客人遗忘之物，应及时送还客人。检查台面是否有未熄灭的烟头。

（6）收拾台面、清理现场　各种餐具和物品的收拣宜分工进行，一般要按先口布、毛巾，后酒水杯、碗碟、刀、叉、勺的顺序进行。对刀、叉、勺、酒杯等小件餐具，要点清数量。用托盘或手推车收餐具，特别是使用银质等高级餐具的，更要注意收拣保管好。抹净餐台，打扫地面，将陈设物撤回原处摆好。关好门窗和所有的电灯。

（7）小结提高　宴会结束后，领班记录完成宴会的情况，同时应主动征求来宾或陪同人员的意见，认真小结接待工作，发扬成绩，克服缺点，不断提高服务质量和服务水平。

5. 西式宴会不同服务方式的区别

西式宴会的服务方式一般可分为：美式服务、法式服务、英式服务及俄式服务四种，其服务方法及各自的优缺点如下。

（1）美式服务（又称盘式服务）　因为人工昂贵，而美式服务恰好能有效节省时间及人力，所以目前许多餐厅都采用这种服务方式。所有菜肴都在厨房准备好上盘，由服务人员端出并从客人右手边上菜服务。面包、奶油及菜肴的配料应由客人左手边服务。美式服务适用于翻座次数频繁的餐厅，如咖啡厅或大型宴会。

美式服务的优点是：

①服务时便捷有效，同时间内可服务多位客人。

②不需做献菜、分菜的动作。工作简单且容易学习，不需要熟练的服务人员。

③服务最快速，能将食物趁热供给客人。

美式服务的缺点是：

①缺少表演的机会，没有献菜、分菜及桌边服务那样细腻。

②并非一种很亲切的服务方式。

（2）法式服务　服务人员献上菜盘，由客人左手边呈上给客人过目，然后由客人自行挑选，夹取喜欢的食物以及所需要的分量到餐盘上享用。服务方式为左手腕托持银菜盘，将服务巾垫于盘下，并在银菜盘上放置服务用的叉匙。服务完一人，服务员原则上以逆时针方向继续为其他客人服务。在服务下一位客人之前，服务人员必须先将银菜盘中的其他菜肴重新排列摆设。法式服务适用于精致华丽的场合或宴会，其优点是：

①不需要众多或技巧熟练的服务人员即可进行服务，也不需太大的空间摆放器具。

②客人可依需要自行选择菜肴的种类与数量，服务人员工作较为轻松容易。

法式服务的缺点是：

①服务过程缓慢，因为由客人自己动手取菜势必造成服务速度迟缓。

②由客人自己动手取菜，必会打扰到客人，同时似乎并未尽到服务顾客的责任。

③因为由客人自行夹取，所以上的菜肴常有剩余或是不够的情况发生。

（3）英式服务　英式服务与法式服务基本雷同，唯一不同的是客人的食物须由服务人员以右手操作，用服务叉匙将菜肴配送到客人盘中，供其享用。当宴会中需要较快速的服务时，经常采用这种服务方式。

英式服务的优点是：

①提供个人服务，但比法式服务更迅速、更有效率。

②可为客人提供分量均等的食物。因为菜肴已事先在厨房内按规定的分量切好，并由服务人员控制分菜的分量，不必让客人自己动手。

英式服务的缺点是：

①有些菜肴不适合采用这种服务方式，例如鱼或蛋卷。

②如果很多客人各点不相同的菜肴，服务生便须从厨房端出很多银菜盘。

③分菜服务必须要有技巧熟练的服务人员，工作较为辛苦。

（4）俄式（手推车）服务　菜肴先以原样（整块，例如牛排）展示后，当场在客人面前切割，然后再进行桌边式服务。服务人员左手持服务叉，右手持服务匙，将菜肴送到客人的餐盘内，并排列美观，然后以右手端盘，由客人右手边上桌，供客人享用，同时可借此机会询问客人的喜好及对分量的要求。这种服务方式适用于提供在客人面前调制菜肴的桌边服务的高级餐厅。

俄式服务的优点是：

①适用于各式菜肴，汤、冷盘、主食等均适用。

②因为服务工作在手推车上进行，所以不易弄脏桌布和顾客衣物。

③为客人提供最周到的个人服务。

④使客人感觉备受重视。

俄式服务的缺点是：

①因使用手推车进行服务，故需较宽敞的空间，餐厅座位因而相对减少。

②服务速度缓慢。

③需要较多且技巧熟练的人手进行服务。

④需要多准备一些旁桌之类的设备，投资费用增加。

二、技能操作

实训项目：西式宴会活动策划与菜点制作

实训目的：通过西式宴会设计，学会运用西式宴会知识，解决宴会设计问题。

客情1：

2023世界城市峰会将于5月17—20日在苏州举行，来自世界各个城市的62名市长或代表以及50名全球杰出青年领袖集聚苏州，共同探讨如何让城市更宜居、如何实现可持续发展等问题。峰会主办方将于17日晚在园区凯宾斯基酒店的国宾厅举行西式欢迎晚宴，招待与会嘉宾。

客情2：

2023世界物联网博览会定于9月15—18日在国家传感网创新示范区——江苏省无锡市举行。9月16日在无锡苏宁凯悦酒店隆重举行的"2023世界物联网博览会国际技术转移大会"是博览会重点活动之一，大会以"创赢无锡、感知中国、物联世界"为主题，邀请海内外多位院士、教授、企业负责人等物联网领域的专家共300余人参加本次大会。大会主办方将于9月16日晚，在苏宁凯悦酒店大宴会厅举办西式宴会招待海内外与会嘉宾。

实训要求：

1. 学生分成4～5人的小组，依据虚拟客情或自拟客情，完成西式宴会策划方案。

2. 策划方案要合理分工，各自独立完成策划方案文档和PPT解说，组长汇总提交。

3. 由组长制定宴会厨房生产计划，小组成员分工完成中英文菜单设计、原料采购单、标准菜谱、宴席营养分析、食品安全控制等内容。

任务小结

本任务小结如图3-37所示。

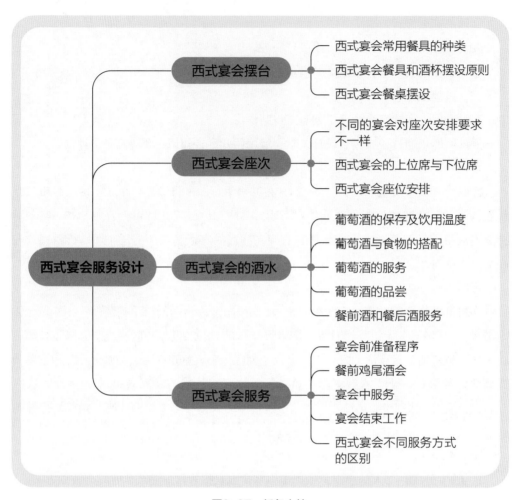

图3-37　任务小结

中西结合宴会设计

任务导入

场景：江南明都国际酒店宴会部

人物：酒店总经理赵某，宴会定制服务师小张

情节：宴会定制服务师小张向酒店赵总汇报，近期来酒店咨询中西结合式婚宴的新人较多，如何完美地给客人提供中西结合式婚宴服务？赵总向小张建议，邀请宴会经理、服务主管、宴会厨师长等管理人员，就如何策划中西结合式婚宴安排一次研讨会。

任务目标

◇ 了解宴会场景方面中西结合的内容，能根据客情设计中西结合宴会的场景。

◇ 了解宴会服务方面中西结合的内容，能根据客情设计中西结合宴会的服务。

◇ 了解宴会菜单方面中西结合的内容，能根据客情设计中西结合宴会的菜单。

任务实施

一、知识学习

宴会的人数众多，尤其是国内外宾客参与的宴会，需求不一。而单一形式的宴会，有时往往难以满足大部分宾客的需求。中西结合宴会吸取、融合中西宴会在环境布局、厅堂风格、台面设计、餐具用品、宴席摆台、菜式格局、服务方式的特点，别具一格，使人耳目一新，更能满足不同宾客的需求，提升宴会的品质，深受宾客欢迎，尤其近年来举办的国宴，莫不以中西结合宴会形式为主。

（一）中西环境结合宴会

宴会环境包括宴会场所的空间、色彩、灯光、音控、空气质量、温度湿度、餐桌布置、绿化等元素，中西环境结合就是整体规划这些元素时，就某一点或多点采用中西特色的元素组合，以满足客人舒适的感知与美的享受。

1. 餐桌布局中西结合

（1）北京奥运会开幕式欢迎午宴　2008年8月8日中午12：30～14：00，北京人民大会堂二楼宴会厅，有170多名贵宾参与了北京奥运会欢迎午宴。宴会大厅中央摆放着九台硕大的圆形餐桌，排成正方形（图3-38），每张桌子以鲜花为名，分别为牡丹、茉莉、兰花、月季、杜鹃、荷花、茶花、桂花、芙蓉，这九台圆形大餐桌，可以说寓意着浓厚的中国文化元素，在中国人心目中，"九"象征着至高无上，象征着极顶，圆形寓意圆圆满满。这样的餐厅布局的确颇具匠心。

图3-38　2008年北京奥运会开幕盛宴餐桌布局

（2）北京残奥会开幕式欢迎午宴　2008年9月6日，在人民大会堂举行宴会欢迎前来参加北京残奥会的贵宾。餐桌布局采用西式宴会中的"梳子形"（图3-39）。

图3-39　2008年北京残奥会开幕宴欢迎会餐桌布局

（3）北京奥运会及残奥会闭幕式宴会　2008年8月24日和9月17日，分别在钓鱼台国宾馆芳菲苑举行宴会，欢迎前来出席北京奥运会闭幕式的国际贵宾及残奥会闭幕式的国际贵宾。这两次宴会餐桌布局均采用西式宴会常用的"U"形（图3-40）。

图3-40　2008年北京奥运会及残奥会闭幕宴餐桌布局

（4）北京冬奥会欢迎午宴　2022年2月5日，北京人民大会堂张灯结彩，"冰墩墩""雪容融"笑容可掬，春联福字、剪纸年画、中国结，年味浓郁，欢迎出席2022年北京冬奥会开幕式国际贵宾的宴会在金色大厅隆重举行。本次宴会采用"口"字形餐桌布局（图3-41）。餐桌中间的北京冬奥主题花坛精巧夺目，"雪飞天""雪游龙""雪如意"散落在银装素裹的绵延丛林和绿意盎然的辽阔平原，展现出一幅美丽的中国画卷，花坛中央北京冬奥会会徽昭示各国一起向未来。

图3-41　2022年北京冬奥会欢迎宴会餐桌布局

2008年奥运会开幕式宴会，有美国、俄罗斯、日本、法国等多国领导人出席。怎样安排欢迎宴会座位？怎样避免出现某国元首或政府首脑桌次靠后的尴尬？礼宾部门进行了大胆尝试，对贵宾所在的9个大圆桌，舍去习惯使用的1至9的桌次号码，改为以牡丹、茉莉、兰花、月季、杜鹃、荷花、茶花、桂花和芙蓉九种花卉名称来命名各桌。这种做法温馨、新颖，回避了数字高低的问题，避开了先后次序，没有明显突出主桌，遵循了礼宾上对等和平衡的原则。照顾到各方的关切，让大家高兴而来、满意而归。这在中国国宴史上尚属首创，效果颇佳，受到好评。

另值得一提的是，此次欢迎宴会，桌形设计和席次安排也独具匠心。宴会的桌形设计原先还有九边形、大U形、花瓣形、九圆桌等方案。起先，采用了九个长桌拼成九边形的设计，新颖、大气。可是在距离奥运会开幕式不到一周的第二次演练中发现，此方案各对应桌间距较远，产生距离感，美中不足。于是宴会筹备人员连夜加班，将桌形改成了九圆桌——既拉近了距离，又体现了"九九归一""团团圆圆"的中国传统思想。

残奥会开幕式宴会及两次闭幕式宴会，根据与会人数的数量及规格，均采用西式宴会餐桌布局（图3-39）。

北京冬奥会期间，正是全球新型冠状病毒肺炎疫情反复延宕之时，如期举办北京冬奥会，实属不易。疫情的影响，如约而至的各国各地区贵宾数量不多，采用"口"字形的餐桌布局相得益彰，餐桌中间的北京冬奥花坛更是突出了宴会的主题。

2. 娱乐项目中西结合

（1）上合组织成员国总理第十四次会议欢迎晚宴 2015年12月14日，上合组织成员国总理第十四次会议欢迎晚宴在郑州美盛喜来登酒店三楼宴会厅隆重举行。在欢迎宴会上，娱乐项目由席间乐和演出节目组成（表3-6）。

①演出节目：豫剧舞蹈《花木兰》和武术《少林功夫》彰显了本次会议举办地河南的地域色彩，同时，中国第一位获得国际小提琴艺术最高奖的吕思清演奏的《如歌的行板》，是俄罗斯作曲家柴可夫斯基最著名的作品《D大调弦乐四重奏》中的乐曲，宁夏演艺集团歌舞剧院的舞蹈《金色汤瓶》体现了民族文化。特别是杂技《肩上芭蕾——东方天鹅》将芭蕾这一西方的高雅艺术与中国的传统杂技和谐相融，生动展示了"上合精神"尊重多样文明、谋求共同发展的精髓。

表 3-6　上合组织欢迎晚宴娱乐节目

类别	演出节目	席间乐曲目
时间	30分钟	60分钟
内容	豫剧舞蹈《花木兰》 男中音独唱《快给大忙人让路》 二胡齐奏《万马奔腾》 杂技《肩上芭蕾——东方天鹅》 武术《少林功夫》 小提琴演奏《如歌的行板》 舞蹈《金色汤瓶》	春节序曲 茉莉花（江苏民歌） 鸿雁（内蒙古民歌） 寻找你（吉尔吉斯斯坦民歌） 编花篮（河南民歌） 月之光（俄罗斯民歌） 咱们说说知心话 杜尚别（塔吉克斯坦民歌） 康定情歌（四川民歌） 白玫瑰（乌兹别克斯坦民歌） 在那遥远的地方（新疆民歌） 良宵 致姑娘（哈萨克斯坦民歌） 花好月圆 拉德斯基进行曲
人员	歌唱家廖昌永、小提琴演奏吕思清、杂技演员魏葆华和吴正丹、古典舞演员唐诗逸等9人及宁夏演艺集团歌舞剧院等	河南交响乐团30余名演奏家

②席间乐：由河南交响乐团30余名演奏家组成的乐团，用欢快的乐曲和美妙的旋律为各国来宾营造出欢乐、温馨的艺术氛围。曲目编排中西结合，既有中国各地的民歌；也有5个成员国的曲目。在热烈、明快的《春节序曲》乐曲声中，嘉宾入场；在轻盈活泼、淳朴优美的江苏民歌《茉莉花》中，宴会开始，来宾们亲切交谈、举杯邀饮；在宴会过程中，5个成员国的曲目与中国传统乐曲经典穿插演奏，构成了上海合作组织成员国睦邻友好的和谐乐章。当欢快、热情的旋律《拉德斯基进行曲》响彻全场，洋溢着欢乐的宴会结束。

（2）北京冬奥会开幕式欢迎午宴　2022年2月5日，北京人民大会堂举办的2022年北京冬奥会开幕式欢迎宴会上，当贵宾们步入金色大厅的时候，来自中国交响乐团的艺术家们演奏的是《和平——命运共同体》迎宾曲；宴会举行期间，来自五大洲有代表性的乐曲和最有中国特色的民间乐曲交替奏响，从《春节序曲》到柬埔寨乐曲《啊！迷人的森林》；从《彩云追月》到中亚乐曲《早晨的风》；从《花好月圆》到中东乐曲《尼罗河畔的歌声》……宴会结束的时候，贵宾们听到的是交响乐版《一起向未来》，这也是北京冬奥会的这首主题曲被改编成交响乐版后的第一次演出。

案例点评　上合组织欢迎晚宴的娱乐项目彰显了地域色彩。河南作为本次会议的举办地，中原文化色彩是文艺演出的必然诉求，所以精选了河南最具影响力的两大文化品牌——豫剧和武术；同时为体现上合组织成员国的文化特点，设计了俄罗斯作曲家柴可夫斯基的作品、体现民族文化的作品及5个成员国的经典曲目。冬奥会开幕式欢迎宴会上演奏的曲目，同样中西结合，音乐超越国界，联通心灵，不同国家、不同地域、不同文明，在这里对话交流、相互欣赏。

（二）中西服务结合宴会

宴会服务包括摆台、席次安排、花卉布置、宴会服务人员安排等。中西服务结合主要在摆台的餐具。既有筷子，又有刀叉，由客人自由选择；就餐方式有服务员按西式进行服务，有客人自主取菜，也有厨师现场烹调、切割和派菜；采用各吃方式，各人吃各人的，清洁卫生，互不干扰。

1. 宴会摆台中西结合

（1）上海APEC会议欢迎午宴　2001年10月21日，亚太经合组织（APEC）第九次领导人非正式会议午餐宴在上海科技馆四楼圆厅举行，20位世界政坛领袖人物同聚一桌，圆形餐桌直径7.5米、周长27.3米、人均弧长1.3米。午餐宴的铺台（图3-42）以绿色为主色调，淡绿色的台布，台裙、桌幔是深墨绿色，丝光绒桌幔中间，是豆绿色的中国结。

午餐的餐具中西结合。中式的包括张家港幸运牌手工打制的13寸银麻点看盘（2），

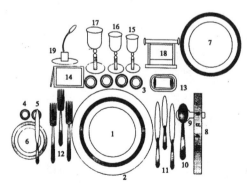

图3-42　APEC会议欢迎午宴餐台摆设

配以三角形的银筷架（9）、乌木银头筷（8）、银勺（10）、半圆形毛巾碟（13）等，无不洋溢着浓浓的中国情；西式的刀叉选用意大利圣安琪（Standrea）品牌（11、12），华丽精致，中西合璧。玻璃器皿选择德国品牌肖脱、滋维泽尔（Schoot Zwiesel）、无银水晶杯（15、16、17），晶莹剔透。瓷器使用唐山铂金边白色骨质瓷，有12寸菜盆（1）、4寸味碟（3）、盛黄油与鹅肝酱的2.5寸味碟（4、5）、面包盆（6）等；装饰盘使用景德镇12寸青花盘，客人入座前是看盆，入座后将盖在冷菜上的南瓜雕刻盖打开后放在此盆上。

特别是中西结合的菜单（18），红木架画轴式中文菜单，中间为玻璃雕刻英文菜单。桌上插花是黄绿色的新西兰惠兰，宴会桌中央的摆花，是惠兰加上粉红色的玫瑰。

（2）G20杭州峰会欢迎晚宴

二十国集团领导人第十一次峰会欢迎晚宴于2016年9月4日在浙江杭州举行。国宴台面的整套餐瓷体现出"西湖元素、杭州特色、江南韵味、中国气派、世界大国"的G20国宴布置基调。

国宴餐具的图案，采用富有传统文化审美元素的"青绿山水"工笔带写意的笔触创造，布局含蓄严谨，意境清新。而所有图案设计均取自西湖实景。比如茶和咖啡瓷器用具系列，来源于西湖的荷花、莲蓬造型，壶盖提揪酷似水滴。漫步西子湖畔，最让人难忘的那些大大小小的桥。本届G20峰会会标图案用20根线条，描绘出一个桥型轮廓。桥，在这套国宴餐具中不仅体现在图案上，在器具的造型上，也融入了桥的元素。

餐具的主题设计也紧紧围绕整体摆台布置效果（图3-43）。第一道冷菜拼盘半球形的尊顶盖是最引人注目的器具。尊顶盖顶端提揪设计源自西湖十景之一的三潭印月。提揪高5.5厘米，为了真实还原三潭印月的造型，工匠们需要在直径1.5厘米的提揪上刻出6个窗户，用小刀在泥坯上刻出了0.3厘米的小窗。汤盅采用双层恒温方式，确保热汤能保持温度。汤盅的外形设计灵感来源于海上丝绸之路的宝船，汤盅盖的提揪则是简约的桥孔造型。

图3-43　G20杭州峰会晚宴摆台

案例点评

中餐用筷子，西餐用刀叉。但有外宾的宴会上，往往既上中餐，也上西餐，如果送上一道牛排，用筷子夹食，会很不方便。同样，如果是片好的烤鸭，客人宜用筷子将葱段、黄瓜条和甜面酱等夹在薄饼内，卷起来食用。所以，G20杭州峰会欢迎晚宴餐桌上既摆放刀叉，也摆放筷子。

一般中西餐结合宴会的摆台方式是，餐盘在座位正前方；盘前横放甜食叉或匙；餐盘左放叉，右放刀（数量与菜之道数一致），叉尖向上，刀口朝盘，便于先外后里，顺序取用；汤匙也放在右边，即沙拉刀之内；面包盘在左手前方，其右旁为黄油碟及黄油刀；餐盘右前方是水杯或啤酒杯，其后依次是红、白葡萄酒杯（现在国宴一般只供这两种酒）。中餐使用的筷子，则在食盘右侧，筷子应配筷套，并搭在筷架上。

2. 席次安排中西结合

（1）2012年诺贝尔奖颁奖盛宴　中国传统圆桌宴会的席次安排上，夫妻往往被安排在一起就座；而在西式宴会礼宾座次规则里，丈夫和妻子从不坐在一起，这样可以创造更多的谈话机会。诺贝尔奖颁奖典礼有许多既定的规定，比如在宴会上夫妻通常不被安排紧邻而坐。2012年12月10日，在诺贝尔颁奖盛宴上，莫言夫妇破例挨着坐，由于莫言夫妇都只会讲中文，因此诺奖主办方在颁奖后的宴会上将莫言夫妇安排紧邻而坐，中国驻瑞典大使兰立俊和夫人顾朗琳陪同莫言夫妇（图3-44）。

一般情况下，诺贝尔奖得主在宴会上与自己的家人是分开就座的。比如诺贝尔生理学或医学奖获得者山中伸弥与瑞典公主玛德莱娜紧挨，坐在玛德莱娜公主对面的正

图3-44　2012年诺贝尔奖颁奖晚宴上，莫言夫妇在主桌上挨着坐

是山中伸弥的妻子；诺贝尔化学奖得主布莱恩·克比尔卡与瑞典女王储维多利亚坐在一起，而布莱恩·克比尔卡的妻子坐在女王储维多利亚对面。诺贝尔基金会发言人安妮卡·庞蒂吉斯介绍，此次莫言的座位是主办方根据语言和习惯所做的特殊安排，"座席安排是有规定的，不过，我们也会根据语言能力来做特殊改变。莫言和他妻子都只会讲中文，因此需要将他们安排在一起就座。"

（2）2015年诺贝尔奖颁奖盛宴 2015年12月10日，在诺贝尔颁奖盛宴上，1000多名宾客的位置早就布置停当。每位客人的位置上都有一张精美的小卡片，这是诺贝尔基金会在掌握客人的爱好后精心设计的。原来，基金会会提前征求客人对座位的"特殊要求"。晚宴"主桌"的座次名单包括瑞典国王夫妇、诺奖委员会主席、政府官员及其他2015年诺奖得主夫妇共计88人将出现在"主桌"上。

为了照顾2015年诺贝尔奖生理学或医学奖得主、中国科学家屠呦呦的身体，诺贝尔组委会调整了晚宴席位，屠呦呦不与瑞典国王同坐主桌用餐，屠呦呦和她丈夫李廷钊及其家人坐在诺贝尔奖晚宴的10号桌的2号座位上（图3-45），她的丈夫负责照顾她，这样也便于屠呦呦感觉疲劳时提前离场。

图3-45 屠呦呦和她丈夫在诺贝尔奖晚宴上

（三）中西菜单结合宴会

中西菜单结合主要指宴会的菜点中西结合，包括中西菜式格局的结合、中西菜点烹饪制作的结合、中西菜肴风味的结合等。宴会菜品设计时在原料使用上、烹调方法上、口味上发扬中西菜品各自的优势，扬长避短。

1. 中西菜式格局的结合

中西菜式格局的结合首推国宴。根据人民大会堂国宴菜单分析，国宴的标准为四菜一汤或三菜一汤，而且都是中西结合，不分中式宴会或西式宴会，一般以中餐菜品为主，西餐菜品作为主菜在中间上桌，或者作为配菜穿插上桌。

国宴菜单的内容包括凉菜头盘，都是肉类、海鲜类混搭拼盘，一般和四味小菜一起上，但不包括在四菜一汤里；汤品为高级清汤；大菜一般以海参、鲍鱼为主；西餐菜品有鹅肝、法式蜗牛、牛排等，鹅肝的做法还会借鉴中餐元素，如运用山楂等中国水果一起制作；中式肉菜或海鲜以鱼虾居多，有时候也会上山珍；蔬菜是最后一个菜；还会有一道甜品，如八宝饭、芋泥等。国宴特殊的食材运用得非常少，因为国宴在某种程度上代表的是一个国家的水准，新奇独特的食材基本不会出现，主要材料或者国内买不到的食材会从国外进口，比如松露、某些调味料、香料等。

（1）北京奥运会开幕式欢迎宴会　2008年8月8日，北京奥运会开幕式欢迎宴会在人民大会堂二楼的宴会厅举行，80多个国家的元首齐聚国宴，无论是级别还是规模，不仅在中国是空前绝后，同时在世界范围也甚为罕见。在这场被誉为"中华第一宴"的国宴上，中国为各方贵宾准备的菜单也别出心裁（图3-46）。

冷菜"宫灯拼盘"包含水晶虾、腐皮鱼卷、鹅肝皮、葱油盖菜与千层豆腐糕，荤素搭配，咸淡相宜，配以独特的摆盘，宛如置身于天宫之中。它寓意深远，取自中国古典华美宫灯之意，让外国人在饮食之间又加深了对中华古典特色中国风的印象，一举两得。

热菜则安排了荷香牛排、鸟巢鲜蔬、酱汁鳕鱼三道。荷香牛排与酱汁鳕鱼，当属中西合璧画龙点睛之最：荷香取材荷花与荷叶，出淤泥而不染，濯清涟而不妖，品质高洁，香远益清，荷叶调味，清香入口滋补爽神，一份别致源于今古相宜，再经西方人本土特色牛排润色，肥而不腻；鳕鱼是西方主食，酱汁鳕鱼外焦里嫩借助酱汁搭配，浓香而不腻口，又融入了中国元素。鸟巢鲜蔬，闻声达意，是为迎接奥运会开幕，人民大会堂专门设计出的独特菜式，很有中国特色，奥运特色，清淡而鲜美，相当喜庆精彩。

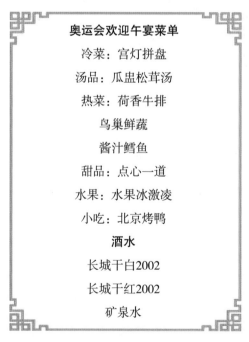

奥运会欢迎午宴菜单

冷菜：宫灯拼盘

汤品：瓜盅松茸汤

热菜：荷香牛排

　　　鸟巢鲜蔬

　　　酱汁鳕鱼

甜品：点心一道

水果：水果冰激凌

小吃：北京烤鸭

酒水

长城干白2002

长城干红2002

矿泉水

图3-46　2008年北京奥运会开幕式欢迎宴会菜单

主菜后奉上一盅营养丰富、价值高的瓜盅松茸汤，搭配最著名的北京烤鸭作为小吃，让人拍手称赞，回味无穷。一道点心和一道水果冰激凌完成了国宴的"面面俱到"。

从这"四菜一汤"的宴会菜单中会发现，这"四菜一汤"不仅体现着中国特色、奥运特色，而且冷热结合，中西合璧，既满足了中西方贵宾的饮食习惯，也能保证贵宾们吃饱吃好，还能让贵宾们饭后回味无穷，这是一种文化上的"大气"，还体现了一种节俭的精神。

国宴菜品还体现了"一荤、一素、一菇"的科学配餐方法。菜单中有一个肉类、一个鱼类、一个蔬菜类、一个菌菇汤，兼具美味和营养。从食材营养角度考虑，牛排是西方宴客的永恒主题，鳕鱼则是鱼类中的上品，柔嫩无骨，没有腥味，它们是西方人最爱吃的食材；而松茸味道鲜美，有"菌中之王"的美誉；蔬菜选的是芦笋，健康而且高档。整桌饭菜，比过去的中式宴席简洁了许多，而且非常注重荤素结合、营养搭配。

（2）《财富》全球论坛开幕晚宴 2017《财富》全球论坛开幕晚宴在广州中山纪念堂举行，世界500强企业高管及其他全球知名企业代表约600人出席了开幕晚宴。

晚宴在20：00～22：00举行，菜单包括了汤、主菜、甜品、酒类等（图3-47），有蒸紫菜龙虾卷，潘若龙虾汁；虫草花鸭肉炖汤；澳洲牛小排，陈年老醋烟熏番茄烩，大豆花椰菜泥，粤式煎萝卜糕配茴香汁；广式椰汁芋头西米露配果酱；咖啡、无因咖

图3-47 《财富》全球论坛晚宴菜单及节目单

啡及茶；红白葡萄酒。晚宴厨房数十位厨师忙个不停，相关部门多位工作人员戴着口罩在门口把守，确保食品安全。开席前，在中心厨房预制的半成品菜式运到现场加工，保证出品新鲜。此外，晚宴现场还可观赏"脆皮咸甜薄撑""搓沙汤圆"以及糖炒栗子等制作表演。拥有33年经验、广州泰斗级竹升面师傅吴炳亮，将新鲜鸭蛋和超高筋面粉糅合，全程不掺一滴水，在竹竿的一端起起落落两个多小时，才能完成一个面团的制作，引得不少外国朋友驻足观看。

案例点评　晚宴菜单按照西餐设计，符合外国友人的习惯，包括头盘、汤、主菜、甜品，另有两款葡萄酒佐餐。但其中广味浓郁，特别加入了多道粤菜经典菜式。广州人吃饭前先饮汤，一道虫草花鸭肉炖汤成为晚宴的第二道菜，虫草花这款广州街坊常用的食材还有食疗功效，对于外国宾客来说十分新鲜。主菜是澳洲牛小排，旁边别出心裁地加上广州早茶传统点心煎萝卜糕配茴香汁，这样的搭配不只外国嘉宾，就算是广州人恐怕也没多少人尝过。饭后甜品是广式椰汁芋头西米露配果酱，西米露配上外国人常吃的果酱，别有一番中西合璧的滋味。

2. 中西菜点烹饪制作的结合

在北京，无论是用餐客人还是专业人士，对大董烤鸭店的菜都是推崇备至。究其原因最主要的就是菜式新，味道好。大董烤鸭店老板董振祥认为：中西餐结合必须保持自己的特色。烤鸭是该店的一道具备自己特色的招牌菜，菜单上叫"酥不腻烤鸭"，怎么让它能酥呢？该店选用了一些西餐的炉具，从原料配比上，采用了一些西餐的调味品，工艺上进行了改进，这样就使烤鸭在脆的基础上又达到了酥。不但没有使该菜的特色消失，还使这种特色更加鲜明，而且让这道菜更加符合了现代饮食观念。再如一道采用澳洲纯正小牛肉制作的"豉椒澳洲牛仔粒"，地道的西餐原料，在制作时却采用的是中餐烹饪手法，这道菜可以说结合得非常完美。过去中餐的牛柳多是采用老黄牛的肉，要想使肉嫩，就要加嫩肉粉等来破坏肉质的纤维组织。而这种小牛肉很嫩，连上浆都不用，只需下锅爆香就行，特别鲜香滑嫩，最主要是不破坏它的纤维组织，不损失它的营养成分。

通过融合可使菜点特色日臻完善。在这个基础上再去借鉴其他原材料、烹饪技法、调味品等，来丰富自己的特色。不是为了融合而把特色改变了，必须要保持自己的本质，然后再考虑如何用其他技巧来丰富自己，使自己更加多元化。只有保持住自己的特色，才能发挥自己的特色。

中西点心的结合，由于西式面点和中式面点在原料、制作方法、品种类型等方面都有较大区别。如西点多为甜点，油脂一般用奶油、麦淇淋（人造奶油）或起酥油，熟制方法以烘烤为主；而中点的味型则以咸味居多，油脂一般为猪油或植物烹调油，熟制大多采用蒸、炸、煮等烹调方法。根据中国人的口味特点，对西点进行适当修饰，便可创作出中西结合的新颖点心。这既是西点出新的一条途径，也可为中点创新所借鉴。按此方式设计制作的新品种，融合了中西菜点的风味，别具一格，令人耳目一新。如榨菜肉丝多纳、椰蓉酥饼、川味鸡饼汉堡等。

二、实践探究

实训项目1：地方宴会娱乐项目调研

实训目的：了解地方非物质文化遗产类娱乐项目，能结合不同主题及客情设计宴会娱乐项目。

宴会娱乐项目的策划，需要宴会设计人员了解地方经典曲目和优秀节目，特别是列入非物质文化遗产的传统音乐、传统舞蹈、传统戏剧、曲艺、传统体育、游艺与杂技等。如在无锡举办宴会欢迎来自世界各地的嘉宾，有这些地方特色娱乐项目值得推荐（表3-7）。

表3-7　无锡非物质文化遗产类娱乐项目

类　别	名　称	级　别
传统音乐	无锡道教音乐	国家级
	江南丝竹、二胡艺术、十番音乐、宜兴丝弦	省级
	羊尖道教音乐、唐调、车水号子·易木牌、凤舞、马又舞	市级
传统舞蹈	男欢女喜、凤羽龙、段龙舞、茶花担舞、渔篮虾鼓舞、玉祈龙舞、渔舟剑桨、渔篮花鼓、盾牌舞	省级
	荡湖船、马灯舞、九狮舞、甘露狮舞、西乡狮子舞、网龙舞、荡口舞龙、蚌舞、滚灯	市级
传统戏剧	锡剧	国家级
	滑稽戏	市级
曲艺	无锡评曲、苏州评弹、小热昏、无锡宣卷	省级
	唱春、三跳道情	市级
传统体育、游艺与杂技	无锡花样石锁	省级
	九连环	市级

来源：江苏省非物质文化遗产网

如果在你所在的地级市或省域举办宴会欢迎来自世界各地的嘉宾，有哪些地方特色娱乐项目值得推荐？

实训要求：

1. 学生以地级市为单位，组队调研地方非物质文化遗产类娱乐项目。

2. 自拟中西结合宴会客情，策划中西结合宴会的娱乐方案。

实训项目2：中西结合婚宴项目设计

实训目的：了解中西结合宴会的设计方法。

实训要求：

1. 自拟中西结合婚宴客情，学生分成4～5人的小组，策划中西结合婚宴。

2. 由组长制定宴会厨房生产计划。小组成员分工完成中英文菜单、原料采购单、标准菜谱、菜谱营养分析、食品安全控制等内容。

任务小结

本任务小结如图3-48所示。

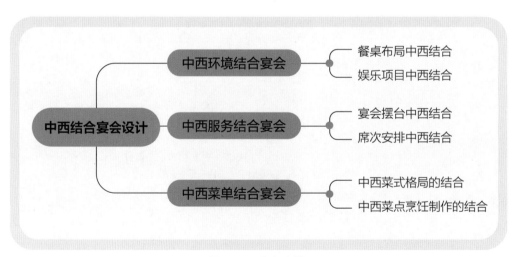

图3-48 任务小结

情境三 西式宴会设计习题

4

情境四

冷餐会设计

情境介绍

冷餐会设计情境包括冷餐会认知、冷餐会环境设计、菜单设计和服务设计四项工作任务。

冷餐会认知工作任务涵盖冷餐会的特点、冷餐会与自助餐、鸡尾酒会比较、冷餐会的类型与应用等知识；冷餐会环境设计工作任务涵盖冷餐会的场景、冷餐会的餐台、冷餐会的娱乐等知识；冷餐会菜单设计工作任务涵盖冷餐会菜点、冷餐会酒水等知识；冷餐会服务设计工作任务涵盖冷餐会的准备、冷餐会的现场服务、冷餐会的结束工作等知识。

情境目标

◇ 掌握冷餐会环境的构成要素，能依据客情设计冷餐会的环境。

◇ 了解冷餐会服务的内容，能依据客情设计冷餐会的服务工作。

◇ 掌握冷餐会菜单的相关内容，能依据客情设计冷餐会的菜单，团队协作制作冷餐会的菜点。

情境案例

外交部云南全球推介冷餐会

2017年2月20日下午4点半，"开放的中国：魅力云南·世界共享"外交部云南全球推介活动在外交部蓝厅如期举行，参加冷餐会的嘉宾共400多人。民族图案的桌布、身着少数民族服装的服务人员、云南空运10多种当地花材制作的"云南美"花墙……在各部门工作人员的忙碌下，从推介会发布厅，到长廊里的巡展区，再到互动品鉴区，冷餐会现场已是满满的云南元素。冷餐会是推介活动中的重彩环节，以"魅力云南 美食天堂"为主题，多家单位联手，共同呈现了一场滇味浓郁的云南美食盛宴，不仅能让宾客尝到最具云南特色的美食，还感受到云南多姿多彩的民族文化。

环境布置与音乐舞蹈

具有云南符号的环境布置非常突出，大到大厅前背景板及融入了云南16个州市民族文化符号的非物质遗产屏风（图4-1），小到桌布上展现的云南民族绣片元素，让整个冷餐会尽显云南特色，从味觉、视觉、听觉上品味云南美，让宾客觉得仿佛就身在云南。

一场云南民族风的开场歌舞获得了来宾的阵阵掌声，冷餐会现场将由彝族舞蹈和著名的"海菜腔"开场。来自红河州歌舞团的姑娘们将身穿彝族服装来一段原汁原味的"跳花腰"舞蹈，而李怀秀、李怀福姐弟也将载歌载舞，国家级非物质

图4-1 大厅前背景及非遗屏风

文化遗产"海菜腔"高亢清亮的唱腔让各国来宾大饱耳福。

菜单设计

冷餐会最重要的当然还是美食。来自滇菜最高学府——中国滇菜研发中心的4位大厨和8位来自昆明洲际酒店的大厨一起，带着40余人的团队从2016年10月份就开始设计这份有6道冷菜、5道热菜、7道点心、2道主食并配以水果、酒水和饮料的菜单（图4-2）。菜品原料均来自云南高原特色生态食材，从"荤素搭配、味型调和、色彩交映、

图4-2 冷餐会中英文菜单

口感丰富"等多方面进行科学设计，凸显"好山好水好食材·美食美味美云南"的云南饮食文化。

"彩云刺身拼"是一道蔬菜刺身（图4-3），由不经任何烹制环节的香格里拉松露、保山香橼、芥蓝、大理野生葛根以及甜脆百合盛装而成，最大限度地保持食材的原汁原味。虽然云南野生菌现在不是当季食材，但一场美食秀绝不能少了它。楚雄蘑菇包是大厨们用面做出青头菌、牛肝菌和松茸的造型，和真的野生菌十分相似（图4-4），里面的馅料则是炒制的野生菌，具有一种"似蘑菇、非蘑菇、是蘑菇"的美食情趣。

图4-3 彩云刺身拼　　　　　　　　　　　图4-4 楚雄蘑菇包

"豆花米线"是一道昆明人日常里缺不了的美食（图4-5）。冷餐会上的豆花米线，先凉拌好，装在一个小调羹里，来宾只要一呡就能品尝到它的美味。

图4-5 豆花米线

大理剑川的乳饼也会佐以一小片香格里拉黑松露出现在冷餐会现场，一口吃一个，这道黑白分明、食材高档的美食口感软糯、香型浓郁。

压轴出场的大理彩冻鱼代表创新滇菜饮食文化的典型菜品（图4-6），被选定为活动秀菜部分的唯一菜品，着实惊艳了大家的胃。这道菜选用高原湖泊淡水鱼制成，味道咸鲜微酸，口感爽滑嫩糯，利用红、黑鱼子酱的天然之彩着色，看上去美感十足，同时表达了年年有余、丰收圆满的寓意。

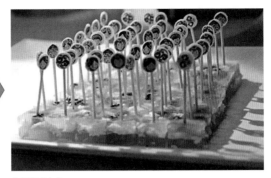

图4-6 大理彩冻鱼

水果包括云南最出名的水果蓝莓、木瓜、火龙果，酒类则有产自香格里拉的红、白葡萄酒，啤酒则来自风花雪月的大理，饮料更是颇具云南味道，有核桃乳、酸角汁、西番莲汁等。

经典传统滇菜和精品创新滇菜呈现出云南蓝蓝的天、白白的云、绿绿的菜，让各国贵宾赏心悦目，深切感受"从田间到舌尖"的生态美味。使贵宾能身临其境地感受云南之美、享受云南美食，让世界人民了解云南饮食文化。15米的餐台上共500多份20多个种类的云南美食，不到1个小时就被清空。

现场还准备了几百份的精美菜单，在每一份菜单上也有一个独具云南特色的民族装饰品，装饰品也由制作者纯手工制作，宾客们还能将民族装饰品带回家留作纪念。

个性服务

服务人员穿着云南白族、彝族、傣族等少数民族服装。冷餐会餐桌整个布置以彝族图案为主，白色桌布的边角都能看到彝族最拿手的绣花图案，中间的餐台上还坠着色彩丰富的彝族吊坠，桌上放着的伴手礼上也有独具云南特色的绣花。

为了体现云南的民族文化，冷餐会上所使用的取食签顶部粘有云南民族特色人物装饰，满溢着美丽多姿的云南元素。在取食签上不易掉落，制作者实验了多种样式，上万根不同大小尺寸的取食签都是手工制作，小的取食签仅有牙签大小。做好以后拿去消毒，确保食物能直接入口，配套的装食物的器皿，从材质、形状、颜色等多方面也经过了反反复复的对比和选择。

精美的菜品，配上云南最具特色的地方性旅游风情资源和代表性的装饰性元素，获得了各国贵宾的赞誉。在品尝了部分菜品后，外交部王毅外长欣慰地向云南省委书记陈豪说："早就听说本次冷餐酒会是精心准备的，与以往的冷餐酒会相比特色鲜明、风情浓郁。今天身临其境，感到滇菜美食名不虚传、非常美味、独具匠心。"

冷餐会是一种源于西方的宴会形式，在各国外交界十分流行，我国驻外机构举行大型招待会，几乎都是采取冷餐会的形式。在我国，饭店、宾馆冷餐会形式的宴会已相当普及。冷餐会不受身份等级的影响，交流自由，轻松愉快，但要设计一场个性化的冷餐会并非易事。

"云南全球推介"冷餐会其实不是一场真正的冷餐会，而是借用冷餐会的形式举办的云南美食文化展示品鉴会。因为举办的时间是下午4点半，这不是冷餐会正餐时间，反而属于鸡尾酒会时间，假如现场提供鸡尾酒服务，本次活动也可称为"云南全球推介鸡尾酒会"。

从冷餐会的角度看本次活动，无论从宴会厅就餐环境里的众多云南元素，还是小到仅有牙签大小的取食签设计，无不体现团队的匠心巧思，让宾客从视觉、听觉、味觉、触觉多方位、全身心感受云南多姿多彩的民族文化特色，堪称冷餐会的经典之作。

特别是如何将常见美食搬到冷餐会餐台上，所有菜品都要保证一口就能轻松吃下，不设刀叉和筷子，只用取食签取食，花了不少心思。如云南人的一天是从米线开始的，对于长长的米线怎么吃，如何以最佳的方式推到冷餐会上展示出来，团队从器皿、筷子上都琢磨了很久，还进行了市场调研，特别是在米线的选材和运输上，反复研究、反复琢磨，最终确定先凉拌好装在一个小调羹里，来宾只要一呡就能品尝到它的美味，也能感受到云南人日常生活。

任务一

冷餐会认知

任务导入

场景： 无锡太湖饭店宴会部
人物： 宴会定制服务师小张，宴会厨房实习生小吴情节：小吴就读于某高职院校烹饪工艺与营养专业，来无锡太湖饭店宴会厨房实习已有一段时间，弄清了"筵席""宴席""宴会"的关系，学到了不少宴会知识和操作技能。最近又遇到了新问题，对"酒会""冷餐酒会""鸡尾酒会""自助餐""自助餐会"有些分不清楚，来咨询宴会定制服务师小张。如果你是小张，如何解决小吴的问题？

任务目标

◇ 了解冷餐会的特点，掌握冷餐会、自助餐会与鸡尾酒会的异同，能分析冷餐会案例。

◇ 掌握冷餐会的种类及应用场合，能检索加工冷餐会案例学习。

任务实施

一、知识学习

（一）冷餐会特点

冷餐会是一种招待客人的非正式的宴会方式，不同于中式宴会和西式宴会。从主办方、承办方、宾客的角度来看，冷餐会有不同的特点。

1. 主办方可招待多人，节省费用

冷餐会规模大小、档次的高低，可根据主、客双方要求来决定，这种宴会可以宴请数量较多的宾客，而且还可以较好地处理众口难调的问题，适用于商务活动及官方非正式活动，是商务会议宴会的首选形式。

冷餐会无需主办方考虑席次，也不用固定用餐者的座次，甚至不为其提供座椅（图4-7）。这样一来，既可免除座次排列之劳，而且还可以便于用餐者自由地进行交际。冷餐会一般不上高档的菜肴和名贵酒水，故可大大地节约主办者的开支，并避免了浪费。

图4-7　立式冷餐会（左）和设座冷餐会（右）

2. 承办方节省劳力，成本降低

对承办方而言，可以节省许多人力、物力，省事、经济。可设桌椅自由入座，也可不设座椅站立进餐，不用做任何摆台工作，免去了就餐者餐桌前的繁杂服务，只要几个服务员帮助客人切分大块的烤肉和检查食品、餐具的供应就行了。服务人员身着整洁的制服站在供应台的后面，随时为取餐的客人服务，而省去了顾客桌前的服务。

在冷餐会服务时间内，厨房压力小，只需少量人手就够了，因为各种冷盘菜肴均可事先准备好，而各种热菜又是固定的菜谱，所有菜点在开宴前全部陈设在餐台上。较高级的西式冷餐会服务，则是在客人到达之前已摆台完毕，餐具布置可与美式服务方式一样。客人到达后，由服务员上开胃品或汤，同时供应饮料、面包、奶油及甜点等。客人自己挑选所喜欢的主菜。这种服务方式远比其他方式服务更受客人欢迎，效率也非常高。

3. 宾客用餐自由，方便交际

冷餐会的客人就餐时不受任何约束，可坐、可站，也可走动，自己选择餐位、餐伴，方便交际、应酬。

冷餐会菜点品种丰富，客人能在短时间里根据饮食爱好，各取所需，可多次取食。自己动手、自我服务，想吃什么就自由地选取他们自己所喜爱的食品，更适合自己的口味，可以避免不想吃、不敢吃某些食品的尴尬，气氛活跃，方便灵活，省去了那些正襟危坐、让人感到拘束的礼节。

🔍 小知识 ···

冷餐会的由来

目前流行世界各地的冷餐会是如何起源的呢？据传，发明冷餐会这种吃法的，既不是厨师，也不是美食家，而是一群海盗。在8～11世纪，北欧的斯堪的纳维亚半岛一直有海盗存在，每当海盗们有所猎获的时候，海盗头目就要出面宴请群盗，以示庆贺。那时，吃西餐有很多规矩和礼仪，海盗们对这些礼仪规矩一点儿也不懂，也不耐烦这些繁文缛节，于是他们便别出心裁，发明了这种把食物都做好摆到食台上，由大家自己到食台上自选、自取的吃法。后来，西餐经营商们将这种方法文明化、规范化，并丰富了食物的内容，逐渐发展成了今日的冷餐会。现在，有很多西方专业自助餐厅仍然冠以"海盗餐厅"的名称，其原因便在于此。由于这种吃法规模很大，所以又叫作"海盗大餐"（smorgasbord）。"smorgasbord"是瑞典语言，它的意思是在冷餐会中有许多变化的菜肴可供享受，此即冷餐会的由来。

（二）冷餐会与自助餐会、鸡尾酒会

1. 冷餐会与自助餐会

冷餐会也称"自助餐会"，自助餐会是从服务的角度命名，冷餐会是从菜品特点的角度命名，其实是一回事。

但自助餐不同于自助餐会。自助餐是由就餐者在用餐时自行选择食物、饮料，然后或立或坐，自由地与他人在一起或是独自一人地用餐。这种自己帮助自己，自己在既定的范围之内安排选用菜肴的用餐方式称为自助餐。如公司午餐、会议餐常用的自助餐，酒店餐饮企业经营的零点自助餐等，宾客用餐的目的就是为了解决温饱、品尝美食。当自助餐的所有宾客为了同一个主题，或节庆，或商务，或开幕，或答谢等，宾客除了用餐，还伴有其他活动，如主宾发言、娱乐表演，食品除了佳肴美点外，还有酒水饮料等，这样的自助餐才是自助餐会，也即冷餐会。

自助餐只是用餐的形式，主要解决零散用餐对象的温饱，补充身体需要的能量和营养；自助餐会则是采用自助餐形式的集会，不仅要解决集体用餐对象的温饱，还要达到集会的目的，菜点酒水配套齐全，规模大，布置体现美观大方，场面较宏大，气氛热烈，环境高雅。

2. 冷餐会与鸡尾酒会

冷餐会也可称"冷餐酒会"，与鸡尾酒会都是招待客人的宴会方式，所不同的是，冷餐会是正餐，举办时间一般在中午12点左右或下午6点左右的正餐时间，用丰盛的菜点酒水招待客人；鸡尾酒会不是正餐，非正餐时间都可举办，通常以酒类、饮料为主招待客人，其中不同酒类配合调制的鸡尾酒是必备的混合饮料，还备有小吃，如三明治、面包、小鱼肠、炸春卷等。

冷餐会中设有座位供客人就座，也可不设座，客人站立用餐，所以在菜色方面不像鸡尾酒会那般精致，每样菜式的分量会比较多，采取无限量供应，并供应沙拉和汤类，以能够让客人吃饱喝足为原则，所以是按人数计价。鸡尾酒会一般都让客人站着举行，很少为客人摆放座位，所以在菜式上会比较精致，大多为手工制食物，不须再经过刀叉切割即可入口，而且没有沙拉和汤类菜肴。鸡尾酒会所提供的食品通常并非以让客人吃到饱为目的，所以有一定的供应量，吃完便不再供应，基本起价会比冷餐会低。

（三）冷餐会的类型与应用

1. 冷餐会的类型

冷餐会根据餐食品种的不同，可分为中式冷餐会、西式冷餐会、中西结合冷餐会；根据是否设桌椅的不同，一般有座式和立式两种就餐形式，立式就餐可以在有限的空间里容纳更多的客人；从服务的方式可分为自助、半自助和VIP服务。

2．冷餐会的应用

（1）领事馆 节庆冷餐会（图4-8）、商务冷餐会、事务冷餐会、官邸冷餐会等。

图4-8 中秋冷餐会背景

（2）公司 开幕冷餐会、公司年会冷餐会、公司宴请、签约庆典冷餐会等。

（3）展览会 各项展览酒会、开幕庆典、吃货集结冷餐会（图4-9）等。

图4-9 吃货集结冷餐会背景

（4）楼盘 开盘发售庆典、客户答谢、房展冷餐会等。

（5）银行 客户答谢酒会、大型宴会等。

（6）汽车 车展冷餐会、新车上市、全国巡回试驾冷餐会等。

（7）婚礼 中西式婚礼、草坪婚礼等。

（8）开业 大、中型开业庆典宴会、产品发布冷餐会、庆功喜宴冷餐会等。

（9）画廊 大、中、小型开幕酒会特色服务等。

（10）家庭 生日庆典、朋友聚会、周年庆典等。

（11）野外　BBQ自助烧烤、野外露营、篝火晚会等。

此外有经典音乐冷餐会（图4-10）、开工奠基冷餐会、学术研讨冷餐会、时装发布会、新春联谊冷餐会等。

二、技能操作

实训项目：冷餐会案例采集

实训目的：通过冷餐会的案例采集与学习，了解冷餐会的特点，为设计冷餐会积累基础经验。

实训要求：

图4-10　经典音乐冷餐会背景

1. 学生个人通过网络检索冷餐会的信息，确定冷餐会案例目标后，再进一步检索相关信息，包括网页、文章、图片、视频等。

2. 根据冷餐会信息，加工整合成WORD版和PPT版冷餐会案例。

3. 注意选择典型的案例，如名人的冷餐会、重要会议的冷餐会等。

任务小结

本任务小结如图4-11所示。

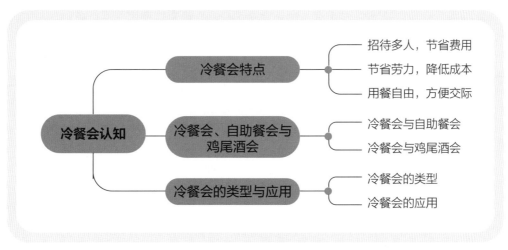

图4-11　任务小结

任务二

冷餐会环境设计

任务导入

场景：无锡太湖饭店宴会部

人物：宴会部经理王某，宴会定制服务师小张

情节：大运河文化旅游博览会是一年一度以"运河"为名的约会，第五届博览会将于2023年9月在无锡市举办。主办方将在无锡太湖饭店举办一场冷餐会，欢迎海内外与会的200位贵宾。宴会部经理王某接到任务，立即与宴会定制服务师小张商量，很快确定冷餐会由小张牵头，组织设计团队。无锡古运河是无锡度假旅游个人名片之一，针对冷餐会，如何彰显地方特色、传播中国文化？怎样对宴会厅场景进行设计和布置？小张及设计团队都深思起来。

任务目标

◇ 掌握冷餐会场景的构成要素及设计要求，能根据客情设计冷餐会场景。

◇ 掌握冷餐会餐台的设计要求，能根据客情设计冷餐会餐台。

◇ 掌握冷餐会常用的娱乐项目，能根据客情设计冷餐会娱乐项目。

任务实施

一、知识学习

（一）冷餐会场境

1. 氛围营造

冷餐会进餐时间较长，人们需要在一个美的环境里细细品味、娓娓而谈，因而宾客对环境的要求比较高，冷餐会的设计者要特别注意对环境的设计，就餐环境应该宽敞，色调应以明快为主，空气要保持清新。

冷餐会时不需太亮的灯光照明，毕竟冷餐会的气氛维持非常重要，而微暗的灯光恰好可提供冷餐会合宜的气氛。如果冷餐会中采用调整灯光的装置，则整体的灯光亮度适合设定在200~300LUX（光照度）；但若冷餐会场地有舞台的布置，则舞台的灯光应比舞台周围的冷餐会场地要亮，必要时可用投射灯来照明，以凸显舞台的布置。

重大的节日宴请，有影响的活动宴请，接踵而来的圣诞节、元旦、春节欢庆等，都有其独特的内涵和外延，都有不同的主题，必须在冷餐会的主题和环境上有不同的体现，既有共性，又有个性。

冷餐会举办当天，提前1~2小时组织服务人员布置厅堂。厅堂布置与主办单位要求、接待规格相应。台型设计美观，餐台摆放整齐，过道宽敞，方便客人进出，用餐。整个厅堂布置做到设备、餐台整个布局协调，室内清洁卫生，环境气氛和谐宜人，符合主办单位要求。

2. 餐桌布置

（1）立式冷餐会　在宴会厅四周摆设一定数量的小圆桌（图4-12）或小方桌，让客人摆放使用过的餐盘、酒杯等，桌上摆放牙签、餐巾纸、烟灰缸及其他用品等，小圆桌中间可摆一盆蜡烛花，并将蜡烛点燃以增添冷餐会的气氛。也可在宴会厅内准备一些餐椅供宾客使用。为了方便客人就餐的同时饮用饮料，立式冷餐会可提供杯托夹，饮料需用高脚杯盘放，方便客人挂杯使用。

（2）坐式冷餐会　根据宾客的人数安排餐桌及餐椅，餐桌使用圆形或长方形都可以（图4-13），餐桌上根据冷餐会的规格和提供哪些服务，决定摆放哪些餐具，如西式冷餐会摆头盘刀、头盘叉、汤勺、主菜刀、主菜叉、餐巾、面包盘、黄油刀、甜品

图4-12　立式冷餐会常用的小圆桌

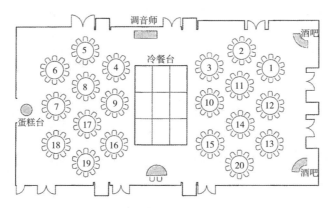

图4-13 坐式冷餐会餐桌布置图

叉、甜品勺和饮料杯等，各种餐具可参照西式宴会要求摆放，如冷餐会饮料由工作人员提供斟倒服务，则在餐桌上应提供饮料杯；如果饮料是自己到饮料台自取，则无需在餐桌上摆放饮料杯，可在饮料台上摆放一些饮料杯，供需饮者自取。餐桌上装饰同西式宴会，并配备一定数量的胡椒盅、盐盅、牙签盅和盆花等。

3. 主宾席的布置

有的冷餐会因有贵宾参加而需要重点服务，则需要安排贵宾席，根据规格和宾客的要求提供相应的宴会服务，如斟倒酒水、服务头盘等，席面也根据不同的需求配备相应的餐具用品。

4. 主题展台

冷餐会有时要针对特殊的主题来设计摆设。如某航空公司举办的冷餐会，实景要配合主办单位的公司形象，可以用草席和一些简单的物品，搭配动物造型的冰雕和壁画，让餐台及整个会场呈现出原始丛林的风貌。

冰雕是冷餐会的常见装饰品（图4-14），最好有专人根据主办单位要求雕刻其产品或公司标记，起装饰作用。冰雕等装饰也可借灯光技术以增加效果，而冰雕的投射灯

图4-14 冷餐会冰雕

需以不同的有色灯光来照射，衬托其美感，因为适当的灯光投射往往能恰如其分地增添冰雕装饰的质感与感染力，更能彰显冰雕的存在意义。

5. 现场烹饪

设计现场烹制是一种能够渲染气氛、引人注目、促进销售的服务方式，厨师现场烹饪制作食品在冷餐会上经常采用，往往成为最受欢迎的节目，如各式现场烧烤、调制鸡尾酒、燃焰表演、片烤鸭、印度飞饼等（图4-15）。

调制鸡尾酒　　　　　　　片烤鸭　　　　　　　印度飞饼

图4-15　宴会现场烹饪（客前烹制）

（二）冷餐会餐台

1. 餐台的主题设计

冷餐会的餐台即食品陈列台，是将各种菜肴食品及装饰物品在开宴前全部摆放在餐台上供客人选用。餐台是冷餐会中最占据视线、最反映氛围的部分，是冷餐会的大色块、大布局，是宴请的主色调。一个经过精心设计与装饰的餐台，可以增加宾客的食欲，给宾客带来艺术的享受。

大型冷餐会场面大，参加人数多，特别是有些国际性的冷餐会，因与会者的国籍、身份、职业、风俗习惯、宗教信仰和忌食特点的不同而相差很大。为满足不同客人的饮食口味和欣赏情趣，必须根据宴会特点设计出若干个不同主题的餐品，形成各具特色的风味中心。

例如以"巴黎之夜"命名的主题餐台，应设计典型的法兰西情调，摆放各色具有法国特色的食品；同样以"日本风情"命名的日本食品餐台，则应该具有浓厚的日本风情，摆放各色日本传统食品，如寿司、生鱼片及小吃。为促销葡萄酒和乳酪销售所举办的冷餐会，可以用主办单位提供的红、白葡萄酒和乳酪来布置餐台。

以节庆为主题圣诞节冷餐会，便以圣诞节时的气氛来布置，国庆招待冷餐会中，可采用了黄红相间的暖色调，糅入了国旗的基本色彩，充满了节日的喜庆而又不入俗套。也可取用主办单位的相关事物（例如产品、标识等）来设计装饰物品（如冰雕等），均可使宴会场地增色不少。所以，餐台设计的基本要求，既要兼顾中外文化的传统习俗，更要追求色彩的创新和谐，体现冷餐会的主题和主人的爱好。

餐台的设计要根据宴会规模和食品的标准，确定布台的大小，并画出草图，同时选定装饰物（主要是冰雕、黄油雕、鲜花等），按照草图拉出台形。整个布台要高低起伏、错落有致、色彩鲜艳、色调明快，要与宴会主题相呼应。

2. 餐台的造型、位置

冷餐会餐台是呈现宴会厅核心美味的区域，也是宾客最常光顾的地方，井然有序地摆放各色佳肴，能满足赴宴宾客对食物多样性的需求。因此，餐台的造型、摆放位置在布局上要合理而美观，要布置在显眼的地方，使宾客一进入宴会厅就能看见，所有客人都容易到达而又不阻碍通道，使宾客能体验到冷餐会独有的轻松流畅、自我服务的用餐氛围，同时，餐台还要方便厨房补菜。

冷餐会餐台一般最合适的高度是75厘米，这样方便宾客取食菜品。餐台形式多样、变化多端，常见的有如下设计：

（1）"I"型台　即长台，是最基本的台型，一般靠墙摆放，顾客从一边取餐，图4-16（A）。在人数很多的大型冷餐会中，在宴会厅中央可以采用二面同时取菜的餐台，图4-16（B），最好是每150~200位客人就有一个二面取菜的餐台，这样可以节省排队取菜的时间，以免客人等太久。

（A）靠墙长餐台　　　　　　（B）二面取菜餐台

图4-16 "I"型台

（2）"L"型台　由两个长台拼成，一般放于宴会厅一角，靠墙摆放，图4-17。

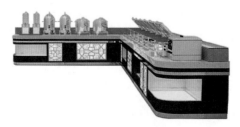

图4-17 "L"型餐台

（3）"○"型台 也称为"岛台"，通常摆在宴会厅中央，图4-18（A）。这样就能照顾到宴会厅各个角落的宾客。此外，圆台的设计风格也有讲究，繁重复杂的外观并不适合岛台，因为在这里各式的美味佳肴才是主角，为了不影响宾客对食物的判断，岛台的设计风格应该以时尚简约为主，突出它与美食的主次之分。宴会厅中通常会存在一些立柱，也可以利用起来，最通常的做法就是在立柱四周围上餐台，就能形成一个四面开放的取餐区域，图4-18（B），可以放置菜品，也可以摆放一些简单的餐具或是调味品，供顾客随时取用。

（A）圆形岛台　　　　　　　　　　（B）带立柱圆餐台

图4-18 "○"型台

（4）其他台型 根据场地特点及宾客要求可采用十字台、口字台、椭圆台、蝴蝶台等各种新颖别致、美观流畅的台型，见图4-19，还可以由一个主台和几个小台组成。

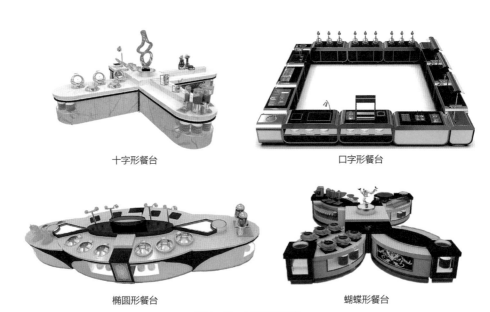

十字形餐台　　　　　　　　　　口字形餐台

椭圆形餐台　　　　　　　　　　蝴蝶形餐台

图4-19 其他型餐台

3. 餐台的大小、数量

冷餐会的餐台应保证有足够的空间以便布置菜肴。冷餐会菜色种类、菜肴道数、摆设方式、盛菜所用的器具、餐台所需用的装饰品、各种用品所需占用的空间等因素都足以影响一场冷餐会的成功与否。所以设计人员对于以上所述的诸多细节都及宾客人数必须事先了解，否则一旦设计出来的餐台过大而菜色太少，便会令人感觉空洞；反之，如果因餐台太小，而使菜肴摆起来显得拥挤，则不论其菜色如何，都会给人压迫感，从而降低该宴会的档次。

通常人数较少的冷餐会可以只设一个餐台，将菜肴、甜品和水果等都摆放在同一餐台上；在人数较多的情况下，则要考虑将冷菜、热菜、甜点及水果等分别摆放在不同的餐台上，也可以分为多组餐台，方便客人按饮食习惯选取食品。如200客以下的冷餐会，可安放一个中心餐台（面积10~12平方米），一个点心台，一个水果台，一个酒水台。

冷餐会餐台不应让宾客看见桌腿，可选用与宴会主题和宴会厅色彩协调的桌裙围住餐台，既可以美化餐台又可以遮挡桌腿。桌布从餐桌下垂至距地面两寸处，这样既可以掩蔽桌脚，也避免客人踩踏。如果使用色布或加褶，会使单调的长桌更加赏心悦目。

4. 菜肴的装盘、摆放

冷餐会菜肴装盆，既要美观又要实用，既要丰富多彩又要便于取食。如，装盆要有一定的图案造型，有完整的外观，给人以美感，但冷餐会自由取食的特点，又要求在装盆时必须给取食提供方便，便于快捷取食，利于客人不要把菜肴弄得支离破碎且又手忙脚乱，使后到的客人不会产生厌恶感。无论中菜、西菜，一般都以素菜作为烘托，不要喧宾夺主，要突出主菜本身，点缀的素菜，又要在品种和形式上多有变化，不要都是萝卜花、香菜叶、黄瓜环，千篇一律。

好马配好鞍，好菜配好盘。即使你的菜味道再好，没有精致的器皿去盛它，美味也会打折。使用具有现代造型美的器皿，如银器、瓷器、陶器、玻璃、水晶、原木、竹刻、竹编、果蔬外壳等，用于冷餐会的菜肴、点心、水果等的装盆、点缀，能提升档次，起到事半功倍的效果。

餐台的拼搭可用有机玻璃箱、银架或覆盖着台布的塑料可乐箱来垫高，一般分两至三层，使菜肴的摆设具有高低层次的立体感。最上面一层用于装饰，可以选用各种艺术品、鲜花、干花、冰雕、黄油雕和其他物品等，这些装饰品可巧妙而恰当地穿插在菜肴之间，使餐台食品色彩缤纷、富丽堂皇，起到美化的作用。下面两层一般用于摆放食品。在摆放菜肴、甜品等食品时，既要考虑方便宾客取菜，也应注意美观，一般是根据冷菜、汤类、热菜、点心、水果等分类放置，布置时要注意从菜肴的荤素、色彩、口味等诸方面进行合理搭配；各种热菜的保温锅应保持清洁光亮，摆放合理美观；每款菜肴都要配有适合的取菜用具，如勺、叉或夹，取菜用具应用垫盘摆放在菜肴前，方便客人取用，菜肴调味品靠近所配的菜肴并附取用的勺。菜肴前摆放中、英文菜牌。冷餐会餐台摆放见图4-20。

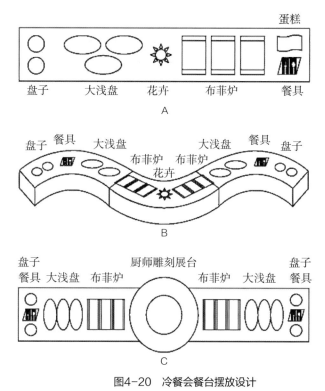

图4-20 冷餐会餐台摆放设计

在布置餐台时，要留出适当的位置摆放取菜餐盘、汤碗和甜品盘等用餐盛器，各种盛器要摞码放整齐，数量准备要充足，可重复摆放，冷餐会开始后，随时可以补充。

5. 餐台的装饰美化

餐台饰架及其上面的烛台、插花、水果及装饰用的冰块，可增加高雅的气氛。各类菜盘之间的空隙可以摆一些牛尾菜、冬青等装饰用植物或柠檬树枝叶及果实花木等。

餐台也可置放托架来体现立体感，用高托架底放置水果盆的办法来反映层次感，用有机托架下放置雕刻作品的方式，既增加了菜肴美感，又在菜肴取完后起到点缀作用。又如菜肴、水果、花草、雕刻、冰雕等在菜台上的多层次置放，立体展示等，操作得当，可以起到画龙点睛之效，使整个桌面"活起来"，图4-21。

餐台的灯光必须足够，否则摆设再漂亮的菜也无法显现其特色。可用聚光灯照射台面，灯光宜采用暖色，可以起到保温和增色作用。现场烤肉在粉红色灯光下进行，更加突出了肉质的鲜美，令人垂涎。如果再配以一定的烟雾效果等，更能够增进菜肴的色、香、味功能。但切忌用彩色灯光，以免使菜肴改变颜色，从而影响宾客食欲。

塔式三层西点架　　　　心形甜品架　　　　三层圆圈海鲜架

圣诞树形糕点架　　　　三层冷菜水果架　　　　笼式三层展示架

图4-21　冷餐会餐台各式食品展示架

若要使餐台看起来更有气氛，可以使用透明的白色围布来围餐桌，并在桌下分别放置各种颜色的灯光来照射，如此一来便可使冷餐会更添浪漫唯美的气氛。

在宴会厅里，经过运用灯火的调理来制作和烘托宴会的气氛，往往会收到意想不到的效果。灯火调理首要指经过灯火明暗度的改变，或无色光源与有色光源的变幻来调节和调理进餐者的心情，以烘托宴会的气氛。如：在一次高标准的冷餐会活动中，当宴会逐步进入高潮时，宴会厅的灯火突然熄灭，当客人手足无措时，着装规整的服务人员手托"火烧冰激凌"脚步规整地步入宴会大厅，一片乌黑的大厅里行走的服务员部队宛如一条游动的火龙；当他们向附近的餐桌散开时，又好像繁星点点。这时，音乐声缓，灯火重新点燃，宴会客人在组织者的调集下，似乎阅历了一场梦境，先是一阵缄默沉静，接着爆发出一阵热烈的掌声。

（三）冷餐会的娱乐项目

1. 文艺表演

在较高标准的宴客活动中，邀请文艺团体、出名艺术家做现场表演，也是调节宴会气氛的十分有效的办法（图4-22）。它不仅能够提升冷餐会的层次，也使得宴会进行过程中始终坚持一种火热、愉快的气氛。必要时组织者还能够邀请主宾或重要客人上台即兴扮演，将冷餐会气氛带入高潮。

2. 背景音乐

背景音乐在宴会厅里的运用，往往对调理冷餐会的气氛起着十分重要的效果。

图4-22 冷餐会乐队演奏

它能够使与宴者在品味美味佳肴的同时，得到味觉与听觉上的两层享用。轻松而舒缓的音乐，有利于减轻大脑的疲惫，使身心得以放松，然后坚持较好的精神状态。当与宴者心情高涨时，怎么调节宴会气氛，组织者就显得称心如意了。宴会厅里背景音乐的挑选，应以轻柔舒缓的抒情音乐为主，如钢琴曲、小提琴曲、萨克斯独奏曲、民乐及小曲等。一般来说，快节奏、有激烈震撼力的音乐，不适合运用于宴会的背景音乐。

二、技能操作

实训项目：冷餐会环境设计

实训目的：通过冷餐会的环境设计，为设计冷餐会积累基础经验。

虚拟客情：2023年9月20日无锡市将在太湖饭店举办第五届大运河文化旅游博览会欢迎宴会，准备采用冷餐会的形式欢迎海内外与会的200位贵宾。主办方要求，冷餐会能彰显地方特色、传播中国文化。

实训要求：

1. 学生分成4~5人的小组，依据虚拟客情（也可自拟客情），一周内完成冷餐会环境设计方案。

2. 策划方案要有环境布局、现场烹饪、娱乐项目设计，要合理分工，各自独立完成策划方案文档和解说PPT。

 任务小结

本任务小结如图4-23所示。

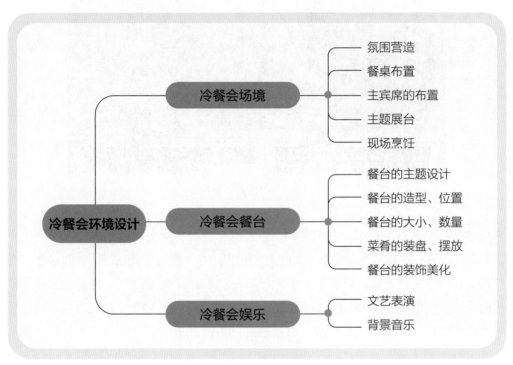

图4-23　任务小结

任务三

冷餐会菜单设计

 任务导入

场景：无锡太湖饭店宴会部

人物：宴会部经理王某，宴会厨师长小张

情节：2023年9月20日无锡市将在太湖饭店举办第五届大运河文化旅游博览会欢迎宴会，采用冷餐会的形式欢迎海内外与会的200位贵宾，人均餐费150元。宴会部经理王某将冷餐会菜单设计的工作安排给厨师长小张，要求冷餐会能彰显地方美食特色、传播中国饮食文化。如果你是小张，怎样设计本次冷餐会的菜单呢？

☑ 任务目标

◇ 掌握冷餐会菜单的类型及构成要素，能根据客情要求设计冷餐会菜单。
◇ 掌握冷餐会酒水的种类，能根据客情要求设计冷餐会酒水。

☑ 任务实施

一、知识学习

（一）冷餐会的菜单

1. 冷餐会菜单的结构

冷餐会菜点在质量上可能不如正式宴会讲究，也不像宴会那样，把菜一道一道循序送上，但品种要丰富许多，且同时摆到餐台上。不仅供应冷菜，也供应热汤、热菜以及点心、甜食、水果。此外，不仅让客人取食餐台上的成品，厨师还可以在客人面前现场烹制，让客人即时取食，甚至由顾客自烹自食。

冷餐会菜点可以是中式的，也可以是西式的，也可中西菜点混搭兼顾（表4-1）。冷餐会提供的菜点范围很广，但绝不是随意拼凑。一般参照中式宴会或西式宴会的菜点结构来整体考虑。

表 4-1 中式冷餐会与西式冷餐会的菜点结构

	中式冷餐会		西式冷餐会	
菜点结构	冷盘类	Cold Items	Appetizers	开胃菜类
	汤类	Soups	Soups	汤类
	热菜类	Hot Items	Salads	沙拉类
	面点	Pastry	Carving Board	切肉类
	主食	Staple Food	Hot Items	热菜类
	水果类	Fruit Plate	Dessert	甜点
	饮料类	Beverage	Fruit Plate	水果类
			Bread	面包类
			Beverage	饮料类（咖啡或红茶）

日餐的大型冷餐会通常不设座席，备有汤、烤物、炸物、生鱼片、煮物等。这些食物都放在木制小舟模型、柳条编的器物或其他有艺术性外形的器物内。有的食物还用牙签串好，摆得整整齐齐，琳琅满目，五光十色，有的还配上松枝、绿叶、鲜花，独具匠心，给人以愉悦与艺术的享受（图4-24）。

图4-24　日式冷餐会餐台

2. 冷餐会菜点的数量

冷餐会菜点冷、热菜兼顾，品种丰富多彩，一般都在20种以上。以25种菜点为例：冷菜可安排15种，占60%；热菜安排4种，占17%；点心安排6种，占23%。另外可备几只造型菜，包括大型食品精雕，以增添氛围。菜肴的一般摆法：造型菜正中，主菜放中央，其他菜肴一色两盆，对称摆放，做到荤素色彩搭配均匀，热菜应置于保暖炉上。

3. 冷餐会菜单的设计

冷餐会菜单设计首先要坚持整体性，在为主题服务的前提下，充分考虑主、客人的意见和餐饮习惯，预计目标客人所喜欢的菜品类别，提供相当数量的多种类的菜品，供客人自由选择。同时又要坚持多样性，在类别上要中西兼顾，在烹制上要技法兼顾，在用料上要"海、陆、空"兼顾。

菜单设计要与台面设计相辅相成。台面较深，主菜色彩可以从浅，台面较浅，主菜可艳丽些，冷暖搭配，深浅搭配。

菜单设计还要注意预制菜肴、厨房热菜和冷餐会现场操作的配合。选用能大批量生产且数量和质量下降度较小的菜式品种；热菜尽量选用能加热保温的品种；尽量选用能反复使用的食品。选用较大众化、大家喜欢的食品，避免使用口味过分辛辣刺激的或原料很怪异的菜式。

此外，客前烹制（现场操作）既可增加进食气氛，也有利于展示菜肴质量，特别为外宾所青睐。

以下为中式冷餐会菜单（图4-25）和西式冷餐会菜单（图4-26）。

中式冷餐会菜单

冷盘类	COLD ITEMS
明炉烤鸭	crispy Roast Duck
玫瑰油鸡	Soya Chicken
五香牛腱	Spicy Beef Tendon
鲜虾沙拉	Fresh Shrimp Salad
红油耳丝	Pork' Ear Salad
热菜类	HOT ITEMS
中式牛排	Bef steak Chinese Style
豉椒鸡丁	Diced Chicken with Black Bean Sauce
甜豆鲜鱿	Fresh Squid Sauteed with Sweet Beans
京都子排	Pork Ribs in Brown Sauce
干烧明虾	Braised King Prawns
炸鲳鱼排	Deep Fried Pomfret
草菇芥菜	Sauteed Musard Green and Straw Mushrooms
什锦炒面	Fried Noodles with Assorted Meats
咸鱼鸡粒炒饭	Fried Rice with Diced Chicken and Salted Fish
汤类	SOUP
西湖牛肉羹	Beef Westlake Broth
甜点类	DESSERTS
三式点心	Assorted Chinese Sweets
四色水果	Fresh Fruit Platter
饮料	BEVERAGE
中国茶	Chinese Tea

图4-25 中式冷餐会菜单

西式冷餐会菜单

头盘类	APPETIZERS
烤鲑鱼	Baked Salmon with Fish Mousse in Brioche
冰饰鹅肝慕斯	Goose Liver Mousse on Ice Carving
日式高级生鱼片	Japanese Sashimi and Nigini Sushi with Wasabi
中式特选拼盘	Chese Deluxe Cold Cuts
烤牛肉片	Roast Rib of Beef with Remoulade Sauce
包烟火腿	Ham Baked in a Bread Crust with Pickles
热菜类	HOT ITEMS
炒野菇春鸡	Sauteed Spring Chicken in Woodland Mushroom Sauce
海鲜酥盒	Ragout of Seafood Vol Au Vent
茄汁鲤鱼块	Pomfret Fillet in Tomato and Butter Sauce
茴香烟羊肉	Lamb Stew Prinaniere with Tarragon
菠菜面	Homemade Spinach Nooldes
松子饭	Oriental Rice with Pine Seeds
各式季节生蔬菜	Assorted Seaonal Vegetables
沙拉类	SALADS
茴香酸奶黄瓜	Cucumber with Dill Yoghurt Dressing
意式蔬菜沙拉	Tossed Garedn Greens Italian Style
洋菇沙拉	Mushroom Salad 'A La Greque'
鲔鱼沙拉	Tuna Fish Salad Nicoise
苹果鸡肉沙拉	Chicken Salad with Apples
现场切肉	CARVIG
烤美国惠灵顿牛排	Fillet of U. S. Beef Wellington
（附红酒汁）	（with Perigourdine Sauce）
面包类	BREAD
法式餐包及牛油	French Roll and Butter
汤类	SOUP
炖牛尾清汤	Clear Qxtail with Cheese Straws
甜点类	DESSERTS
水果拼盘	Fresh Fruit Platter
白巧克力慕斯	Suchard Chocolate Mousse
各式法式蛋糕	Assorted French Pastries
黑森林蛋糕	Black Fouest Cake
焦糖布丁	Cream Caramel
特选国际名牌乳酪	Selection of International Cheese and Cracders
饮料	BEVERAGE
咖啡或红茶	Coffee or Tea

图4-26 西式冷餐会菜单

（二）冷餐会的酒水

冷餐会相对传统的宴会，更具轻松的特色，更具自由交流的特点，因此，在宾客享受上，酒和饮料的作用就更为重要。

冷餐会可根据人数的多少，设置一个或数个酒水台，放置各类饮料，饮料可倒在杯中，供客人自取或由服务人员端送给客人。饮料与酒品摆放要整齐美观，最好摆成图案形。冷餐会常用的酒水有：

1. 含酒精的饮料

通常说来，冷餐会一般供应酒精浓度较低的酒，如啤酒、红葡萄酒和白葡萄酒。高档的冷餐会，可以增加简单的鸡尾酒，在现场由调酒师调酒，以增添喜庆气息，活跃现场气氛。名酒应摆放在衬有精制丝绒的木雕酒架或仿古铜炮车模型上，华丽高雅，不落俗套。

2. 不含酒精的饮料

冷餐会上还应预备至少一种不含酒精的饮料，如番茄汁、果汁、可乐、矿泉水、姜汁、牛奶、咖啡、红茶、橙汁等。这些不含酒精的饮料通常能够起代替含酒精饮料和调制酒品两个作用。

二、技能操作

实训项目：冷餐会菜单设计

实训目的：通过冷餐会的菜单设计，为设计整套冷餐会积累基础经验。

虚拟客情：2023年9月20日无锡市将在太湖饭店举办第五届大运河文化旅游博览会欢迎宴会，采用冷餐会的形式欢迎海内外与会的200位贵宾，人均餐费150元。主办方要求，冷餐会能彰显地方特色、传播中国文化。

实训要求：

1. 学生分成4~5人的小组，依据虚拟客情（也可自拟客情），一周内完成冷餐会菜单设计方案。

2. 策划方案要菜单、酒水的设计，要合理分工，完成菜单策划方案文档和解说PPT。

任务小结

本任务小结如图4-27所示。

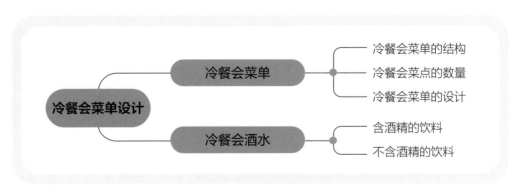

图4-27　任务小结

冷餐会服务设计

任务导入

　　场景：无锡太湖饭店宴会部

　　人物：宴会部经理王某，宴会厅主管小张

　　情节：2023年9月20日无锡市将在太湖饭店举办第五届大运河文化旅游博览会欢迎宴会，采用冷餐会的形式欢迎海内外与会的200位贵宾。宴会部经理王某将冷餐会服务的设计工作安排给宴会厅主管小张。如果你是小张，怎样设计本次冷餐会的服务呢？

任务目标

　　◇ 掌握冷餐会的准备工作内容，能根据客情要求设计冷餐会准备工作内容。

　　◇ 掌握冷餐会现场服务流程及内容，能根据客情要求设计冷餐会服务工作。

　　◇ 掌握冷餐会结束工作内容，能根据客情要求设计冷餐会结束工作。

任务实施

一、知识学习

（一）冷餐会的准备

　　接受一场冷餐会的预订时，预订员必须事先了解客人办冷餐会的目的、与会人数的多少以及所希望的菜色等。在获悉客人的一切需求后，订席人员便可就相关细节与宴会设计人员进一步地研究，着手冷餐会的准备工作。

　　1. 冷餐会策划

　　冷餐会前期的策划工作尤为重要，需要对参会的人数、用餐的标准、举行的时间、场地的选择、人员的安排做一个系统的规划。宴会的人数需要通过统计进行衡量，也可以根据人数的数量去定大概的用餐标准，进而进行场地和时间的选择。场地的选择要根据实际人数情况和预期规模情况而定。同时，也需要对相关工作人员的安排做一个规划，比如说需要多少厨师、多少服务人员等。

2. 现场准备

按照要求对宴会厅场地进行布置，四周摆放较大型绿色植物盆景和花草，主厅墙壁上方悬挂宴会主题横幅。餐台的摆设应方便客人取菜，考虑客人流动的方向及取菜顺序。餐桌在摆放时要突出主桌并留有通道，环境布置应围绕宴会主题。

按照要求摆设好冷餐会的餐台、装饰台、酒水台和工作台。餐台为了达到突出立体感的效果，可通过多层次的形式来体现，台面可布置黄油雕、冰雕、果蔬雕、鲜花、水果等装饰点缀，以烘托气氛。餐桌面铺上台布，围上台裙，保持洁净、平整。桌裙的颜色可根据台面功能的不同有所变化，但应达到整体协调，美观大方的效果。

（二）冷餐会现场服务

冷餐会服务，较之传统宴请，更加随意和多样性，更具个性化，从这个意义上说，更难达到高水准。所以，要研究冷餐会的规范化服务。

1. 迎宾工作

在冷餐会开始前半小时或15分钟，服务员在入口处迎宾，见到宾客应礼貌问好并热情引领客人至宴会厅场内，宾客自由选择入座。专人在入口处掌握来客人数，并将总数和冷餐会进行情况随时通知厨房，使上菜的速度与冷餐会进行的速度相适应。

2. 入座就餐服务

除了主桌外，宾客自由选择或根据请柬要求入座。服务员为宾客斟酒水。宾客全部入座后致辞、祝酒并宣布冷餐会正式开始。客人排队从餐台上选取自己喜爱的食品回到座位享用，较高档的座式冷餐会的开胃品、汤由服务员送到餐桌上，而面包、黄油是提前派好的。

3. 餐台、吧台服务

客人取食品时，要给客人送碟，帮客人取拿食品和分送食品，服务人员还要经常注意菜的量，一旦某种菜已取完，应及时从厨房取出补充。当然要注意节约，若已近尾声，则不必再做过多的补充。每个冷餐盘里和大托盘里大约有三十份食物，客人自取食物，公用叉勺容易弄脏，调味汁、容器外围容易滴上汤汁，看到这种情况应马上换叉勺或擦干净，以免客人觉得很脏。另外，冷餐会餐台应有厨师值台，负责向宾客介绍、推荐、夹送菜肴，分切肉车上的大块烤肉，及时更换和添加菜肴，检查食品温度，回答宾客提问。

调酒员要迅速调好鸡尾酒，当客人到酒吧取酒或饮品时要礼貌地咨询客人的需要。宾客饮完酒、饮品或不再饮的酒和饮料，服务员要勤收换，要保持餐台和酒水台的整洁卫生。

4．席间服务

宾客在进餐过程中，服务员要在餐厅里勤巡视，细心观察，主动为客人服务，巡视过程不得从正在交谈的客人中间穿过，同时客人正在交谈的，也不能骚扰客人交谈，若客人互相祝酒，要主动上前为客人送酒。

服务员可分成两部分，一部分继续给宾客送酒、饮品及分食；一部分负责收拾空杯碟，以保证餐具的周转，同时要注意保持餐台等整洁。值得提醒的是，服务人员在送菜、送酒或者送餐具时，都应使用托盘而不能直接用手端送。收拾脏餐具要迅速，不要惊动客人，尤其应避免与客人相撞。

（三）冷餐会结束工作

冷餐会管理人员应在现场检查服务运转情况，协调厨房生产与餐厅服务工作，处理各种突发事件，指挥员工圆满完成冷餐会的各项服务工作。

1．结账

宴会接近尾声时，清点酒水，核实人数，检查所有账目，协助收款员打出账单。当主办单位或个人示意结账时，按规定办理结账手续，询问宾客对活动的满意程度。

2．送宾

冷餐会结束时，客人纷纷相互道别，宴会秩序相对较乱，此时，服务人员应提醒携带随身物品，感谢宾客的光临，并有礼貌地向客人道别。检查会场所有角落，有无客人遗忘的物品。

3．结束收尾工作

等客人全部离开后，厨师负责将余下的菜肴全部撤回厨房分别处理，服务员负责清理餐桌、餐台、酒水台，将用过的餐具物品送洗涤间，恢复宴会厅原样并为下一场活动做准备。

二、技能操作

实训项目1：冷餐会设计

实训目的：能结合不同的主题及客情设计冷餐会活动方案。

虚拟客情：

1．2023年9月20日无锡市将在太湖饭店举办第五届大运河文化旅游博览会欢迎宴会，采用冷餐会的形式欢迎海内外与会的200位贵宾，人均餐费150元。主办方要求，冷餐会能彰显地方特色、传播中国文化。

2．2023年9月28日，中国人寿无锡分公司将举办以"中秋、国庆双节"为主题的冷餐会，120位员工将欢聚一堂，共同把盏畅谈，享受节日美食。冷餐会内容有领导祝福寄语、情话中秋、庆贺超额完成任务、品酒、有奖猜谜、同食团圆饼、为员工庆生、欢唱K歌、神秘抽奖等。

3. 2023年10月17日，苏州蔬食无忧食品有限公司和工业园区天域社区居委会将共同在天域社区组织了一场"中秋有机冷餐联谊会"，冷餐会所有菜品将全部采用特色有机蔬菜等原材料制作。

4. 2023年6月，为即将毕业的烹饪工艺与营养专业毕业生设计一场冷餐会。

实训要求：

1. 学生分成4~5人的小组，依据虚拟客情（也可自拟客情），一周内完成冷餐会设计方案。

2. 策划方案要有环境布局、菜单设计、酒水策划、活动安排等环节。

3. 提交冷餐会策划方案WORD电子文档和PPT，WORD电子文档用于评分，PPT用于交流策划方案。

实训项目2：冷餐会菜点制作实践

实训目的：能结合冷餐会菜单，制作菜点，完成标准食谱、营养分析、安全控制等内容。

实训要求：

1. 以班级为单位，选定组长，制定冷餐会厨房生产计划，再对学生进行分工。

2. 分工完成中英文菜单、原料采购单、标准菜谱、菜谱营养分析、食品安全控制等内容。

任务小结

情境四　冷餐会设计习题

本任务小结如图4-28所示。

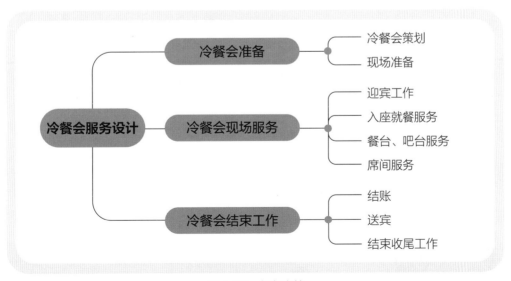

图4-28　任务小结

5

情境五

鸡尾酒会设计

情境介绍

鸡尾酒会设计情境包括鸡尾酒会认知、鸡尾酒会环境设计、鸡尾酒会菜单设计和鸡尾酒会服务设计四项工作任务。

鸡尾酒会认知工作任务涵盖鸡尾酒会的特点、鸡尾酒会的种类等知识；鸡尾酒会环境设计工作任务涵盖鸡尾酒会场景、鸡尾酒会娱乐等知识；鸡尾酒会菜单设计工作任务涵盖鸡尾酒会的酒水、吧台设置、鸡尾酒会的菜点设计等知识；鸡尾酒会服务设计工作任务涵盖鸡尾酒会的准备、鸡尾酒会的服务、鸡尾酒会的结束工作等知识。

情境目标

◇ 了解鸡尾酒会的特点及种类，能采集鸡尾酒会的案例学习。

◇ 掌握鸡尾酒会场景要求、鸡尾酒会娱乐项目等知识，能设计鸡尾酒会的环境。

◇ 掌握鸡尾酒会酒水与吧台设置、鸡尾酒会的菜点知识，能为虚拟客情设计鸡尾酒会菜单。

◇ 掌握鸡尾酒会服务的相关内容，能为虚拟客情设计鸡尾酒会服务工作。

情境案例

杭州君悦酒店举办"自然之宠·更宠自然"慈善捐赠鸡尾酒会

2022年11月11日，西班牙美食瑰宝5J火腿（Cinco Jotas）携手凯悦酒店集团旗下杭州君悦酒店共同举办了"自然之宠·更宠自然"慈善捐赠鸡尾酒会（图5-1），回顾活动初心与理念，展望未来可持续发展的环保目标。

图5-1 鸡尾酒会活动背景及现场

5J火腿源自1879年，来自哈布果（Jabugo）的传奇，是西班牙美食文化中当之无愧的瑰宝（图5-2）。5J火腿遵循比西班牙国家分级中的黑标火腿更为严苛的标准。美味是时光带来的艺术，5J火腿使用世代相传的传统工艺，在百年火腿窖中匠心打造，每一条5J火腿至少经历5年的自然过程，以呈现出浓郁坚

图5-2　大厨现场切割火腿及火腿展台

果香气及丰富味觉层次。在2022年8月至10月期间，5J火腿携手凯悦酒店集团旗下7城8店推出主厨定制5J火腿限时菜单，联袂呈现"自然之宠·更宠自然"活动。期间，美食爱好者们至指定酒店餐厅消费5J专属菜单，消费金额的5%将由5J火腿和参与活动的凯悦酒店集团旗下酒店捐赠给"上海根与芽百万植树计划"慈善环保项目。美食爱好者们获得美食体验的同时，也能够为保护自然生态贡献一份力量，体会5J火腿源于自然、回馈自然的品牌理念。

西班牙敖司堡集团大中华区总经理Jose Iniguez先生、凯悦大中华区餐饮区域副总裁吴国俊先生及上海根与芽项目主管张敏先生共同出席了这场活动（图5-3），与来自美食、时尚、高端生活方式等领域的众多权威媒体及大咖，共赏5J臻味，回馈美妙自然。张敏在活动现场代表上海根与芽接受了5J火腿与凯悦对"百万植树计划"环保公益项目的捐赠，本次捐赠将用于在宁夏白芨滩国家自然保护区种植5000棵灌木。

图5-3　鸡尾酒会活动

案例导读

鸡尾酒会是源于国外的社交、聚会宴请方式，以供应各种酒水饮料为主，并附设各种小吃、点心，是一种简单且活泼的宴客方式。从20世纪80年代开始，国内在庆典、商务、答谢、签约、公司年会、展会等活动中，广泛采用鸡尾酒会招待客人。上述君悦酒店举办"自然之宠·更宠自然"慈善捐赠鸡尾酒会，意在用品牌影响力号召更多的人关注环保，宠爱自然，鼓励着每一个人用实际行动减少人类对自然环境的负面影响。

鸡尾酒是19世纪时美国人的一项独特发明。那时候，美国实施禁酒，任何人不得饮用烈性酒，这使得亲朋聚会和喜庆宴客顿减趣味。于是，一些善于"变通"的人灵机一动，想出个主意，创造了一种叫"鸡尾酒"的混合酒。这种酒大都用两种以上的酒混合、稀释，或者由酒掺入鲜果汁配合而成的，这就不在禁止之列。到了20世纪30年代，鸡尾酒便广泛地推广到其他国家。

鸡尾酒会这种活动形式较为随和，便于广泛接触和交谈。以酒水为主招待宾客，席上略备小吃，不设座椅，仅置小桌，客人可随意走动。酒会举行的时间灵活，客人可在酒会任何时候到达或退席，来去自由，不受约束。因此，近年来国际上举办大型宴会大都采用鸡尾酒会形式。在我国，鸡尾酒会也逐渐时兴。常见的有圣诞点灯鸡尾酒会、慈善鸡尾酒会、年终答谢鸡尾酒会、"秋"主题鸡尾酒会、单身鸡尾酒会、西班牙风情鸡尾酒会、水上威尼斯面具鸡尾酒会、周年庆鸡尾酒会、元旦鸡尾酒会、万圣节鸡尾酒会、圣诞新年鸡尾酒会、中秋鸡尾酒会等。

任务一

鸡尾酒会认知

 任务导入

场景： 某高职院校旅游烹饪学院

人物： 酒店管理专业教师小王，烹饪工艺与营养专业教师小吴情节：为加强学生对专业知识的深入了解，同时也是展示专业师生扎实的专业基础，旅游烹饪学院安排各教研室举办专业主题活动。承担调酒课程的酒店管理专业教师小王和承担宴会设计课程的烹饪工艺与营养专业教师小吴经过商量，决定在旅游烹饪学院一楼餐饮创业实训室，由烹饪工艺与营养专业教研室和酒店管理专业教研室联合承办"创造缤纷·品味艺术"主题鸡尾酒会。如何顺利举办鸡尾酒会呢？小王和小吴进一步商量主题鸡尾酒会的活动方案。

任务目标

◇ 了解鸡尾酒会的特点，掌握鸡尾酒会与冷餐酒会的异同，能分析鸡尾酒会案例。
◇ 掌握鸡尾酒会的种类及应用场合，能检索加工鸡尾酒会案例学习。

任务实施

一、知识学习

（一）鸡尾酒会的特点

鸡尾酒会（Cocktail Reception；Cocktail Party）发端于美国，已有200年历史，是目前国际上流行的一种招待客人的方式。

1. 鸡尾酒与鸡尾酒会

鸡尾酒是一种量少而冰镇的酒，它是以朗姆酒、威士忌、其他烈酒或葡萄酒为基酒，再配以其他材料，如果汁、蛋、苦精、糖等，以搅拌法或摇荡法调制而成，再饰以柠檬片或薄荷叶。在聚会中提供鸡尾酒服务，往往称之为"鸡尾酒会"。随着社会的发展，无酒精鸡尾酒更是一种趋势。

Q 小知识 ···

鸡尾酒的灵魂——苦精

苦精（Bitters）是一种风味浓缩的药草酒，是鸡尾酒四大元素（烈酒、苦精、糖与水）之一，也是调酒师的魔法药水，可比喻为烹调师用的"盐"和"胡椒"。苦精在鸡尾酒中扮演重要的角色，它可以增加鸡尾酒的风味层次，衬托出基酒的特色，并且缓和烈酒辛辣的口感，为鸡尾酒带来令人回味无穷的风味。

苦精的历史始于药剂师用多种材料炼制药物的年代，原本用来治疗胃痛和头痛，甚至还有缓解宿醉的功效。苦精的基本制作方式，就是在味道中性的烈酒中加入苦性植物、树皮、果皮或草本植物。苦精分成两大类：鸡尾酒用的苦精与助消化的苦味药酒。前者在使用时必须精打细算（仅加入几滴），为鸡尾酒带来一丝苦味；后者则可用作鸡尾酒的基酒。

苦精品种很多，但只要认识并拥有安高天娜苦精、裴乔苦精、柑橘苦精（图5-4），大部分的酒谱都能迎刃而解。出现在1831年的安高天娜苦精（Angostura bitter）是最知名的芳香苦精，在美国的市场占有率超过85%，其配方至今仍是秘密；裴乔苦精（Peychaud's bitters）出现于1830

安高天娜苦精　　裴乔苦精　　柑橘苦精

图5-4　调制鸡尾酒的苦精

年，法国籍的药剂师安东纳·裴乔依据父亲的配方，在新奥尔良发明并销售这款苦精；柑橘苦精以橘皮制成，调酒大师杰瑞·托马斯在其1862年出版的著作《调酒师指南》里已提及柑橘苦精的使用方式。

举办鸡尾酒会既简单又热闹、欢愉且又适用于不同场合。它不需要豪华设备，参加者不分高低贵贱，气氛热烈。一般不拘形式，客人可以迟到早退，席间常由主人、主宾即席致辞，鸡尾酒会一般不摆台不设座，只在边上为年老者或愿意落座者设少量的桌椅，桌上摆口纸、花瓶和烟盅等，站着交际的好处就是你可以在人群里自由穿梭，直到把每个人都认识过来或跟每个人都交谈过来。在酒会大厅摆设一到几个类似冷餐会的餐台，陈列小吃、点心，客人可以自由选择自己喜好的酒和食物。由于酒会具有实用、热闹、欢愉且适合在各种不同场合举办的优点，颇能符合现代社会求新求变又不拘泥形式的需求，以至于越来越多的客户选择以举办鸡尾酒会的方式宴请宾客（图5-5）。

图5-5　各式鸡尾酒与鸡尾酒会

2. 鸡尾酒会与冷餐酒会

情境四冷餐会设计之任务一冷餐会认知已说明，冷餐会是正餐，举办时间一般在中午或晚上的正餐时间，用丰盛的食品招待客人。鸡尾酒会不是正餐，可以在任何时候举行，通常以酒类、饮料为主招待客人。

冷餐酒会适用于会议用餐、团体用餐和各种大型活动；鸡尾酒会适用于不同场合，从主题来看，多是欢聚、庆祝、纪念、告别、开业典礼等。冷餐酒会一般有坐式和立式两种就餐形式，有全自助、半自助和VIP服务。鸡尾酒会一般不摆台不设座（只在墙边为年老者或愿落座者设少量桌椅），客人是站着自由地自助式用餐。冷餐酒会的特点是规模较大、布置华丽、场面壮观、气氛热烈、环境高雅，鸡尾酒会要显得简单随便得多了，它不需豪华设备，不必十分讲究背景环境和气氛，更不拘于礼节。冷餐酒会菜肴丰富，服务准备工作量大，宴会进行中服务较简单；鸡尾酒会以供应各种酒水饮料为主，食品提供的量相对来讲小得多。冷餐酒会对客人有一定的要求，鸡尾酒会则不拘形式，客人不分高低贵贱，可以迟到早退，服装可以自由一些，相对冷餐酒会而言，鸡尾酒会形式能招待更多的人，不存在席次问题，宴会的主人不必为结束宴会而不好意思开口。

如果在冷餐会中，提供鸡尾酒服务，或者鸡尾酒会在正餐时间举办会是怎样的情形？在实际宴会承办中，一般提供鸡尾酒服务，我们都可以称之为"鸡尾酒会"，但关键之处在于举办的时间，一旦在中午或晚上的正餐时间举办鸡尾酒会，承办方最好参照冷餐会要求去承办，特别要加大菜点的数量，以让客人吃到饱为目的，并提供用餐的桌椅。所以在正餐时间举办的鸡尾酒会，实际上就是冷餐会（或自助餐会），当然，酒会的价格也会不同，这要与主办方事先沟通好。

（二）鸡尾酒会的种类

尽管鸡尾酒会不拘形式，举办方式相当多元化并且具有很大的发挥空间，我们仍可根据价格及举行的方式，将鸡尾酒会分为正式宴会前的鸡尾酒会和专门的鸡尾酒会。

1. 正式宴会前的鸡尾酒会

这种类型的酒会比较简单，它的功能只是作为宴会前召集客人，在较盛大的宴会召开前不使先到达会场的客人受冷落的一种形式。主要用于西式宴会，通常在西式宴会正式开始之前的30分钟，在宴会厅外提供餐前酒给宾客饮用。

除了开胃品的供应之外，再增加一些绕场服务食品之类的食物，由服务人员端着来回穿梭于客人之间，供宾客们依个人喜好自行取用。这种餐前酒的招待，不但能使宾客在用餐前能享受开胃酒的美味，还能给客人提供一个自由交流联络感情的场所，因为当宴会开始时，客人进入宴会厅回到自己的座位上，只能同自己桌子的客人谈话。

中式宴会开始前，由服务员将先到的宾客引入休息室就座稍息，或直接将宾客引到席位就座，一般提供茶水或饮料服务，高档的宴会还要送上小毛巾，在冬季使用热毛巾，夏季使用凉毛巾。近来，中式宴会也出现采用鸡尾酒会招待预先到达客人的例子，如2012年11月10日，霍某与郭某在广州南沙大酒店举行婚宴，当天下午4时15分开始，在酒店一楼大堂举行鸡尾酒会，至5点50分嘉宾正式进入金莲宴会厅；11月11日在香港国际会展中心举行的压轴婚宴前，在会场外也举办了一场小型鸡尾酒会，招待众多提前到场的嘉宾，由于到场嘉宾实在太多，以至于婚宴推迟到近8点时才正式开始。

2. 专门的鸡尾酒会

这类酒会单独举行，包括有签到、组织者和来宾致辞等环节，伴随时装表演、歌舞表演等，举办时间一般在白天下午茶的时候，避开人们习惯的就餐时间。有时请柬上，会注明酒会延续的时间，这就意味着，客人迟到一会儿，或提前几分钟退场，也不为失礼。

一般来讲，鸡尾酒会是一种简朴的招待会形式，将酒会中的开胃品放置在酒吧台或沙发旁的茶几上，供客人自行取用。而这些开胃品不外乎是一些洋芋片、腰果、花生、蔬菜条、面包条等简单且方便食用的小餐点。隆重一点的采用"餐台式"来举行酒会。若以这种方式举办酒会，便必须提供一些冷盘类食物以及其他简单易食的热食类餐点。除此之外，小餐盘和叉子的设置也是餐台式酒会所不可或缺的。也有的酒会搞得很气派，甚至用"盛大鸡尾酒会"形容，但总体的隆重程度低于正式宴会。

二、技能操作

实训项目：鸡尾酒会案例采集

实训目的：通过鸡尾酒会的案例，了解鸡尾酒会举办的实况，为鸡尾酒会的设计积累间接经验。

实训要求：

1. 通过网络，检索典型鸡尾酒会的网页、文章、图片、视频等信息。
2. 根据鸡尾酒会的信息，整合成鸡尾酒会WORD版和PPT版案例。

任务小结

本任务小结如图5-6所示。

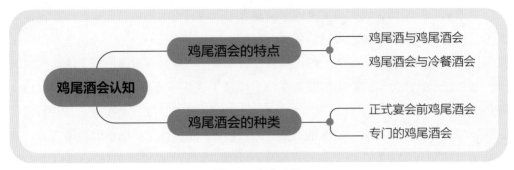

图5-6　任务小结

鸡尾酒会环境设计

任务导入

场景：海南三亚湾畔某度假酒店宴会部

人物：宴会主管小王，宴会厨师长小吴

情节：某度假酒店坐落于美丽的三亚湾国际旅游区腹地，准备于2023年11月25日举办2023圣诞亮灯仪式暨感恩节鸡尾酒会，开启缤纷欢乐圣诞季，100余位嘉宾、忠实客户以及媒体朋友共同欢聚在酒店大堂。宴会主管小王接到任务，与宴会厨师长小吴商量鸡尾酒会的活动方案。

任务目标

◇ 掌握鸡尾酒会场地的布置要求，能根据鸡尾酒会的客情设计酒会场地。

◇ 掌握鸡尾酒会的娱乐项目，能根据鸡尾酒会的客情设计酒会的娱乐项目。

任务实施

一、知识学习

（一）鸡尾酒会的场地

1. 场地选择

鸡尾酒会不是正餐，与其他宴会形式相比，食品数量较少，且以小吃、点心为主，不设座椅，对用餐环境要求不高，客人可以四处走动，其形式简单且活泼，所以，能举办鸡尾酒会的场地很宽泛。

一般酒店的宴会厅、会议厅、多功能厅都可以举办，也有客户会选择在户外举办鸡尾酒会，户外场地不仅可远看风景，温馨浪漫的布置还会给客人一个相对安静的交际环境。

在场地选择时要考虑场地既不能太大，拉大客人之间的距离，又不能太小，妨碍客人的走动和服务员的服务。要根据客户邀请客人的多少，选择一个合适大小的场地，一般每人应有1平方米左右的活动空间。

2. 舞台背景

舞台背景能点明酒会主题，要针对各种不同类型主题的酒会，进行专门设计（图5-7）。但鸡尾酒会有时不需要背景；有时设计一个迎合主题的背景，通过投影呈现在背板幕布上，方便而经济。

一般酒店用电脑绘图的方式，从背景设计、花草摆设、周边布置、讲台位置等方面，制作各式设计图，以增加顾客对实际布置的了解。在顾客选定舞台设计式样后，接着进行估价，并与顾客确认，待一切准备就绪，才着手舞台布置的工作。

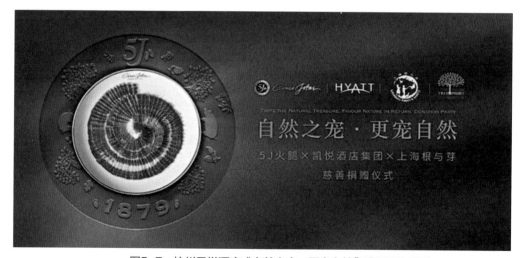

图5-7 杭州君悦酒店"自然之宠·更宠自然"鸡尾酒会背景

3. 场地布置

场地确定后，就要根据客户要求布置场地。鸡尾酒会的场地布置应与主办单位要求、酒会等级规格相适应，设置酒水台、餐台、致辞答谢台、联谊签约台等要摆放整齐，整体布局协调。大型鸡尾酒会，根据主办单位要求设签到台、演讲台、麦克风、摄影机，位置摆放合理（图5-8）。整个厅堂环境气氛轻松活泼，能体现鸡尾酒会的特别。

图5-8 鸡尾酒会布置示意图

4. 灯光设计

鸡尾酒会一般不需用太亮的照明，毕竟酒会的气氛维持非常重要，而微暗的灯光恰可调控酒会合宜的气氛。如果酒会中采用调整灯光的装置，则白天整体的灯光亮度一般室内不能比室外亮；但若酒会场地有舞台的布置，则舞台的灯光应比舞台周围的酒会场地要亮，必要时可用投射灯来照明，以凸显舞台的布置。

5. 气氛营造

不同主题的酒会现场气氛营造的方式也不相同。新年酒会的会场，可用彩带彩灯、绿植鲜花装饰出喜庆的气氛，各门口安放引导牌，会场入口布置迎宾签到处，如有准备还可摆放一些资料册等，提示来宾随意取阅。以西方万圣节、圣诞节之类为主的酒会最为理想可以参考一下欧美习惯，再结合美食、节目、舞会等。有时还要依年龄不同而策划，如以年轻人为主的酒会，主要以创意为首，没有太多规则，让众人高兴是第一位；家庭酒会，人员的年龄层较多，要照顾年长者，不要太喧闹。

企业答谢酒会是展示企业文化品位、扩大企业知名度的法宝，通过娱乐抽奖、典型奖励呈现的激动场面表达着公司的感恩和富有，向新客户、老客户和潜在客户传递着企业的鼓舞信息，坚定客户与企业荣辱与共的信心以此推动公司业绩的良性持续发展。

6. 桌椅摆放

鸡尾酒会不设餐桌餐椅，客人都是站着边谈边吃边喝，四处走动，增加了人们沟通的机会。鸡尾酒会现场可容纳的人数相对较多。有时候为了照顾一些年老或残障人士，也会安排一些座椅供他们休息，这些桌椅一般靠边摆放，不影响大部分宾客的交流。

酒会现场一般要布置一些小圆桌，以便宾客放置酒杯或点心碟，小圆桌上可以点燃一盆蜡烛花，以增添酒会气氛。用于酒会的小圆桌，造型各异（图5-9），材质不同，有的还有发光功能，使所处空间浪漫温馨、兴致盎然。

图5-9　鸡尾酒会常用小餐桌

（二）鸡尾酒会场地安排案例

洗衣房里举办鸡尾酒会

新加坡洲际酒店的宾客关系部定期举办VIP鸡尾酒会，以增加客人对酒店服务设施和服务项目的了解，并通过高层管理者与客人的沟通，聆听客人的信息和反馈，使饭店的经营与管理更具方向性。

一次例会上，当值的大堂经理宣布明晚的VIP鸡尾酒会在洗衣房举办，新来的实习生小张当时就愣住了，是不是因为会议室或餐厅全满，而将接待的鸡尾酒会被迫放在位于地下一层的洗衣房？小张用电脑查了酒店预订情况，见会议室或餐厅还未满。

第二天晚上，由于到洗衣房必须通过员工电梯和通道，小张对通道走向不熟悉，在酒店管理人员沿途拐弯处指引下，到了洗衣房，只见本来就十分干净的洗衣房布置得很有条理，部分需要加班清洗的物品堆放得整整齐齐，员工们仍在加班操作机器。鸡尾酒会就被布置在离机器较远的场地中。各种酒水、饮料、点心摆在桌上，来宾们与酒店高级管理层和前台的经理相互聊得很尽兴，有少许客人在饶有兴趣地观看员工如何操作机器。

据策划这次活动的销售部经理介绍，在洗衣房举办鸡尾酒会，一是为了让宾客了解酒店良好的洗衣场设备；二是为了满足部分宾客好奇的心理，加强对酒店的信任。此外，酒店还在总统套房和西餐厨房都举办过VIP鸡尾酒会。

案例导读　针对VIP宾客做一些常规的鸡尾酒会招待，是很平常的，但由于地点上的特殊安排却体现了一种创新的经营理念，这种创新源于酒店经营者的用心和细致，为如何与客人沟通，如何展示酒店的产品，开辟出新颖而独特的方式。

（三）鸡尾酒会的娱乐

图5-10　鸡尾酒会乐队演奏

1. 乐队演奏

尽管背景音乐是各类宴会活动中常用的低成本项目，但多作为辅助手段。酒会上可播放一些舒缓的音乐，音量须调得低些，以不妨碍人们正常交谈为原则。鸡尾酒会也可采用激情的现场乐队演奏，乐队可以是国内的，也可以是国外的；可以是专业的，也可是业余的；可以是1人，也可以是3～5人的小型乐队（图5-10）。

乐队演奏的主要是西洋音乐，如由萨克斯管手配合小型乐队演奏的爵士乐，这种较为强烈的音乐常常适用于在露天花园式酒会或游船酒会中演奏，它能激发赴宴客人的情感，给人以振奋向上的感觉。由小提琴演奏的古典音乐能够创造浪漫迷人的情调，给人以诸多的精神享受，特别适用于赴宴宾客文化修养和艺术素质较高的酒会场合。需要注意的是鸡尾酒会很少用琵琶、二胡等演奏乐器演奏我国的民族音乐。

2. 舞蹈表演

鸡尾酒会中的舞蹈表演可以由宴会部或宴会主办单位邀请舞蹈专业人员在专用舞台上进行助兴表演，如爵士舞、拉丁舞、肚皮舞、草裙舞等，这类舞蹈具有形式自由、奔放等优点，给客人带来强烈的艺术生活感受。也可以设计由客人参与的舞蹈，如竹竿舞、篝火舞等，以有利于赴宴客人的相互认识和了解。

在酒会现场可以设置小型的舞台，舞台不可太高，否则会让人感觉拒人千里。与其他宴会的舞台一样，酒会舞台的灯光要亮些，以显示舞台的中心作用。

3. 歌曲演唱

根据酒会的需要，邀请社会上或在当地有一定知名度的演艺人员来进行歌唱表演。有时企业的酒会安排喜好唱歌的员工进行歌曲演唱。

4. 活动表演

如惟妙惟肖的沙画表演、京城"面人"、现场肖像素描、中国结编织、书法表演和行为艺术、现场厨艺表演、调酒表演、花式调酒师调酒表演、悠悠球表演、茶艺表演、湘绣技师织绣表演、魔术师表演、专业近景魔术师表演等

5. 互动游戏

互动游戏很多，有年会游戏、同学聚会游戏、生日聚会游戏、培训游戏、亲子游

戏、儿童游戏、户外游戏、素质拓展游戏、婚礼游戏等。互动游戏的开展都是有目的性的，比如放松精神、培训技能、增加酒会气氛等。鸡尾酒会的特点是气氛热烈，而互动游戏往往会使热烈的气氛加深。

6. 抽奖活动

抽奖环节有时会是鸡尾酒会中活动的高潮。主办方借助抽奖活动聚集人气，进行互动式的公关营销；或以优惠和奖项为刺激点，促进现场销售以及下订单；逐渐将酒会气氛推向高潮。抽奖环节要公开、公正、公平。

二、技能操作

实训项目：鸡尾酒会场地与娱乐设计

实训目的：通过鸡尾酒会场地与娱乐的设计，为鸡尾酒会的设计积累间接经验。

任务导入案例：三亚某度假酒店于2023年11月25日为100余位嘉宾举办2023圣诞亮灯仪式暨感恩节鸡尾酒会，请为本次鸡尾酒会设计场地与娱乐项目。

实训要求：

1. 通过网络，检索酒店举办鸡尾酒会的案例，了解场地与娱乐设计的情况。

2. 结合圣诞节、感恩节设计场地与娱乐项目。

任务小结

本任务小结如图5-11所示。

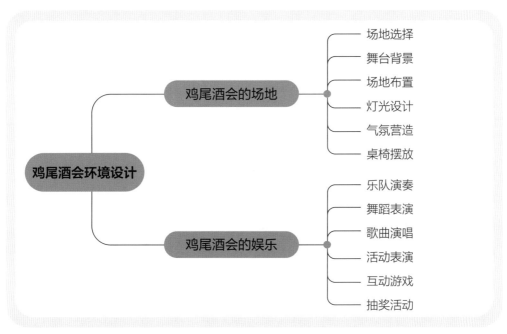

图5-11 任务小结

鸡尾酒会菜单设计

任务导入

场景：海南三亚湾畔某度假酒店宴会部

人物：宴会主管小王，宴会厨师长小吴

情节：某度假酒店准备于2023年11月25日举办2023圣诞亮灯仪式暨感恩节鸡尾酒会，鸡尾酒会菜单设计工作落实到宴会主管小王和宴会厨师长小吴的头上，小王负责酒会的酒水设计；小吴负责酒会的食品设计。假如你是小吴（或小王），怎样设计鸡尾酒会的菜单呢？

任务目标

◇ 掌握鸡尾酒会酒水的种类与设计，能根据鸡尾酒会的客情设计酒水。

◇ 掌握鸡尾酒会的吧台设置要求，能根据鸡尾酒会的客情设计酒会吧台。

◇ 掌握鸡尾酒会菜点的种类及要求，能根据鸡尾酒会的客情设计菜点。

任务实施

一、知识学习

（一）鸡尾酒会的酒水

鸡尾酒会上使用的酒水一般分为两类，即含酒精的饮料和不含酒精的饮料。酒会开始后，由服务员端着酒菜巡回敬让，宾客自由选取、站立用餐。

1. 含酒精的饮料

鸡尾酒会提供的酒精饮料可以是雪莉酒、香槟酒、红葡萄酒和白葡萄酒，也可提供一种混合葡萄酒，以及各种鸡尾酒，但一般不用烈性酒。

鸡尾酒种类繁多，配方各异，但都是由各调酒师精心设计的佳作，其色、香、味兼备，盛载考究，装饰华丽、圆润、协调的味觉外，观色、嗅香，更有享受、快慰之感。甚至其独特的载杯造型，简洁妥帖的装饰点缀，无一不充满诗情画意。

鸡尾酒是增进食欲的滋润剂，需要足够的冷却，所以应用高脚酒杯，调制时需加冰，加冰量应严格按配方控制，冰块要融化到一定的程度。按照酒精含量的有无，鸡尾酒有软硬之分，最近几年，因为对酒精饮料的限制和对自然食品的推崇，又分化出一种水果鸡尾酒。

鸡尾酒会不是鸡尾酒展，所以提供的鸡尾酒不超过10种，选用成本不高，制作较简单，口感清爽适合大众口味的鸡尾酒即可。饮品只是帮助与会者交谈的辅助品，选用鸡尾酒可以适当地提高酒会的品位。考虑到饮用温度的关系，不可能一下子准备好所有的酒，所以要优先选择制作、配方较简单的鸡尾酒，比如一些不需要摇合的鸡尾酒。事先准备好装饰品也很重要，鸡尾酒会应该要求起码一分钟以内完成一杯。准备好材料的情况下，应该可以做到20秒左右。3~5种短饮、3~5种长饮，短饮里面推荐曼哈顿、天使之吻、跳伞、环球、红磨坊、边车、马天尼（图5-12）；长饮里面推荐日出、蓝色夏威夷、金费兹等。根据主办方的要求，准备一种红葡萄酒一种白烹调酒和一种香槟或者其他气泡葡萄酒也是不错的。有些人可能不希望尝试鸡尾酒，传统的饮品可以给他们更多选择。

曼哈顿　　天使之吻　　跳伞　　环球　　红磨坊　　边车　　马天尼

图5-12　短饮鸡尾酒

2. 不含酒精的饮料

鸡尾酒会上还应为不能饮用酒精饮品的客人准备一两种无酒精鸡尾酒（图5-13），如秀兰·邓波儿、灰姑娘等。准备至少一种不含酒精的饮料，如番茄汁、果汁、可乐、矿泉水、姜汁、牛奶等。这些不含酒精的饮料一般可以起替代含酒精饮料和调制酒品两个作用，多用于欢迎酒会、签字仪式、产品介绍会和招待会上。

图5-13 无酒精鸡尾酒

3. 鸡尾酒案例

上海宝格丽酒店倾呈2022欢享沁饮调酒盛会

2022年9月，上海宝格丽酒店开启2022Symposia欢享沁饮调酒盛会，以丰富多样的创意鸡尾酒，为城市名流雅士呈现优雅别致的意式生活美学。Symposia始于2019年，意为欢庆派对，通过和世界知名调酒师合作，为宾客呈现宝格丽生活方式的欢乐愉悦。本次活动，Symposia欢享沁饮调酒盛会与中国非酒精酒饮行业巨擘乐睿诗（Lyre's）以及两位知名中国调酒师展开合作，以巧妙匠心呈现别开生面的味蕾体验。他们为酒店精心打造出了6款新颖别致的创意鸡尾酒，以娴熟的技艺和创新的理念传达出鸡尾酒的别样魅力，以匠心之饮点亮意式欢愉之夜。

由欧阳智安先生打造的"PALOMA ITALIANA"（图5-14），以培恩金樽龙舌兰和

图5-14 PALOMA ITALIANA鸡尾酒

乐睿诗意大利苦橙无酒精烈酒作为基酒，馥郁滋味配以糖浆和果汁饮料，演绎不同的味觉层次，馥郁浓烈，令人沉醉在舌尖上的愉悦。

由安鹏程先生所创作的"PASSION AMERICANO"（图5-15），以层次丰富的金巴利苦味利口酒融合新鲜百香果与微酸芒果醋，果味的甘甜清爽与酒精碰撞出迷醉夜色，尽享缤纷秋夜。

图5-15 PASSION AMERICANO鸡尾酒

位于上海宝格丽酒店47层的宝格丽酒吧（图5-16）环境优美，宾客可在全球宝格丽酒店及度假村标志性的椭圆形吧台旁饮用美酒。吧台采用手工捶打黄铜，配以镜面不锈钢材质台面，温暖倒映出天然柚木地板和天顶。镀铬和黑色皮革内饰别致优雅，是宾客浅酌小憩的理想之地。在夜幕降临之际，室外的霓虹与酒吧意式优雅格调相互映衬，在此休憩的宾客可尽情饱览上海璀璨如画的城市景观。

图5-16 宝格丽酒吧

灿烂秋景中，自在享受意式风情。上海宝格丽酒店Symposia欢享沁饮调酒盛会于鎏金秋日中开启爽朗之旅，带来多款新颖独特的匠心鸡尾酒，为每一位鉴赏者演绎传承已久的意式优雅，定格曼妙醉人的秋日时光。

Q 小知识 ··

新职业：调饮师

2021年3月9日人力资源和社会保障部办公厅、国家市场监督管理总局办公厅及国家统计局办公室联合发布《第四批18个新职业》（人社厅发〔2021〕17号），4-03-02-10调饮师是其中之一。

定义：对茶叶、水果、奶及其制品等原辅料，通过色彩搭配、造型和营养成分配比等，完成口味多元化调制饮品的人员。

主要工作任务：

1. 采购茶叶、水果、奶制品和调饮所需食材；

2. 清洁操作吧台，消毒操作用具；

3. 装饰水吧、操作台，陈设原料；

4. 依据食材营养成分设计调饮配方；

5. 调制混合茶、奶制品、咖啡或时令饮品；

6. 展示、推介特色饮品。

调饮师是中华全国供销合作总社职业技能鉴定指导中心向国家申报的新职业，公示通过后，将首先开展调饮师国家职业技能标准的修订，同时编写培训教材、考核大纲、题库等一系列工作。先有行业产品标准，才能在此基础上做对从业者的标准。从产品有标准，到从业者有标准，这是任何一个行业，从初级走向成熟、走向主流必然要经历的。

（二）鸡尾酒会的吧台设置

鸡尾酒会一般要根据酒会人数设置临时酒吧台，以存放酒会使用的各种规定的酒水、冰块、调酒用具和足够数量的玻璃杯具等，方便服务人员兑酒水和备餐用。通常采用活动式的酒吧台，如图5-17钢琴式流动吧台。

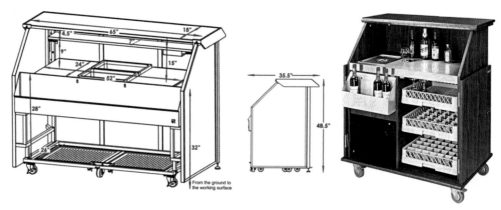

图5-17　鸡尾酒会移动吧台

吧台设置虽然要因地制宜,但在布置吧台时,要注意以下几点:

1. 要视觉显著

客人在刚进入时便能看到吧台的位置,感觉到吧台的存在,因为吧台应是整个酒会的中心,酒会的总标志。客人应尽快地知道他们所享受的饮品及服务是从哪儿发出的。所以,一般来说,吧台应在显著的位置,如将吧台放在靠近入口处、正对门处或正中心等。

如果打算设置一个特色吧台,由外部供应商来配备工作人员——如马提尼酒吧台,你就应当确保这个吧台的用品一应俱全:酒具、装饰、饮料、烈酒、鸡尾酒搅拌器、餐巾、餐桌以及其他相关的设备。而且,在工作人员到达之前,这些用品就应准备停当。

2. 要方便客人

吧台设置对酒会中任何一个角度坐着的客人来说都能得到快捷的服务,同时也便于服务人员的服务活动。一般每40~50个客人就要设置一个酒吧,如果参加酒会的人数很多,应尽可能在会场最里面另设一个酒吧台,并将部分客人引导进入该吧台区,以缓解入口处人潮拥挤或排长队的状况。

3. 要方便服务

设置吧台的地方一定要清洁通畅,鲜花和蜡烛也许会让吧台看上去更有吸引力,但是它们却非常不适用。应该考虑一下厨房和服务员时常进出的门口这两种地方,确保吧台的位置不会影响他们的服务。

(三)鸡尾酒会的菜点

鸡尾酒会不像冷餐会以让客人吃饱为目的,而是限量供应,吃完后原则上不再添加,除非客人要求再另外增加分量。

1. 鸡尾酒会常用的食品

①鸡尾小点（Canapes）：如小饼干加乳酪、小面包加鹅肝酱、烟熏鲑鱼加鹌鹑蛋、鹅肝慕斯等。

②绕场服务小吃（Pass Around or Special Addition），如鸡尾小点、油炸小点心、春卷、香烤海鲜串等。

③甜点及水果类（Pastries & Fruit Plate）：季节水果塔、什锦小点心、法式小饼。

④配酒料（Condiments），即佐酒食用的餐点，如香烤松子、核桃、腰果等干果类、洋薯片、乳酪棒、什锦蔬菜条加乳酪酱等，通常放置在酒会中必备的小圆桌上，以便客人自行取用。

随着鸡尾酒会的形式在世界各地的普及，其菜点的供应也逐渐丰富，高级鸡尾酒会还准备肉车为宾客切割牛柳、火腿等，特别增加的食品有：

①冷盘类（Cold Cut）：如明虾船、冷鲑鱼块、日式生鱼片及各式寿司、大虾哈密瓜、什锦中式冷盘等。

②热菜类（Hot Items）：如白酒干贝卷、法国田螺洋菇盅、什锦水饺、中式香脆海鲜卷、迷你鸡肉起酥盅、烤乳猪等。

③现场切肉类（Carving Items）：酒会中常用的菜色，至少要设置一道此类食物，若多设几道也无妨。但服务者在切肉时，务必将肉块切得大小适中，以方便宾客能一口品尝为原则。如烧烤美国菲力牛排配黑菌汁。

食品增加的鸡尾酒会，要采用餐台摆放菜肴（即餐台式酒会服务方式）。除此之外，小餐盘和叉子的设置也是餐台式酒会所不可或缺的。

2. 鸡尾酒会菜点的设计

①鸡尾酒会中，除非个人特殊需求，一般都不设置桌椅供宾客入座，也就是说客人通常以站立的姿势食用餐点，客人往往一只手端着酒杯，另一只手可以取其他食品食用。因此，酒会餐点在刀法上必须讲求精致、细腻，食物应切分成较小块、少量，使客人能够方便拿持餐食入口，而不必再使用刀叉。

②鸡尾酒会菜单要选用无骨、无壳、无筋的原料制作食品，不提供沙拉和汤类食物，大块原料必须切成小块，不可有连刀现象，要求每种食品最好用牙签或其他小匙等取食，主要目的是便于客人食用和相互交流。

③在菜点的设计上，鸡尾酒会菜点讲究食物的精美，因此酒会中每道菜所使用的手工部分比平常多，人事成本也不可避免地随之提高。有鉴于此，其食物成本必须相对降低，以控制宴会厅经营成本并维持宴会部门的盈利能力。

④人数越多，菜单开出的食品种类也会随之增加。例如，200人和2000人与会的酒会，尽管每人单价相同，酒会中出现的菜色也应有很大的差别。由此可知，与会人数

也是决定菜点设计的重要依据。

举办鸡尾酒会时，如果能严格按上述原则作为菜点设计的依据，便能轻而易举地设计出一套适当且宾主尽欢的菜点。

二、技能操作

实训项目：鸡尾酒会菜单设计

实训目的：通过鸡尾酒会菜单设计，为鸡尾酒会的设计积累间接经验。

任务导入案例：三亚某度假酒店于2023年11月25日为100余位嘉宾举办2023圣诞亮灯仪式暨感恩节鸡尾酒会，请为本次鸡尾酒会设计菜单。

实训要求：

1. 通过网络，检索酒店举办鸡尾酒会的案例，了解鸡尾酒会菜单的情况。

2. 要结合圣诞节、感恩节设计菜单。

任务小结

本任务小结如图5-18所示。

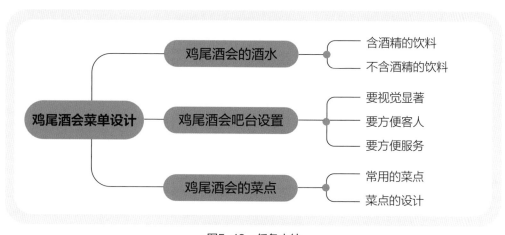

图5-18 任务小结

鸡尾酒会服务设计

任务导入

场景：海南三亚湾畔某度假酒店宴会部

人物：宴会主管小王

情节：某度假酒店准备于2023年11月25日举办2023圣诞亮灯仪式暨感恩节鸡尾酒会，鸡尾酒会服务设计工作落实到宴会主管小王的头上，假如你是小王，怎样设计鸡尾酒会的服务呢？

任务目标

◇ 掌握鸡尾酒会的准备工作内容及要求，能根据鸡尾酒会的客情设计酒会准备工作。

◇ 掌握鸡尾酒会的服务内容，能根据鸡尾酒会的客情设计酒会的服务项目。

◇ 掌握鸡尾酒会的结束工作内容，能根据鸡尾酒会的客情设计酒会的结束工作安排。

任务实施

一、知识学习

（一）鸡尾酒会的准备

鸡尾酒会开餐前半小时，根据酒会方案或通知单的具体细节要求，要将一切准备工作做好。

1. 会场布置及设备的准备

①设备：讲台、立式麦克风、公司旗帜、标记、标题横幅等。

②花卉：根据主办单位的要求和酒会场地的情况选用，预计时作为一般收费项目。

③娱乐：一般采用轻音乐作为背景音乐，可备有主办国的国歌磁带、古典音乐磁带等。

④小桌、椅子：小桌摆入在餐厅四周，桌上置花瓶、餐巾纸、烟灰缸、牙签盅等物品，少量椅子靠墙放置。

⑤其他：按需准备致辞答谢台、联谊签约台、签到台、舞台背景或摆放带有主办公司LOGO的展架或海报等。

2. 酒吧台及酒水的准备

鸡尾酒会临时性活动吧台由酒吧部门负责准备。如果与会宾客众多，也可直接采用酒会桌来当酒吧台。杯子的数量约为参加人数的三倍左右，其中必须包括红葡萄酒杯、白葡萄酒杯、白兰地酒杯、果汁杯、啤酒杯、黑灰杯、利可杯、雪莉杯、鸡尾酒杯等。

准备各种规定的酒水、冰块、调酒用具，供应宾客于酒会中饮用的酒水，在酒会开始前必须清楚记录，结账时才不会有所遗漏。酒会开始前，应请酒会主人先行清点所有准备用来供应宾客饮用的酒水数量，结束后仍须请其再清点一次，以确定实际的使用数量。清点结果记录在酒会领料及退料表上。

3. 食品台及食品准备

可按确定的鸡尾酒菜单准备，价格主要根据质量确定，也可选用特定的菜单，如某地的特色菜等。鸡尾酒会的菜肴是放在食品台上供客人自由选取食用的，因此，供应的菜肴必须是即使放得时间长一些也不会走味的冷餐。鸡尾酒会中的各种小吃，一般为长6厘米、宽3厘米的薄片烘面包，刮上黄油作底板，上面铺着各种肉类，如鸡肉、火腿、鸡蛋、蛋肠、鱼子酱等，高级鸡尾酒会还准备肉车为宾客切割牛柳、火腿等。

酒会前要根据客人的人数将食品台分散，每一张食品台上可放二三十人的菜肴，用大盘子装，旁边配置一些碟子，以便每位客人能自由地进行自助式用餐。

4. 餐具的准备

准备15厘米食品盘，平均放在餐桌各个角落，食品盘的设定数量约为参加人数的2.5~3倍；准备点心叉或餐叉，其数量为参加人数的2~2.5倍，将服务匙及服务叉放置在餐桌的服务盘上，供客人取用；准备餐巾纸，分散放置在每一张餐桌上，并随时补充；所有盛装配料、调味料的器皿下方须放置底盘座，并垫上花边纸，同时将茶匙置于底盘座上，以方便宾客取用又不失美感；有些绕场服务类的食物必须准备迷你叉供客人使用。

（二）鸡尾酒会的服务

宴会承办方根据酒会规模配备服务人员，一般以1人服务10~15位宾客的比例配员。

由于酒会中宾客没有固定座位，所以服务人员很难划分服务区域，而只能用分组的方式来服务客人。一般将酒会服务人员分成三组来进行服务工作，其工作细节说明如下：

1. 负责绕场服务和餐台

负责菜点的服务员要在酒会前半个小时左右摆好干果、点心和菜肴，酒会开始后协助厨房照料餐台，注意帮助年老人取用，保证有足够的盘碟餐具；通知厨房补菜、整理及补充餐台上的备用物品。此外还需负责执行绕场服务的，即在酒会中协助端拿绕场服务小吃类餐食在会场来回穿梭，以服务宾客取用食物。

2. 负责酒类或饮料的服务

酒水服务是整个酒会的重头戏，它的服务是否到位，关系整个酒会的服务质量。其服务要求是：

（1）第一轮酒水服务 所有的酒会在开始的10分钟是最拥挤的。到会的人员一下子涌入会场，如果饮料供应不及时的话，会场就有被挤垮的危险。第一轮的饮料要按酒会的人数，在10分钟之内全部送到客人手中。大、中型的酒会，调酒师要在酒吧里，将酒水不断地传递给客人和服务员。服务时，服务员需使用托盘拿持酒杯给予客人，并随杯附上一张小餐巾纸。若与会人数众多，通常会由调酒员预先调好一些常见的酒类或饮料，然后由一部分服务人员端着放置着小餐巾纸、各式饮品数杯的托盘排队站在入口处让客人自行挑选偏好的酒类或饮料；而另外一部分饮品同样置于托盘中，但由服务人员端拿着穿梭于会场中，随时为宾客提供饮品服务。负责酒会指挥工作的经理、酒吧领班等还要巡视各临时酒吧摆设，看看是否有的酒吧超负荷操作。特别是靠正门口右边，因人的习惯比较偏向右边取东西，如果有的话，应立即抽调人员支援。

（2）第二轮酒水服务 酒会开始10分钟后，酒吧的压力会逐渐减轻，这时到会的人手中都有饮料了，酒吧主管要督促调酒员和服务员将干净的空杯（第二轮酒杯）迅速放上酒吧台，排列好，数量与第一轮相同，调酒师要马上将饮料倒入酒杯中备用，大约15分钟后，客人就会饮用第二杯酒水，倒入杯后，酒杯及饮料必须按四方形或长方形排列好。不能东一杯、西一杯，让客人看了以为是喝过或用剩的酒水。

（3）补充酒杯与酒水 两轮酒水斟完后，酒吧主管就要分派服务员到洗杯处将洗干净的酒杯不断地拿到酒吧补充，既要注意到酒杯的清洁，又要使酒杯得到源源不断地供应。在酒会中经常会因为人们饮用时的偏爱而使某种酒水很快用完。特别是大、中型酒会中的果汁、什锦水果宾治和干邑白兰地。因此，调酒师要经常观察和留意酒水的消耗量，在有的酒水将近用完时就要分派人员到酒吧调制什锦水果宾治和其他饮料，以保证供应。

（4）注意事项 酒台供应最繁忙的时间通常是酒会开始10分钟；酒会结束前10分

钟及宣读完祝酒词的时候。这些时间是饮用酒水比较多的时刻，是酒会的高潮，要求调酒师动作快，出品多，尽可能在短时间内将酒水送到客人手中。

有时客人找不到自己喜欢的饮料，会向服务员点要酒吧设置中没有的品种，如果一般牌子的酒水，可以立即回仓库去取，尽量满足客人的需要；如果是名贵的酒水，要先征求主人的同意后才能取用。

在酒会结束前10分钟，要对照酒会酒水销售表清点酒水，确切点清所有酒水的实际用量，在酒会结束时能立即统计出数字，交给收款员开单结账。

3. 负责收拾空杯残盘及整理会场

负责收拾的服务员必须端持托盘穿梭在会场之间，一旦看到客人手上的杯子已空，便可上前询问需不需要将空杯盘收走。宾客有时可能会向此组服务人员点酒，遇到这种情况时，虽然点酒不在其服务范围内，但仍应和颜悦色地回应以"请稍候，马上请其他服务人员为您服务！"之类的言语，并尽快请负责人员进行服务。另外，第三组人员还要负责收拾摆在小圆桌上的空杯、残盘、叉子等，若发现地上掉有东西也应立即拾起，以随时保持会场的场地清洁。

注意事项：

①如有迎宾的环节，要在入口处设主办单位列队欢迎客人的地方，服务人员一半列队迎宾，在主办代表欢迎客人后，引宾入场。

②酒会开始后，每个岗位的服务人员都应尽自己所能为宾客提供尽善尽美的服务，服务员在巡视过程中不得从正在交谈的客人中间穿过，也不能骚扰客人的交谈。

③在服务过程中，要注意不要发生冲撞，尤其不要碰着客人和客人手中的酒杯。若客人互相祝酒，要主动上去为客人送酒。

④对带气的酒和贵重酒类应随用随开，减少浪费，各种鸡尾酒的调制要严格遵循规定的比例和标准操作。

⑤酒会中，不允许服务员三三两两相聚一起。每个服务员都应勤巡视，递送餐巾纸、酒水和食物。

⑥主人致辞、祝福时，事先要安排一位服务员为主人送酒，其他服务员则分散在宾客之间给客人送酒，动作要敏捷麻利，保证每一位客人有一杯酒或饮品在手中，作祝酒仪式之用。

（三）鸡尾酒会的结束工作

鸡尾酒会一般进行两个小时左右，酒会结束，服务员列队送客出门，宾客结账离去后，服务员负责撤掉所有的物品。余下的酒品收回酒吧存放，脏餐具送洗涤间，干净餐具送工作间，撤下台布，收起桌裙，为下一餐做好准备。

鸡尾酒会的结账方式一般有三种：

1. 按酒水消耗量结账

按酒水消耗量结账又称"计量消费"，是根据酒会中客人所饮用的酒水实际消费量进行结算。此种方式需请酒会主人在事前及事后与宴会厅领班一起清点饮料并将结果记录在计价表中。

这种酒会既不限时，也不限定酒水品种，只根据客人的需要而定。一般有豪华型与普通型两种，普通型的计量消费酒会是由客人提出要求，通常酒水品种只限于流行牌子；而豪华型的酒水可以摆出些较名牌的酒水，供客人选择饮用。

2. 按酒会时间结账

也称"包时酒会"，通常客人只需将人数、时间定下后可以安排了，宴客主人包下酒吧提供的酒水，使宾客能在固定时间内无限量畅饮。定时酒会的特点是"时间"，通常有1小时、1.5小时、2小时几种。定下时间后，客人只能在固定的时间内参加酒会，时间一到将不再供应酒水。例如有一个定时酒会是下午5点至6点，人数为250人。酒吧提供1小时饮用酒水，即在5点前不供应酒水，5点开始供应，任客人随意饮用，但到6点整就不再供应任何酒水了。供应的酒单随酒会价位的不同而有所差异。

3. 按酒会消费额结账

指客人的消费额已固定，酒吧按照客人的人数和消费来安排酒水的品种和数量。这种酒会经常与冷餐会连在一起。客人在预定酒会时，先确定每位来宾所消费的金额，然后确定酒水与食物各占的比例，食物部分由厨师长负责，酒水部分由酒吧负责。酒吧则按照客人确认的消费额合理地安排酒水的品种、牌子和数量。这种酒会要经过细心的计算，因消费额已定，既要在品种、牌子和数量上给客人以满足感，又要控制好酒水的成本。

此外，还有一类主办单位只负责酒会标准餐内的酒水费，而超出标准餐的费用则由宾客自付，此时，服务人员要及时为点酒水的宾客提供服务，同时又要及时进行结账，以免出错。

二、技能操作

实训项目：鸡尾酒会活动策划

实训目的：能结合不同的主题及客情设计鸡尾酒会活动方案。

虚拟客情

1. 为加强学生对专业知识的深入了解，同时也是展示专业师生扎实的专业基础，某校旅游烹饪学院将于2023年5月20日14：00～16：00，举办首届"创造缤纷·品味艺术"真诚答谢合作企业鸡尾酒会，招待学院领导、企业嘉宾近50人。本次活动设在旅游烹饪学院实训中心一楼的餐饮创业实训室，在专业老师的指导下，由烹饪工艺与营养专业学生策划筹备，院学生会大力支持。此项活动是对学生所学专业知识的一次实战检验。

2．坐落于海南美丽的三亚湾国际旅游区腹地某酒店，准备于2023年11月25日举办2023圣诞亮灯仪式暨感恩节鸡尾酒会，开启缤纷欢乐圣诞季，100余位嘉宾、忠实客户以及媒体朋友共同欢聚在酒店大堂。

3．每年的农历五月初五是中国传统的端午佳节，无锡某五星级饭店将在2023年6月举办端午客户联谊鸡尾酒会，招待来自希捷、韩国Hynix、通用、阿里斯顿、西门子、卡特彼勒等公司的常住客人与重要客户30余位，体验中国传统节日的浓浓氛围。

实训要求：

1．学生分成4～5人的小组，由组长抽签确定虚拟客情，一周内完成鸡尾酒会策划方案。

2．策划方案要有环境布局、菜单设计、酒水策划、活动安排等环节。

3．提交鸡尾酒会策划方案WORD电子文档和PPT，WORD电子文档用于评分，PPT用于交流策划方案。

任务小结

本任务小结如图5-19所示。

情境五　鸡尾酒会设计习题

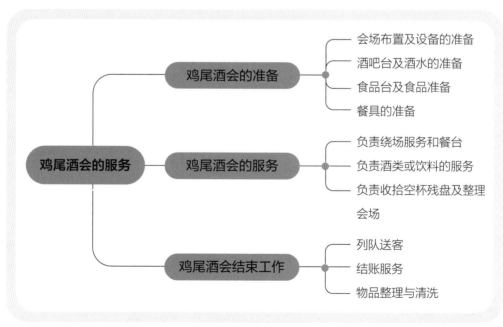

图5-19　任务小结

6

情境六
外卖宴会设计

情境介绍

外卖宴会设计情境包括外卖宴会认知、外卖宴会的勘查与设计、外卖宴会的准备与运输和外卖宴会的服务四项工作任务。

外卖宴会认知工作任务涵盖外卖宴会的地点、外卖宴会的形式与价位、外卖宴会的风险与效益等；外卖宴会的勘查与设计工作任务涵盖外卖宴会的勘查、外卖宴会的菜单设计、外卖宴会的酒水设计；外卖宴会的准备与运输工作任务涵盖外卖宴会的菜点准备、外卖宴会设备与物品的准备、外卖宴会物品的运输；外卖宴会的服务工作任务涵盖宴会前集会、宴会服务、宴会结束工作等。

情境目标

◇ 能认识外卖宴会的地点、形式、成本与效益等要素，完成外卖宴会的案例采集。

◇ 能认识外卖宴会勘查的重要性，完成外卖宴会的菜单与酒水设计。

◇ 能掌握外卖宴会菜点的准备及物品的运输，完成外卖宴会的准备及运输工作的设计。

◇ 能掌握外卖宴会的服务工作内容，完成外卖宴会服务工作的设计。

情境案例

空旷场地上的千人外卖宴会

2017年6月，上海某大型活动主办方从十多家五星级酒店及外卖宴会服务公司中，选定上海威斯汀大饭店，要在12月份距离酒店43公里的上海汽车会展中心南展厅，承办一场茶歇及晚宴，为到场的2700多名国内外宾客提供定制化的餐饮服务。

威斯汀大饭店是上海市黄浦区第一家通过审核拥有团队膳食外卖资质的五星级酒店。经过半年的筹备期，十余次的客户沟通会及酒店内部讨论会，前期的充分准备为活动的顺利进行奠定了扎实的基础。

场地布置

本次外卖宴会的地点是上海汽车会展中心南展厅（图6-1A），活动现场仅是一个约12000㎡的空旷场地，混凝土地面，空间高度11～16m，没有任何相应的餐饮设施设备，需要酒店自行搭建厨房。

A 上海汽车会展中心南展厅　　　　　　　　B 南展厅宴会餐桌布局

图6-1　外卖宴会场地布置

为解决此问题，威斯汀各部门包括厨房部、宴会厅、工程部和安保部进行了详尽的计划、安排与测试，解决了包括厨房地点安排、采用阻燃材料的桁架幕布遮挡、设备摆放、电箱运作等细致的问题。前期酒店工程部在查看场地时发现，场地所提供日常电流无法满足如此大规模活动所需，在前期充分沟通与协调下，场地方配合提供了合适的流量设备。酒店对厨房位置、电源位置及走线进行了多次调整只为达到设施设备的供电与厨房安全有序工作之间的最大平衡。所有厨房设施设备及宴会桌椅在活动前一天完成运输，提前搭建（图6-1B）。

服务安排

在保证酒店内570间客房、三大主要餐厅及多场宴会活动正常运作的同时，专门为外卖宴会活动派出400多名厨师及服务人员到现场服务（图6-2）。活动开始的前一周，酒店对所有参与服务的内部工作人员进行了充分"实战演练"，制定"作战示意图"，将场地分成ABCD四个区域，每个区域配备区域组长以及跑菜负责人，各自负责4个小组，以保证传菜及服务的效率。

菜单设计

此次活动与会人数众多，当酒店方得知与会嘉宾来自不同国家和地区时，特意向主办方进行了详细了解和统计，客户非常重视菜肴的温度和分量。最终酒店厨师团队在经过多次内部讨论及菜肴品鉴后，筛选了两套融合菜单方案供客户选择，以满足来自不同国家和地区与会者口味及用餐习惯。试餐当天，客户对这两套菜单都赞不绝口，一时无法决定最终的取舍。最终，在考虑到来宾大部分为女性后，选择了一套较受女生欢迎的菜单作为此次活动的主菜单。此外，厨师们还特别准备了一份素食菜单，让素食主义者也能选择自己喜欢的餐食。

A 专业外卖宴会团队　　　　　　　　　　　　B 宴会餐桌及摆设

图6-2　专业外卖宴会团队及设备

安全控制

食品安全控制是本次活动的难点之一。全新配置的外卖宴会专用厨房（图6-3）及设备、对供餐方式及供应品种的严格控制、HACCP食品安全管理体系，确保食品原料和加工安全。外卖服务团队从食品生产加工到运输再到最后的餐点配送服务严格遵守《餐饮服务团体膳食外卖卫生规范》（DB 31/ 2009—2012）。场地距离酒店远，设备和食

图6-3　威斯汀外卖宴会专用厨房

品的运输成为此次宴会的极大挑战，不仅要保证运输过程中的食品安全和新鲜，更要做到周全配备，缺少任何的食材和设施设备，都无法在短时间内进行物料补足。食材运输全程共用到多辆移动冰箱车及热保温车，移动式冷藏车确保了食品在配送过程中的质量安全；供餐点现场服务人员严格遵守食品安全操作规范确保现场服务的安全卫生。此外，酒店设有独立实验室对团体膳食实行食品留样、检测及记录，为应急事件处理和后续改进提供数据事实依据。

在全体酒店人员的共同努力下，酒店圆满完成了如此大型宴会外卖服务，团队的实战能力和现场应变能力得到了考验，随时、随地、随心的高品质外卖服务技能得到又一次提升，最终获得了活动组织者及与会者们的一致好评。

案例导读

外卖宴会是根据客人的要求，把宴会做到饭店以外，而宴会的内容及服务水平丝毫不降低，使宾客在品尝佳肴的同时，又饱览山水秀色。既没有场地局限性，也没有用餐形式局限性；顾客可选择在教堂用餐，也可选择到郊外用餐；服务公司既能提供中式围桌服务，还可提供中西式站立自助餐等；既有商务宴会、婚宴，还有家宴，甚至是野外烧烤。总之，外卖宴会是将宴会服务从酒店、酒楼、饭馆等搬到客人所希望的任何场所，以希望的任何形式出现。

外卖宴会相对于店内宴会，厨师团队在备好餐后，餐品不能直接拿到隔壁的宴会厅，而是要包好、装好，将食物载到货车上，有时数千人份的餐品装上货车，工程非常浩大，提前确认活动场地后，再开到活动场地后，把餐品卸下并放上餐桌。活动结束后，服务员须把剩菜、厨余、脏的碗盘和餐具、杯子及刀具都放回货车，再开回酒店、重新卸下，然后洗好并装回橱柜。外卖宴会工作量几乎比在酒店里承办宴会高出四倍，且员工在活动的前一天、后一天都要工作。因此，外卖宴会服务是非常辛苦的工作。

外卖宴会是从"坐店经营"到"出门经营"的重大变革，通过搭建及布置，把高尔夫、汽车路演、T台秀等不同场地营造出不一样感觉，让客人耳目一新；再加上艺术般的菜肴、别具风格的装饰、精彩的现场表演，这种宴会经营模式深受欢迎，其前景非常乐观。

外卖宴会认知

任务导入

　　场景：无锡某皇冠假日酒店

　　人物：酒店总经理周某，宴会定制服务师小王

　　情节：2023年第二届江苏国际茶叶文化暨精品茶具博览会（简称"茶博会"）将于11月25日～28日在无锡体育展览中心举行，酒店周总经理接到主办方电话，茶博会活动之一江苏省特色茶文化产业高层论坛有200位国内外来宾与会，主办方将在无锡体育展览中心承办一次宴会欢迎论坛嘉宾，但是选用中式宴会？西式宴会？还是冷餐会？期望酒店能推荐合适的宴会形式。周总经理与宴会定制服务师小王商量，怎样给主办方回复宴会的形式？

任务目标

　　◇ 能认识外卖宴会的地点、形式，完成外卖宴会形式的选择。

　　◇ 能认识外卖宴会的价位、手续费及成本控制，完成外卖宴会成本控制的设计。

　　◇ 能认识外卖宴会的风险与效益，完成外卖宴会的案例采集。

任务实施

一、知识学习

　　外卖宴会也称"外送宴会"，福建闽南地区及台湾地区称"外烩"，就是根据客人的要求，由酒店或专业化的公司到客人指定的场所，布置宴会，为其提供宴请服务。

🔍 小知识 ··

古代的外卖宴会：从"四司六局"到"出堂服务"

宴会外卖服务起源于宋代，在宋代饮食市场上，出现了专门料理有关筵席、婚丧庆吊饮食事项的组织——"四司六局"，《梦粱录》载："凡官府春宴，或乡会，遇鹿鸣宴，文武官试中设同年宴，及圣节满散祝寿公筵，如遇宴席，官府各将人吏，差拨四司六局人督责，各有所掌，无致苟简。或府第斋舍，亦于官司差借执役，如富豪士庶吉筵凶席，合用椅桌，陈设书画器皿盘合动事之数。则顾唤局分人员，俱可圆备，凡事毋苟。"其四司为帐设司、厨司、茶酒司、台盘司；六局为果子局、蜜煎局、菜蔬局、油烛局、香药局、排办局。它们分工合作，任凭呼唤，把备宴的一切事务都承揽下来，不过服务对象主要是文武百官及富豪士庶。

到了清代，宴会外卖服务成为一些饭馆的经营项目，称为"出堂服务"，即派厨师出堂，上门为客人操办筵席，此业务多见于"包席馆"（承包筵席为主的餐馆，内部不设餐厅，提前预约，上门服务）、"南堂馆"（以上门承包筵席为主的江浙餐馆）。上门服务时用专门的"酒席担子"，内装餐具、用具、调料、汤水以及菜肴半成品，往往有一担或几担，由伙计挑着去办席，另外还有一种"抬盒"，用木料制作，体形较大，里面分格盛装做好的菜肴和点心，由餐馆伙计抬着，送到定席人家，供请客品尝。"抬盒"多用于恭寿或丧悼，也可作为赠礼，送到亲友家中，名为"送席面"。

（一）外卖宴会的地点

外卖宴会是相对于宴会厅宴会而言的。宴会厅宴会主要由酒店和大型餐饮企业承办，饭菜的烹制和宴会的布置都有专门的场所，即设施完备的厨房和宽敞明亮的宴会厅。外卖宴会的地点是客户自定的，大致有以下几种选择：

1. 居家宴会

许多私人宴会是在客户家中做的，如某些新屋落成，乔迁之喜的人们希望能在新家宴请亲朋好友，会请饭店到家中进行宴会外卖服务，这会为客人带来一份的特殊的温馨感受，节奏通常会更轻松，环境会更舒适，谈话的机会更多，氛围可能会比在露天的区域就餐更优雅。而且，在家举办宴会的客户本身乐于为他的宾朋做点特殊的东西，这对于宴会主人来说，是一种非常愉悦的体验。当然，并非每个客户的家里都大到足够可以举办大型的像婚宴或冷餐酒会之类的活动。

2. 名胜地、风景区

名胜地、风景区是外卖宴会的常用地点（图6-4），如北京地区可选择颐和园的南湖岛、金山岭长城、慕田峪长城、司马台长城、八达岭长城、北海、恭王府、十渡等。

北京王府饭店曾把宴会开在了紫禁城，长城饭店更是把宴会开在了离北京130公里以外的白洋淀，可谓是"不求远近，但求有名"。

乡村也是外卖宴会的独特地点，在中国幅员辽阔的国土上分布着近70万个自然村，复杂多样的人文地理环境造就了千万丰富多彩的美丽乡村，那些至今依然保留着原生态特色的乡村就显得弥足珍贵了。在新时代，游客更加渴望从乡村文化中得到慰藉，国民旅游习惯亦发生深刻变化，以短途游、周边游、近郊游为代表的乡村旅游展现出了强劲的发展韧性，为乡村振兴战略的全面推进、旅游业的全面复苏提供了强有力支撑，乡野餐饮的宴会接待自然成为重要的环节。

上海威斯汀大饭店曾在拥有三层夹板的黄浦江"船长八号"游轮上举办过一场上百人的"海盗与皇冠"主题外卖晚宴活动。专业服务团队考虑到在游轮上举办，所以选择以"海盗"作为主题，从邀请函设计、签到、现场装饰、模特、游戏、表演环节等都是围绕海盗主题，外籍海盗装扮模特互动；晚宴餐点从前菜、主菜到甜品都是海盗主题创意菜肴，所有的食材、设备及餐食用具，经由专业的码头将活动所需的食物半成品经酒店专业的移动设备运送至游轮上，配以酒店提供的桌椅和餐具，呈现高规格的宴会，活动现场安排了魔术、表演等娱乐项目。对赴宴者而言，在黄浦江游轮上享受的宴会服务，无论从地理位置、趣味性、标志性来说都是一种难忘的体验。

长城

乡村

游轮

公园

图6-4 不同场地的外卖宴会

3. 与客人有关的场地

企业集团或一般较大型的公司多半已设置有私人招待所，所有设备一应俱全，就只缺举办宴会所需的材料与专业工作人员。这些单位之所以办宴会，大多出自其举办的宴会可能有些名人出席，而这些人士又不愿意在公众场合出现，因此对宴会外卖服务的需求相对增加。此外，户外、建筑物的大厅、艺术馆、仓库、大街及帐篷等场所，都有可能成为外卖宴会场地，尽管他们从来就不是为举办宴会而设计的。

如上海的会展市场一直伴有外卖宴会服务需求，多集中在3~6月及9~11月。特别是上海迪士尼乐园和展馆的增开，越来越多企业选择上海作为目的地旅游或举办大型展会，大大增加会议活动策划组织者对外卖宴会服务的需求。

（二）外卖宴会的形式与价位

1. 外卖宴会的形式

外卖宴会的举办形式多样，主要为中式宴会、西式套餐、中西式冷餐会、鸡尾酒会和茶会五种。宴会外卖服务必须提供与饭店内相同等级的服务，但因服务地点不在饭店，所以从事前的规划、场地布置、菜单的准备以及当天宴会外卖服务执行的安排，乃至事后的善后工作，工作量都比饭店内的宴会服务还要繁重。所以承办宴会外卖服务之前，负责接洽宴会外卖服务的单位便需先在各方面进行审慎评估，然后再决定是否承接该场宴会外卖服务。

2. 外卖宴会的价位

酒店提供的宴会外卖服务就营业成本而言，由于所提供的餐食及服务等都比照酒店宴会厅办理，应与酒店内举办的宴会相同，因此宴会价格也相同。但除宴会费用外，宴会外卖服务还需加收手续费，以支付工作人员的超时费用及运输费用，所以宴会外卖服务价位一般仍比饭店宴会厅为高。

此外，为确保宴会外卖服务收益，宴会外卖服务价位也应设有最低限制，饭店可依本身情况设定底线。由于宴会外卖服务成本非常高，基于回收成本的考虑，饭店不得不对宴会外卖服务的对象进行最少人数的限制，单位可考虑自身条件，自行设定最低人数的限制（表6-1）。

表 6-1　宴会外卖服务的最低价位和最低人数限制

形式	价位	最低人数的限制
中式宴席	每桌1000元起	2桌以上
西式宴会	每客180元起	20人以上

续表

形式	价位	最低人数的限制
中西式冷餐会	每客中午150元，晚上180元起	50人以上
鸡尾酒会	每位100元起	50人以上
茶歇	每位80元起	80人以上

本任务导入的案例：2023年第二届江苏国际茶叶文化暨精品茶具博览会欢迎宴会，究竟采用什么宴会形式？宴请对象是国内外嘉宾，所以宴会内容中西结合比较妥当；有200位来宾，就要根据宴会场地的大小，来确定宴会的形式。另外，不同形式宴会的价位是不一样的，主办方会根据承办方提供的报价进行选择，而承办方要根据宴会场地情况推荐适合的宴会形式。所以茶博会欢迎宴会的形式最终是由主办方与承办方共同商讨来确定。

相对西方国家，中国市场对高端外卖宴会的需求目前仍比较低。由于高端外卖宴会成本非常高，价格或为考虑之一。如人力方面，如果是酒店里的宴席，主厨提前一个小时请酒店内各餐厅的厨师到宴会厨房花半小时做完菜，厨师就可以各到各自的岗位了。如果是高级外卖宴会，厨师们得离开岗位六个小时，导致餐厅收益损失。用品方面，有时酒店必须提供专业烤炉等设备，如比萨就不是随便一个烤箱烤得好的。若真的碰到高端外卖宴会的需求，拥有背景多元的厨师团队就很重要，如此才能无论客户有清真、意式、德式、日式、中式料理或甜品的需求，酒店都能完全满足。

3. 手续费的估算

何谓手续费？由于宴会外卖服务工作繁重，从准备工作、搬运器材上车、运输、卸货、摆设、服务。到事后的回收和归位，所需人力约为平常宴会的2～3倍。再加上搬运器材和设备时可能发生的损失，以及宴会外卖服务车、卡车、计程车的交通费用，所以整体说来，提供宴会外卖服务的成本相当高。正因为如此，才会在宴会费用外有所谓手续费的收取。其计算方法可参考下列公式：

$$手续费 = 车程的支出 + （人事支出 \times 2/3 或 1/2）$$

例如：一场宴会人数50人的市区冷餐会宴会外卖服务，需派出1部宴会外卖服务车、1位领班、3位服务员、1位厨师及1位餐务人员。则其手续费的计算方式如下：

一部宴会外卖服务车每趟200元，来回两次：

$$200 \times 2 = 400（元）$$

工作人员总计有6位，从14：00准备出发到23：00回到饭店，共工作9小时，每小时20元，比在饭店多出一倍的工作时间：

$$20 \times 9 \times 6 \times 1/2 = 540（元）$$

所以，手续费＝400+540＝940（元）。

也就是说，在宴会费用外另行收取940元的手续费。而对于一些营业额很高的宴会外卖服务，有时饭店可采用加收10％的服务费的方式来代替手续费的收取。

4. 宴会外卖服务的成本控制

在推广宴会外卖服务业务之初，可先试探市场对此项服务的需求，然后再考虑是否应该扩充业务。试探市场期间，宴会外卖服务必备的器材可采用比较节约的方式来准备。

（1）宴会外卖服务车 可先以厢型车来代替，以节约成本；找备有中型卡车的货运公司来做临时协助；由于初期的宴会外卖服务业务量应该不大，宴会外卖服务车司机便可先借调饭店内跑业务的司机来支援，同时可以节省人事成本。

（2）家具与厨房器材 可先购买一部适合放置在厢型车内的桌布车。增购2套快速炉和煤气桶；增购大蒸笼3个；增购可以放入厢型车中的保温推车、冷藏推车各2部；购置小型三层车3部。

（3）餐具方面 购置若干较为耐用的保温锅；烧固体酒精或插电的汤锅2个；保温大茶桶2个，小茶桶2个；小型冰块箱4个，钓鱼箱也可；准备直径分别为35.6厘米、40.6厘米、45.7厘米的塑料餐盘，作为厨房装菜用；购买些比较平整的餐盘，可减少搬运时破裂损坏的概率；增购可叠放式的大小塑料篮各20个，以便放置宴会外卖服务用的碗盘。

（三）外卖宴会的风险与效益

1. 外卖宴会的风险

外卖宴会相对于宴会厅宴会来说挑战更大。举行宴会的地点对客人而言非常有吸引力，他们希望艺术馆、公园、仓库及宅院等地方得到完美的餐饮服务。对宴会承办者而言，这些非专门举行宴会活动的场所有无数的困难需要他们克服，若不经过周详的现场观察及审慎评估而贸然投入宴会外卖服务工作，将承受相当的风险。

多数情况下，这些地点没有合适的电力、足够的水和工作间，即使有厨房，在做菜前后也没有足够的冷藏室来保证食物妥善的冷藏。宴会承办人在工作时几乎没有隐私，他们的行动完全暴露。此外，在承办宴会过程中，还可能有突发的事件。

·专门派负责某事的人员未到或迟到。

·客户订了300人的饭菜，结果来了500人。

·在做第一道菜时，你所在的帐篷塌倒了。

·你饭菜烧焦了，需要跑30千米到厨房去拿。

·警察拦住你的送货车，发现你的司机持有过期执照，结果送货迟到。

·在为两份饭菜打包时，把一份饭菜误放在了为另一个宴会准备的盒子里。

……

如何为客人提供一次令人难忘的、印象深刻的外卖宴会，同时保证食品和服务达到所有的安全标准，这些对宴会承办人的创造力和实际能力都提出了挑战。无论在任何情况下，承办者都承担着为一项活动的正常举行而提供所必需的食物供应及人员服务的全部责任。除了制定菜单和购买酒水饮料外，承办者应当免去客户承担的所有责任。

2. 外卖宴会的效益

那么，为什么还要做呢？的确有许多承办者因为不能克服在外场做饭菜时产生的巨大困难而却步。然而，仍然有许多承办人为得到在许多特殊的地点举办宴会所具有的灵活性和特别的机会而接受挑战。这种经历会使酒店外卖业务或外卖宴会公司更强大，员工能学会处理任何的麻烦，并且可以挣到数目可观的收入。

对酒店而言，外卖宴会还不受空间和地点的局限，在一天之内可以尽可能多地为许多的活动提供宴会服务。户外宴会形式更是多样，无论是顾客需要烧烤，还是鸡尾酒会，或是西式自助餐，均能根据顾客要求提供。

除了增加经济效益外，酒店还能扩大影响，提高声誉。外卖服务是高星级饭店经营水准的一个标志，体现饭店餐饮的最高技术水平和服务水平。外卖服务从开始策划、实地调查、组织人力物力到实施计划、现场督导、圆满结束，自始至终都要求饭店各部门通力协作，以保证各个环节顺利完成。

当然，有些外卖宴会受组织者预算的限制，如果你答应承办，可能挣不到应得的利润。为了适应组织者有限的预算，你可能不得不去"节省钱"，比如，减少每份菜的量、去掉一道菜、提供简单而不那么昂贵的饭菜，用较少的服务人员或用纸巾代替餐巾。如果这些做法偏离了你的标准，你的声誉可能会受到损害。客人不管你在承办酒宴时是赚钱还是赔钱。他们关心的是服务是否周道，饭菜是否精美以及氛围是否适宜。如果你最终决定承办此宴会，明知你的利润可能会减少甚至没有，宁可不赚钱也不要降低你的标准或服务。因为你没有降低标准，你会因此而受到尊重，能带来很大的广告作用。

二、技能操作

实训项目：外卖宴会案例采集

实训目的：通过外卖宴会的案例，了解外卖宴会举办的实况，为外卖宴会的设计积累间接经验。

实训要求：

1. 通过网络，检索典型外卖宴会的网页、文章、图片、视频等信息。

2. 根据外卖宴会的信息，整合成外卖宴会案例WORD版和PPT版。

任务小结

本任务小结如图6-5所示。

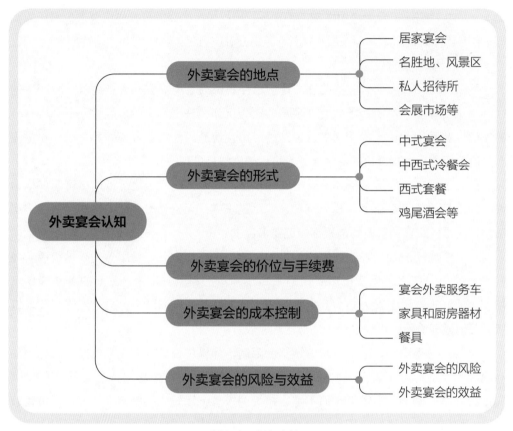

图6-5　任务小结

外卖宴会的勘查与设计

任务导入

场景：无锡某皇冠假日酒店

人物：宴会定制服务师小王，宴会预订员小赵，宴会厨师长小李

情节：2023年第二届江苏国际茶叶文化暨精品茶具博览会欢迎宴会将于11月25日在无锡体育展览中心举行，酒店与主办方协商一致，准备采用冷餐会的形式招待国内外嘉宾。宴会定制服务师小王与宴会预订员小赵、宴会厨师长小李准备去无锡体育展览中心勘查场地后，再启动冷餐会设计工作。

任务目标

◇ 能认识外卖宴会的流程，完成外卖宴会现场勘察内容的设计。

◇ 能根据外卖宴会的现场情况，完成外卖宴会场地的设计。

◇ 能根据外卖宴会的现场勘察情况，完成外卖宴会菜单的设计。

任务实施

一、知识学习

（一）外卖宴会场地的勘查

外卖宴会的流程从接受预订开始（图6-6）。宴会预订员应抱积极的态度受理宴会外卖服务的预订。在宴会外卖服务费用上须事先与客人进行沟通，以免事后追讨徒增困扰。除餐费外，诸如手续费的计算方式或其他相关费用的收取，均应先让客人了解清楚并取得共识。

千万不能盲目地就外卖宴会与客户进行谈判。在详细了解驻地情况和宾客提出的具体要求后，宴会预订员和宴会定制服务师必须到宴会场地进行勘察，以便使自己熟悉厨房设施，研究就餐区的布局，以采取相应的方式。

图6-6 外卖宴会的流程图

1. 勘察人员安排

一般小型的外卖宴会,应由与客户接洽的预订人员负责场地勘察;当举办大型宴会外卖服务时,宴会定制服务师须请厨房人员、服务人员及美工人员会同宴会部门主管到场勘察。厨师可对场地设备特性有一定了解,作为开设菜单的参考;美工人员可针对场地的情况,事先规划宴会布置事宜;服务人员则可了解场地以应付临时状况,例如若餐具不够使用、需要清洗餐具时,便可就事先已知道的场地位置,及时加以利用。

亲临驻地勘察可以带着"查看情况核对表"(表6-2),判断可行性和设计举办方案,勘察越仔细,看上去就越专业,比竞争对手的优势就越大。如果勘察人员提问题时能激发客户对酒店的信心,这种活动前的参观会帮助酒店达成交易。

表6-2 宴会外卖场地查看情况核对表

序号	查看内容	结果
1	测量所有的房间并确定可以有多大的工作空间	
2	测量房间并确定可以摆放多少椅子、桌子和容纳多少人	
3	烹制菜肴的区域离客人有多远	
4	有没有客户的设备你可以利用	
5	上下楼是通过楼梯还是有别的通道	
6	酒吧台和自助餐桌应放在哪里	
7	厨房有多大?烤箱好不好用?能否放下你的盘子?有没有足够的空间准备菜肴	
8	有多少插座?是不是都从一个保险丝上接电	
9	怎么上菜	
10	冷水和热水够不够用	

续表

序号	查看内容	结果
11	职员和卡车安置在哪儿	
12	自带设备和租用的设备应放在哪儿	
13	谁负责设备的维护	
14	谁负责安保	
15	哪种颜色与室内装修比较和谐	
16	职员换班在什么地方？有没有地方供他们休息	
17	天气会对这个地方有什么影响	
18	如何处理垃圾	
19	这个地方的电话号码是多少？	
20	照明够不够好	
21	……	

2. 勘察宴会场地的设备及物品

外卖场地环境各异，且不具备厨房的场地居多，所以首先要勘察外卖宴会服务场地的器材设备。若宴会现场已经具备某些器材，便不需要重复运送。某些场地地形特殊，导致搬运器材成本提高，此时便须先与客户沟通酌收额外搬运费的可能性。宴会现场的器材设备也会影响菜单的设计。例如，中式餐点的准备需要快速炉，而该宴会外卖服务场地是否具备、是否需从饭店运来或能否架设此类炉具都需事先确定。若有设备无法满足的困难，便应考虑调整菜单内容。以往曾经发生过在客户驻地中架设快速炉，却因通风不良而触动火警警铃的问题，由此可知，宴会前对场地及设备的勘查不可不慎。

再如居庸关长城上的外卖宴会，场地电力不够、没有上下水，更没有备餐间。因此，酒店专业团队需提前考察场地，在现场烹调的情况下，假如场地无法提供2,000瓦的电量，就准备1,000瓦能烹饪出菜肴，场地若无供水，就将水运输到现场。

如果带着烹制或加热的辅助设备，应确保它们被安置在安全的区域，并且不会有火灾的危险。如果这些设备是用电的，检查宴会场地的电线和功率能否承受特殊的电力负荷，并且不会导致停电。一旦断电，重新送电后，一定要和主办方一起检查：是否所有的电器比如冰箱、冷藏室及烤箱设备正常运转。有些电器不是自动启动的，需要按启动开关，因此还需要检查开关。

宴会设计人员必须知道做菜、摆菜和盛菜所需的设备和用具标准数量。比如，食堂用的哪些设备不适合家用。家用炉灶一般装不下大型锅，而且，这些锅可能会损伤炉灶表面。大型的盘子也同样放不进家用烤箱，必须带上自己的大小合适、质量完好的盘子。客人因为不能受限制，可能会参观你的工作区，出于好奇，他们或许恭维你，或许想和你商量他们自己的宴会，这时，你的烹饪器具设备也逃不过他们的审查。

如果宴会在私人住宅举办，要对家具物品进行仔细察看。这些家什可能因为易碎而不能满足许多客人的要求。餐桌可能不够结实并无法摆放所需的饭菜和器皿。这些家什可能很昂贵，如果你的职员或客人不小心损坏，修理或更换的代价可能出奇得高。如果这些设备太大或太重而不好搬运，添加更多的座位和桌子就不太可能。

每个厨房，必须保证有地方做饭、摆放设备、存放物品及刷洗盘子。现场察看的另一个重要方面是看装卸方不方便，因为如果装卸不方便可能会很费时间，还必须查看有多大停车位供运送设备人员停车。

3. 宴会场地设计

宴会外卖服务不同于店内活动，服务过程中会有很多不可控因素，需要考虑众多的因素。在酒店餐饮团队提前勘察，根据现场条件与设施，与客户确认好所有细节，为活动所需量身定制菜单和提前准备相关配套物品之后，还须将天气变化等因素考虑在内，如没有遮挡的外场出现极端天气等，从多角度出发，在不同情况下做出多套完整的外卖方案，以保证外卖的顺利，为客人营造出舒适的就餐环境。

现场勘察完成后，判断宴会的可行性，再签订"合同书"。然后结合宾客提出的具体要求，设计宴会举办方案。用计算机绘图的方式制作宴会方案设计图，能增加顾客对实际布置的了解，设计图包括场地摆设、周边布置、餐桌位置、餐台位置等（图6-7）。

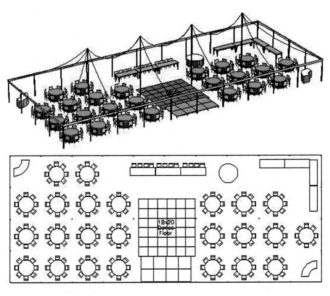

图6-7　外卖宴会场地设计图

专业的宴会承办者知道什么时候应拒绝承办外卖宴会或者某一项外卖活动。拒绝一项工作的一些理由有：

①当酒店（或公司）无法做出或执行客户所希望的事情时，因为在现行或未来情况下，无法做到或不应做。例如，当客户坚持在非常不平的地上搭帐篷或计划在晚上6点到9点举行的宴会上提供清淡的冷食时。

②当酒店（或公司）有太多的宴会要承办，或有其他理由而怀疑酒店（或公司）的能力能否全身心投入的时候。

③当酒店（或公司）对情况和客户失去控制时。

④当债务未偿还时。

⑤为了确保餐食卫生及安全，若场地最基本的条件都无法满足，就不能承接外卖服务。

（二）外卖宴会的菜单设计

承办外卖宴会的机构常备有设计精美的菜单，这些菜单是将你的服务推销给团体客户的最好方式，可以在成本最低的情况下增加你的销售量，但不一定适用。

真正适合的菜单是结合宴会的情况，跟客户充分沟通，根据其场地设施及其他各项条件，规划出符合需求又最有效益的菜单。

由于举办宴会外卖服务必须往返于饭店及宴会场所之间，为确保食物的卫生及新鲜度，宴会菜单便应以不易变质的食品原料及菜色为主，比如生蚝或生鱼片等就不适合在夏季采用。

而场地的设施及器材等条件对于菜单内容与餐点准备方式也具有决定性的影响。例如，点心的制作需要繁复的手工及特殊的烘焙器材，所以不能为了宴会外卖服务而外派点心师傅及另行搬运烤箱，因此多在饭店内完成点心制作后再送出。

团体客户宴会中花的每一元钱中大约有6角钱是自助式或外送式午餐的消费。订单也许要有三种不同的饭菜，每一种价格也不同，例如，他们可能为25个职员要5元一份的盒饭，为36个开会的经理要12元一份的自助餐，而为正在开董事会的12个董事要26元一份的热饭菜。那些能满足这些需要的承办者，就会比只能提供一种质量和价格的承办者有优势。

在承办社交性宴会时，建议客户安排一个适合当时情形和时间的活动也是承办者的责任。例如，如果一名客户想在星期六晚6点到10点举办一个灯光鸡尾酒会，你应当以恰当的方式建议他：因为6点是正常吃晚餐的时间，客人们会期待享用比鸡尾酒会上提供的冷盘更丰富的菜肴。

尽管你也许有自己的特色菜的总汇，并且这是你被客户选中的原因之一，但是如果客户希望你按照他或她的菜谱做一道特色菜的话，并没有什么不妥的。先试一下，如果很好的话，把它献给客人，一定要说是主人的功劳，这会让你的客户感到更加快乐，使你获得善于合作的好声誉，过后你也可以把这道菜加到你自己的菜单中去。

如果在餐桌上做炒蛋卷、橘子黄油薄饼卷或意大利面制品，这会使冷餐会的摆放效果更好、看上去更壮观。你的一名雇员在冷餐会桌上料理牛肉、禽肉和鱼肉会增加一点表演的效果，而且这种表演甚至可能会成为谈话的中心。

此外，宴会外卖服务的举办形式对菜单设计也有一定的影响。例如，汤类的菜单在宾客大多站立食用的冷餐会上就较不适合。毕竟宴会外卖服务的举办场所不一而足，只有根据场地的具体情况进行菜单设计，方能顺利完成宴会外卖服务工作。

不过如同飞机餐，不是每种菜品都适合长途跋涉。因此依场地、时间、形式与客户需求，外卖宴会供应的菜式要经过筛选。若是高级外卖宴会（Gourmet Catering）或为大型活动连续数天供应共上万份餐点，则从厨师、服务员到洗碗工，整个团队都要到现场运营搭建的临时厨房或者大使馆或私宅里的厨房。

二、技能操作

（一）冷餐会场地设计实训

实训项目：冷餐会场地的设计

实训目的：通过冷餐会场地的设计，了解外卖宴会场地设计的方法及注意事项。

冷餐会客情：2023年第二届江苏国际茶叶文化暨精品茶具博览会欢迎宴会将于11月25日在无锡体育展览中心举行（图6-8），采用冷餐会的形式招待国内外月200位嘉宾。如果你是宴会定制服务师小王，请根据冷餐会的位置图设计冷餐会的场地。

图6-8　冷餐会的位置图

实训要求：

1. 根据客情信息及冷餐会的位置图设计冷餐会的场地。

2. 用计算机制作宴会场地设计图，包括场地摆设、周边布置、餐桌位置、餐台位置等。

（二）外卖冷餐会菜单设计实训

实训项目：外卖冷餐会菜单设计

实训目的：通过冷餐会的菜单设计，了解外卖宴会菜单设计的方法及注意事项。

　　冷餐会客情：2023年第二届江苏国际茶叶文化暨精品茶具博览会欢迎宴会将于11月25日在无锡体育展览中心举行，采用冷餐会的形式招待国内外约200位嘉宾。如果你是宴会厨师长小李，请根据冷餐会要求，结合时令及地点，设计中西结合的冷餐会菜单。

　　实训要求：

　　1．根据外卖冷餐会的地点信息，了解地方特色食材、名菜、名点、名茶、名酒等内容，选择适合的内容设计菜单。

　　2．根据外卖冷餐会的时令信息，了解时令食材、时令名菜、名点等内容，选择适合的内容设计菜单。

任务小结

　　本任务小结如图6-9所示。

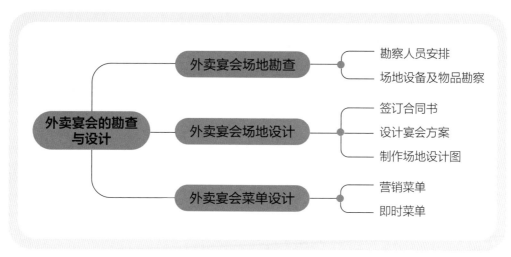

图6-9　任务小结

外卖宴会的准备与运输

任务导入

场景： 无锡某皇冠假日酒店

人物： 宴会定制服务师小王，管事部主管小张

情节： 2023年第二届江苏国际茶叶文化暨精品茶具博览会欢迎冷餐会的场地及菜单设计完毕，接下来要准备外卖冷餐会的物品与运输工作。宴会定制服务师小王与管事部主管小张商量，200人的冷餐会要做好哪些准备？怎么运输？

任务目标

◇ 能认识外卖宴会的准备工作内容，完成外卖宴会准备工作的设计。

◇ 能认识外卖宴会的运输工作内容，完成外卖宴会运输工作的设计。

任务实施

一、知识学习

（一）外卖宴会的准备

虽说外卖宴会服务除地点的差异外，与在饭店内所举办的宴会并无太大分别，但毕竟宴会外卖服务场地及设施等大多无法像饭店宴会设备那样齐全，所以在安排外卖宴会服务时，更需小心谨慎地筹措每一宴会细节，以使外卖工作臻于完善。

1. 外卖宴会的厨房设备

工欲善其事，必先利其器，为了提供最完善的宴会外卖服务，当然事先在设备上就必须做好最妥善的准备。

宴会外卖服务所需准备的厨房设备主要有：快速炉和煤气桶（2套）；大蒸笼5组；中型保温车2～3部；中型冷藏车2～3部；小型三层

推车2部。煤气、煤气炉、垃圾桶等。所有设备的设置数量可依各宴会的不同需求作调整。

厨房根据宴会菜单（或通知单）准备厨房设备器材的种类及数量。在准备包装时，一个有效的系统的方法是研究菜单上的每道菜，确定每道菜到底需要什么样的原料和多少设备和用具。按先后顺序仔细检查菜单的每一行，并且在一张白纸上列出所需的设备及数量。简要地写下包装物品单，或使用预先印好的表格，否则会导致不必要的烦琐和混乱。

包装物品单对于外送宴会承办者来说比现场宴会承办者更重要。因为现场宴会承办者的设备使用起来很方便。在离制作间较远的地方举办宴会，发现有必要的设备没准备，这会导致很大的混乱和尴尬。例如，如果时间不允许回酒店去拿东西，导致严重后果。如商店关门不能买到替代品或购买的替代品不适用。制定包装单需要集中而有序的方法，粗心会导致代价昂贵的后果。

包装单能够准确地标明时间和地点，并且如果一件具体的设备丢失了，有些包装单会有助于找回原物。在每张包装单上需要做有关准确性、是否有物品丢失、设备的状况及其他的有关批注。不要毁掉包装单，而是要将其和其他有关那次特殊宴会的单据作永久的保存。

2. 外卖宴会的服务用品

（1）桌椅准备 宴会外卖服务用的桌椅主要以耐用、不易损坏为第一参考标准。宴会桌可使用饭店中所使用的会议桌。另须准备木制转台，宜事先准备10个备用。增购2部能放进宴会外卖服务车的桌布车。准备数个不同材质和造型的食品展示架，用以增加摆设的立体感。

常用宴会外卖服务桌椅及配套桌布见表6-3。

表6-3 宴会外卖服务桌椅及配套桌布

类别	服务用具	规格
餐桌	长方桌	1.83米×0.76米 1.83米×0.46米
	四方桌	0.76米×0.76米
	圆桌	直径1.83米
椅子	折叠椅	与饭店宴会厅椅子同色系
餐车或推车	/	/

续表

类别	服务用具	规格
桌布	粉红桌布	直径1.98米 直径2.84米
	白桌布	2.44米×1.53米 2.44米×2.44米 直径1.98米 直径2.84米
围布	白围布、粉红围布、金色围布	
餐巾	白餐巾、粉红餐巾、毛巾、毛巾盘、托盘（小）	
其他摆台 小配件	白手套、喷水器、延长线、莲花座、投射灯、火柴、蜡烛、图钉、大头针、 菜单、账单、发票、泡沫塑料箱或可乐箱等	

　　宴会外卖服务领班应根据宴会外卖服务场地需求，准备桌椅、桌布和所有附属性服务所需的物品——水扎和咖啡壶、奶杯、烛台、桌布、餐巾、工具、冰筒、篮子等其他物品，并将所有器材的尺寸及数量详细标明，开出宴会外卖服务用品准备明细表，表6-4。

表6-4　宴会外卖服务用品准备明细表

名称	规格	数量
长方桌	1.83米×0.76米	10
白桌布	2.44米×2.44米	10
……	……	……

检查人_____　　　　　准备人_____

　　必须清楚每个盒子、架子或橱柜中装有物品的数量。即使所装数量超过所需数量，架子上也要装满玻璃杯或者碟子。装满的架子运输时更安全，打包往回运时，更好计算。手边有多余的物品可使你能为多来的客人提供服务，或者补齐损坏的物品。宴会工具箱中应有两把开瓶器：一个电动的；一个手动的（因为并非所有地方都有电力供应）。

（2）餐具准备　增购较为耐用的保温锅；备置烧固体酒精的汤锅；准备装咖啡或茶的保温大茶桶和小茶桶；备置冰块车和小型冰块箱。

中式餐具、西式餐具，例如刀叉等，可使用饭店内宴会厅现有者。

由于瓷盘较重并且容易在搬运过程中损毁，所以应准备直径为35.6厘米、40.6厘米和45.7厘米的塑料餐盘，作为厨房装菜用。

须另外增购一些比较耐用的西式餐盘。宜选用盘底和边缘平整的餐具，方便叠放运输。增购可叠放式大小塑料篮各30个，以便装放宴会外卖服务用的碗盘。

常用宴会外卖服务餐具见表6-5。

表6-5　宴会外卖服务常用餐具

类别	中式宴会	西式宴会
餐用具	骨盘（17.8厘米）、银筷架、椭圆小味碟、银小分匙、银中分匙、银大分匙、四热炒架（大）、椭圆鱼架（大）、瓷汤匙、筷子、筷架、汤碗（9.9厘米）、迷你叉等	大餐盘、点心盘、面包盘、汤碗及底盘、咖啡杯及底盘、餐刀、餐叉、餐匙、茶匙、圆汤匙、点心刀、点心叉、点心匙、鱼刀、鱼叉、小叉、奶酪刀叉、小长匙、大汤匙、蛋糕刀铲等
酒水用具	茶杯、白酒杯、啤酒杯、白兰地杯、香槟杯、银酒壶、冰车、冰铲、白酒开瓶器、红茶包、清茶等	高脚水杯、白酒杯、啤酒杯、黑灰杯、甜酒杯、黄酒杯、香槟杯、直筒杯、白兰地杯、调酒缸、调酒匙、香槟桶、红酒篮、冰车、冰铲、糖盅、奶盅、咖啡、糖、奶精、咖啡壶、咖啡保温壶等
其他	调味盅、毛巾盘、烟灰缸、花边纸、牙签、冷餐会花等	胡椒、盐罐、四味架、烟灰缸、小花瓶、烛台等

如有洗碗设备，可能不用包装预计那样多的用具。比如说，如果为150人的宴会提供服务，可能需要足够的酒杯，一般每36个打成一包，在有洗碗设备的地方，可以包5包，即180个玻璃杯就足够了，这样你知道可以按照需要清洗杯子。当脏杯子被送回时，一直攒到够一包的时候，拿去清洗然后送回吧台，到准备再用它们的时候，它们已经干净和晾干并可以使用。如没有洗碗设备，至少要打10包，即360个杯子。这将占用卡车上更多的地方，而且还需要额外的打包时间。这个简单的原则，对其他物品也适用。例如，在开胃菜中用的碟子在清洗过以后，还可以用来盛甜点。

（3）吧台设施　如果有固定的吧台，可能你别无选择，只好用它。如果不是这样，你就可以将吧台安置在最不妨碍人们各房间穿行的地方。存放和上菜的设施可能会很有限，并且吧台服务员可能在很狭小的地方工作，为保证有效的服务，应尽最大可能减少这种风险。例如,应建议客户不必把能在附近酒吧买到的酒每样都放两瓶。也不用摆放五花八门的许多牌子的酒以免客人混淆和难以做决定。用普通的果酒杯和适合加冰块的玻璃杯,可以更方便地提供啤酒、果酒、苏打水以及白酒。记住简单是管理有效率且存货充足的酒吧的秘诀。同时,要一直存有大量的冰块、冰饮料和果酒。

有些公用大厅可能会出租除酒吧以外的所有设施。如果此设施适合卖酒,并且不允许自带酒水,你可以从下列几项中选择一种:

现付酒吧:客人单独自己买酒和其他饮料。

有限制酒吧:客户给客人酒票,然后他们用每一张票换一杯酒。

无限制酒吧:客户可以随意点酒,不受限制,随后由客户在预订费用的基础上付款。

如果此设施不适合卖酒并且要由服务员上酒,必须提供吧台服务员和便携式吧台(图6-10),而由客户提供酒。这种安排类似于在客户家里承办酒席所做的安排,因为规模比家里大,场地也可能更宽敞,因此可以提供更多种类的饮料。

社会民众对酒后驾驶者和让他们喝酒的人均具有一种强烈的反感,所以在帮助主办方选择和提供酒类饮料时,承办者要注意了解可能会承担的责任。

(4)其他物品 除包装单上列明的物品外,建议你还要考虑下列几点:

①每辆卡车都要装有一把扫帚、铲子、垃圾铲、拖把、装有T形辊子的桶和一些大而结实的塑料袋。

②带两副工作手套,以便在发生机械故障时,拿垃圾桶类物品时用。

③带一个急救箱是一项精明的决定,应一直带着它,同时还应带有关发生紧急情况时应如何处理的小册子。最好能将此类内容作为员工培训的一部分。

图6-10 吧台服务员和宴会便携式吧台

（二）外卖宴会物品的运输

1. 宴会外卖服务车

外卖宴会承办企业至少需要三种不同的厢式运输车：一种是送冷餐的冷藏车（图6-11）；一种是送热餐的保温车，车中都应具备三层钢架来放置食物材料；还有一种是送桌、椅、餐具等用品的简单货柜车，车内应有能够妥善收纳桌椅的空间设计。

图6-11 宴会外卖服务车

如果经常有小型外卖宴会承办业务，可以用一部有车顶的中型卡车改装成宴会外卖服务车。但须注意车型不可太大，否则很多巷道将无法驶入。宴会外卖服务车中需有5~6个座位，以方便宴会外卖服务工作人员乘坐，这样只需出动一辆宴会外卖服务车即可承办业务，以节省交通费用。当然，车内应设有冷藏和保温设备，防止食物腐坏或变质。

需有一位持有大客车驾照的司机，负责驾驶宴会外卖服务车和保养事宜，平日如果没有宴会外卖服务，也可协助饭店内的工作。另外必须与几家拥有中型卡车的货运公司长期签约，以便有宴会外卖服务需要支援时，能马上调配车辆支援协助。其他员工可向公司申请交通车支援或搭乘出租车前往宴会外卖服务地点。

2. 装货

装车前，管理人员要核对各项器具，做最后确认，确保没有遗漏宴会外卖服务所需的物品。毕竟因遗忘物品而又返回饭店不仅耗费时间，更会无端增加运输成本，若宴会外卖服务场地与饭店有相当距离，后果更难以预料。

应有经过培训的人员来为外送宴会装车。如果日程允许，至少在宴会开始前一天将不会腐烂的东西装上卡车，这会很有好处的，最大可能地准备好以减少最后一分钟的紧张和慌张，减少包装过程中的差错。

应该把菜单和包装单给负责装车的人员审阅，以便提醒他包装单上可能遗漏的物品。例如，某项活动是一个鸡尾酒会，但餐巾却没有列入表中。这时，装车的人员应当意识到此项遗漏，并提醒经理。

必须按一定顺序装车，到目的地后最先用的东西应当最后装。所有物品必须牢牢地固定住，以防移位和滑动。装车物品摆放重量应均匀，如果重量偏到一边，可能导致卡车在急转弯时翻车。如果重量过分压在车轴上可能导致车胎爆裂或导致车轴、弹簧断裂。

重的容器不能放在轻的包装箱上，纸箱不应直接放在卡车车厢板上，因为纸箱湿后会烂掉。食品应最后装，并且，即使对于已经适当隔离或加热的食品，也不应放置过长时间。

当装车或卸车时，千万不要将设备和包装好的食物放在有草的地方，暂时放置也不行，特别是在夏天，因为蚂蚁和其他昆虫会鬼使神差般地出现并爬满所有东西。

3. 运送

宴会外卖服务人员出发前往宴会场地时，最基本的宴会外卖服务场地地址绝对不容出错。应随身携带客户的电话号码，以便有特殊情况时可马上跟客户联系。行前应先仔细考虑所有可能遇到的问题，如在交通方面，包括可能堵车的时段及路段都得加以留意。必须注意时间的掌握，绝对不可迟到。

在外送宴会工作中，运送食物和设备中涉及的所有因素都很重要。安排送货时，记住在某些时间段，有些街道可能限制商用车辆通行，在居民区，卡车可能被禁止通行。因此，可能不得不走其他线路，也许得因为要避开学校校车线路和其他人流较多的地点而调整送货线路。这些地点因为有学校、工厂、写字楼、体育场及其他娱乐设施可能会导致交通堵塞。

宴会外卖服务场地较偏远时，可要求客户提供地形简图。要及时知道道路维修和绕行线路的情况，如不确定，可以查询导航或电子地图。还要收听当地广播电台的报道，许多广播电台提供的交通信息可能会很重要。尤其是在天气恶劣时，总是要留有足够的时间。

基本上，宴会外卖服务场所若距离饭店30千米以内，宴会所需的摆设物品与食物便可分两次运送，而位于30千米以外的地点，其摆设物品跟食物就必须同时出发，以避免浪费时间。这些距离上及用具数量上的考虑即决定了车辆数目与运输次数的需求。

4. 车辆停放

许多客人希望在近郊或农村举办大型宴会，这样可能必须在街道上停车，在这种情况下，要由客户通知警察宴会开始和结束的时间，这样做会因为缓解交通控制的问题而使得警察、邻居和客人都会很愉悦。

二、实践探究

2023年第二届江苏茶博会欢迎宴会将于11月25日在无锡体育展览中心举行，采用冷餐会的形式招待国内外约200位嘉宾。

（1）如果你是宴会定制服务师小王，请根据冷餐会场地及菜单，设计冷餐会要做好哪些准备工作？

（2）如果你是宴会定制服务师小王，请说明如何做好运输工作？

✅ 任务小结

本任务小结如图6-12所示。

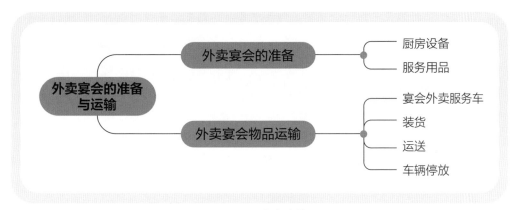

图6-12 任务小结

外卖宴会的服务

任务导入

场景：无锡某皇冠假日酒店

人物：宴会定制服务师小王，宴会厅主管小张

情节：2023年第二届江苏国际茶叶文化暨精品茶具博览会欢迎冷餐会的场地及菜单设计完毕，物品准备及运输工作安排到位，如何提供冷餐会的现场服务呢？宴会定制服务师小王与宴会厅主管小张商量起来。

任务目标

◇ 能认识外卖宴会的宴会前集会工作内容及重要性。

◇ 能明确外卖宴会的厨房工作安排内容及要求。

◇ 能掌握外卖宴会的现场服务工作内容。

◇ 能掌握外卖宴会的结束工作内容，做好外卖宴会的收尾工作。

任务实施

一、知识学习

（一）宴会前集会

宴会外卖服务单位一旦离开酒店为客户进行服务，便代表着酒店的形象。而顾客聘请酒店承办宴会外卖服务，也希望能够享受到如同饭店水准的宴会。因此，宴会外卖服务品质一律与饭店内的要求相同，绝不能因场地的变化而稍打折扣。宴会外卖服务人员不但应遵守包括服装仪容在内的各项规定，甚至应更加严格要求，以达到完美的服务水准。酒店应基于需求储备足够的服务人员，以确保餐饮及服务质量与店内一致。宴会外卖派遣的服务人员要在满足从业人员要求的基础上，拥有更强洞察力、灵活应变能力和体力。一方面，这能进一步保证外卖服务质量，并在出现天气突变等不可抗力因素时，将外卖活动的影响减至最小；另一方面，由于服务人员和厨师要在外卖服务开始前数小时进驻场地，进行布置、备餐与摆台，工时长，对体力也是一种挑战。

当为私人和团体举办一个大型或复杂的宴会活动时，在宴会开始之前，需要在宴会举办地举行一个简短的全体服务人员集会，会议内容是讨论上菜的顺序、责任及其他与此次活动有关的信息，分配给每个员工明确的任务和责任范围。除了这些具体的职责外，应规定每名服务人员不要空手去厨房，他们应该及时收拾脏盘子和杯子。确保至少一名人员负责保持烟灰缸的清洁。

一定要通知所有人员必须留在他们履行自己职责的区域，不能随便走来走去参观房间和家具物品。提醒在宴会中应注意的事项以及客户的特殊要求等相关宴会事宜。

（二）厨房工作安排

1. 食材和设备的存放

食材和设备应存放在不阻碍客人通行的地方。要整齐有序地放好一切物品，食材放在一个地方，餐巾和桌布放在另一个地方，餐具也放在单独的一个地方，这样的话，你不用为了找你需要的东西而翻遍所有的场所。

2. 菜肴的烹制

所有人员，特别是厨房工作人员，必须穿着一尘不染的干净制服，并且要始终保持他们工作区域的清洁。注意及时供应足量干净毛巾和备用制服。

3. 垃圾的处理

垃圾桶应放在不显眼的地方，并且要一直保持整个厨房区域的干净和有条理。如果有好奇的客人进入厨房，想看看工作人员如何在如此狭小的空间做出那么多菜肴来的话，厨房的工作更应该整洁而有序。

最好不用客户的垃圾容器。大多数家用垃圾筒无法承受过度的使用，并且过大压力会严重损坏垃圾容器。将你的垃圾装在较厚的并且较结实的塑料袋中，这时候不要贪图省钱而买便宜的和劣质的塑料袋。以免拿走时会撕裂和发生泄漏。

4. 菜肴的摆放

不管是丰盛的经典菜肴，还是朴素的农家饭菜，必须想方设法改进菜肴的味道，还要改进其外观。要记住，在社交宴会中，菜肴的摆放和菜肴本身的质量同样重要。人们吃菜时，是要用眼睛的。

建议客户将易碎的瓷器和水晶及其他有价值的物件，从上菜区域或其他的客人聚集或拥挤的可能出事故的区域移走。如无法移走，至少应将其从通道上挪开，以免挡路。

如果使用客户的餐桌、冷餐会家具柜或其他家具来摆放菜肴或上菜，在热锅或托盘底下放上垫子，以免损伤家具表面。

如果有可能，尽量避免重新布置这些家具。移动家具可能会改变房间的特点，而这些特点可能是客户花费了大量的时间和精力创造的。另外，在移动家具时，要承担损坏这些家具的风险。

5. 菜肴的装饰

在展示菜肴时可以有很多的机会表现创造性：雕塑、布料、花草、篮子还有适当的节假日装饰，以及可以融合在餐桌布局中的一些与众不同的饰物。比如，在客户家中举办的宴会没有理由非得将所有的餐桌布局安排得一样。你的足智多谋和创造力会使得客人更加欣赏你的设计，特别是那些有艺术鉴赏能力的客人。这些装饰甚至会增加一个人的富足感，摆放菜肴不只局限在大大小小的盘子中，而且是从创造一种就餐的环境开始的。

6. 剩余饭菜的处理

当承办提供全面服务的宴会时，双方关于剩余饭菜的定义及最终处理应有明确的看法，最好是作为合同的一部分。对于已经超出安全温度范围的饭菜和已经装到盘子里并上过桌的饭菜应扔掉。对于已安全存放在适当温度，并没有上桌的饭菜，根据先前的协议，可以留给客户或带回酒店的厨房。

大多数在家招待客人的客户希望在承办者离开前，至少在他们的冰箱中留下些剩余饭菜。然而，如果给他们留下过多的食物而不能在他们的冰箱或冷藏室中妥善保存，那么，就会有食物坏掉，可能导致食物中毒而引起诉讼的危险。

（三）宴会服务

在宴会之前，宴会外卖服务单位的领班一定要跟客户进行最后的充分沟通，以确实了解客户需求或其他限制。

1. 节目或演讲中的服务

协调好上菜的时间和服务，及客户的演讲、娱乐或仪式的安排。提前确定什么时间或地点，通过什么提示上菜。客人们跳舞时不要上菜。在客人们没有准备好之前，如果上菜，菜会变凉、变热或走味。

未经客户允许，服务人员不得将个人的餐位或餐具从一桌擅自拿到另一桌。在节目进行中，要求所有的服务人员保持安静。在节目开始，服务员离开之前倒好每一杯酒。

尽快拿走桌上所有不用的玻璃杯、碟子和其他无用的物品。对客人来说，坐在一个拥挤的桌前会很不愉快的。随时保持烟灰缸的清洁。保留客户制定的客人及座位表，以便随时查看。

2．天气因素

下雨天时，为客人提供雨伞，并指派一名服务人员让其负责护送客人上下车。如果遇到下雪或有烂泥，在房子前面的路上铺块垫子，在进门处放一个盛放胶鞋和靴子的容器。还应提供一把扫帚或刷子以便客人去除他们鞋上的雪。

3．衣帽架或挂衣物的区域

如果你的客户要求有这种区域，可以提供可折叠式衣帽架，其费用应包括运输费用和对它们的使用和安装费用。不过，如果经客户的允许，也可以用一间专门的屋子存放衣物或者简单地放在床上。

客人应为自己的衣物负责，如果你的一名服务人员将客人的大衣拿到了"衣帽间"，那么承办者就已经默认了自己所要承担的责任。而当客人自己看管衣物时，承办者就不用承担任何责任。

4．卫生间设施

询问客户，在其家中，服务人员可以用哪个卫生间。如果必要，通知客户服务人员将需要在宴会现场更换制服。

5．在帐篷中举行宴会

使用帐篷一般会为客人提供更多的自由活动空间（图6-13）。因为人们在帐篷内外来回走动，帐篷使人和菜饭避免暴露在阳光直射下或严寒的天气里。并且，因为一般在帐篷里举办的活动是庆祝性和节日性的，参与者会受到特别的款待。

图6-13　帐篷中举行的宴会

将帐篷建在较硬的地面上或者完全平整的草坪上，如果地面不平，可在桌子腿底下放上垫片，以防桌子摇晃。饭菜烹制或厨房设施可建在另一个能够提供有效服务，但最好不要让客人看见的帐篷里。

要准备灭虫装置，以保证客人不受苍蝇和蚊子的骚扰，这些因素会影响你的经营成本，但对客户来说，你所做的努力并不明显。千万记住，即使在最差的物质条件下，客户和客人也希望得到最优质的饭菜和服务。

（四）宴会结束工作

宴会结束后，服务人员则必须把现场清理干净，帮客户将所有物品恢复原状，包括移动过的沙发、桌椅等，都必须回归原位，厨房也必须整理干净，仔细清洗所有地区。检查所有房间，看是否遗漏了玻璃杯、盘子及其他物品。尽管客户可能提供了一个放垃圾的地方，但还是要将现场垃圾全部搬走，给客户留出足够的空间存放垃圾。

宴会后的清洁卫生应当系统地进行。同类型的玻璃杯和碟子应当一次性地从所有桌子上拿走。这样做会加速洗碗区的清洁和打包。并且将清洗桌的出口一端所需包装箱的数目减到最少。

将刀、叉、汤匙及其他用具分别装在单独的容器中，在每个容器里都有明确数量的用具，然后在标签上标明名称和数量。

在装银器时，一定要有秩序。装叉子时。第一排将所有叉齿朝一个方向，紧靠着放在一起，装第二排时，所有叉齿也应朝一个方向，但是却要将叉齿放在第一排叉把的地方，对于第三排和第四排也重复同样的程序。装汤匙时也要这么做。

装带把刀子时，将平面放在下面，每次一排，每隔一排颠倒刀把以便使一排的刀刃能放在下面一排的刀把上。

单独存放餐巾，在将其包到一块脏的、干的桌布里之前，要清点一下数目。将两张桌子上的桌布留下，一边清理其他桌布，一边展开，放到铺有桌布的两张桌子中的一张上面，这样就不会把灰尘弄到地板上，并且能让你很快发现无意中落在后面的任何有价值的东西。已经用过的桌布可以扔到第二张桌子上，清点后包扎在一起。

将潮湿的桌布单独放，你的回到操作间以后，将它们展开晾干，这样能防止长出不容易除掉的霉点。

宴会的善后工作是外卖服务的最后一环，也将给予客人最深刻的印象，这关系到未来生意的继续，因此要特别注意，不可功亏一篑。

在离开之前，检查所有工作或服务过的区域，这样，在宴会过程中所发生的任何损坏会立刻被发现。因此，减少了以后任何一方提出索赔或产生争议的可能性。

为了证明一切物品和你来之前一样，你可以要求客户和你一起查看一遍，这也是个不错的做法。

外卖宴会的最后一项工作就是总结存档，负责人员要将整个宴会外卖服务流程清楚地记录下来，包括客户场地特性、客户的特殊习惯及口味、客户的满意度等，以供将来参考。如果客户对宴会服务有任何抱怨，领班回到饭店后也应向上级主管报告，让主管致电客户家中，了解情况并进行适当地处理。

外卖宴会专用的贮藏室和电梯

案例

北京凯宾斯基为开展好外卖宴会业务，从基础建设上下功夫。酒店认识到物流顺畅与外卖宴会顺利是成正比的关系，故在距离酒店收货区三米处，建了一个可以洗碗及存放碗盘和餐具的贮藏室。当运输车凌晨1点回到酒店时，只要停在收货区三米外，员工就可以直接把碗盘和餐具卸下、洗好、放好，为下一个工作日做准备。如果没有这项设施，员工就必须把餐具和刀具推进电梯、送到洗碗区，窄窄的通道上还得挤过工程师和客房部同事……光这一段辛苦的旅程，就足以让员工心情不好了。相反，好工作环境能轻松地把工作做好，员工当然会对外卖宴会服务兴致高昂，而快乐的员工才会提供更好的服务。

除了贮藏室之外，凯宾斯基也装了一台直接通往大宴会厅的电梯，让餐品只要在三楼的宴会厨房烹调好就可直接经电梯送达货车。如此，不仅外卖宴会人员不必跟其他部门抢道，食品送达场地的时间也可以比竞争对手缩短至少两小时：假设一般酒店9点把餐饮准备好、11点到会场加热、12点呈上，有便捷输送设备的酒店可以11点把餐饮送出、12点就呈上，减少食品风味的流失。

二、技能操作

实训项目：外卖宴会活动策划

实训目的：能结合不同的主题及客情设计外卖宴会活动方案。

外卖宴会客情1：2023年第二届江苏国际茶叶文化暨精品茶具博览会欢迎宴会将于11月25日在无锡体育展览中心举行，采用冷餐会的形式招待国内外约200位嘉宾。

外卖宴会客情2：2023年，广州某酒店宴会部接到预订，全球最大的航运巨头——丹麦A. P. 穆勒·马士基集团，为庆贺在广州广船国际建造的新船"马士基·瑞丝"加入航运王国，将在3月27日傍晚，举办100多人的盛宴，赴宴嘉宾是航运公司董事长及其属下众多高层人士，宴会的地点设在珠江最豪华的观光游轮——"信息时报号"上。

外卖宴会客情3：无锡新区中外合资的某大公司将于2023年9月1日举行开幕酒会，公司办公室主任张先生来无锡喜来登大饭店预订宴会，要求饭店派员工到公司驻地为其提供宴请服务。

预订内容如下：

宴会主办单位：中外合资×××公司	地址：无锡市新区公司食堂
宴会预订人：张先生	联络电话：0510-××××××
宴会类型：西式冷餐酒会	出席人数：250人左右
宴会日期：9月1日	开宴时间：中午11：40～12：20
外卖酒会价位：每位220元	付款方式：支票结账
预定金额：5500元（占10%）	手续费：待定（支付员工的超时费用及运输费）

实训要求：

1. 学生分成4～5人的小组，由组长抽签确定虚拟客情或自拟客情，一周内完成外卖宴会策划方案。

2. 策划方案要有环境布局、菜单设计、酒水策划、活动安排等环节，要合理分工，各自独立完成策划方案文档和解说PPT。

✅ 任务小结

本任务小结如图6-14所示。

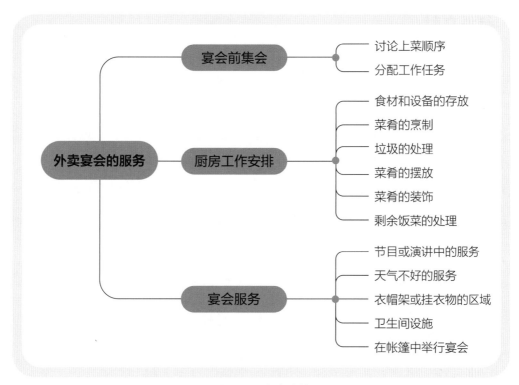

图6-14 任务小结

情境六 外卖宴会设计习题

参考文献

［1］ 陈金标. 宴会设计［M］. 北京：中国轻工业出版社，2002.

［2］ ［美］布纳德·斯布拉等. 宴会设计与实务［M］. 大连：大连理工大学出版社，2002.

［3］ ［美］阿格尼丝·德弗兰克. 酒宴管理［M］. 北京：清华大学出版社，2006.

［4］ 丁应林. 宴会设计与管理［M］. 北京：中国纺织出版社，2008.

［5］ 刘根华等. 宴会设计［M］. 重庆：重庆大学出版社，2009.

［6］ 贺习耀. 宴席设计理论与实务［M］. 北京：旅游教育出版社，2010.

［7］ 王珑. 宴会设计［M］. 上海：上海交通大学出版社，2011.

［8］ 周妙林. 宴会设计与运作管理［M］. 2版. 南京：东南大学出版社，2014.

［9］ 李晓云，鄢赫. 宴会策划与运行管理［M］. 北京：旅游教育出版社，2014.

［10］ 周宇等. 宴席设计实务［M］. 3版. 北京：高等教育出版社，2015.

［11］ 王瑛，李晓丹. 宴会设计与运营. 上海：上海交通大学出版社，2016.

［12］ 潘雅芳. 休闲宴会设计：理论、方法和案例［M］. 上海：复旦大学出版社，2016.

［13］ 王敏. 宴会设计与统筹［M］. 北京：北京大学出版社，2016.

［14］ 董道顺，李正. 宴会设计与管理［M］. 合肥：安徽师范大学出版社，2016.

［15］ 叶伯平. 宴会设计与管理［M］. 5版. 北京：清华大学出版社，2017.

［16］ 王钰. 宴会设计［M］. 北京：高等教育出版社，2017.

［17］ 张红云. 宴会设计与管理［M］. 武汉：华中科技大学出版社，2018.

［18］ 曾丹. 悦之华筵：中餐主题宴会设计［M］. 北京：首都经济贸易大学出版社，2018.

［19］ 陈戎. 宴会设计［M］. 2版. 桂林：广西师范大学出版社，2018.

［20］刘澜江，郑月红. 主题宴会设计［M］. 北京：中国商业出版社，2018.

［21］李晓云. 酒店宴会会议统筹［M］. 北京：中国旅游出版社，2018.

［22］张和. 张和讲主题宴会酒店新模式［M］. 太原：山西科学技术出版社，2018.

［23］梁崇伟. 宴会项目筹办管理实务［M］. 北京：中国轻工业出版社，2018.

［24］王天佑. 宴会运营管理［M］. 北京：北京交通大学出版社，2019.

［25］刘丹. 宴会菜单设计［M］. 大连：大连理工大学出版社，2019.

［26］王秋明. 主题宴会设计与管理实务［M］. 北京：清华大学出版社，2019.

［27］刘硕，武国栋，林苏钦. 宴会设计与管理实务［M］. 武汉：华中科学技术大学出版社，2020.

［28］郭娜等. 主题宴会设计与策划［M］. 长沙：湖南师范大学出版社，2020.

［29］张志君. 艺宴主题宴会设计的经历和心得［M］. 北京：中国发展出版社，2021.

［30］胡以婷等. 宴会设计与管理［M］. 镇江：江苏大学出版社，2021.

［31］陈颖，张水芳. 宴会设计与服务［M］. 南京：南京大学出版社，2022.

［32］周爱东. 宴会设计［M］. 北京：中国纺织出版社，2022.